光明社科文库
GUANGMING DAILY PRESS:
A SOCIAL SCIENCE SERIES

·政治与哲学书系·

工程共同体集体行动的伦理研究

陈 雯 | 著

光明日报出版社

图书在版编目（CIP）数据

工程共同体集体行动的伦理研究 / 陈雯著 . -- 北京：
光明日报出版社，2022.2

ISBN 978 - 7 - 5194 - 6476 - 9

Ⅰ.①工… Ⅱ.①陈… Ⅲ.①工程技术—技术伦理学
—研究 Ⅳ.①B82 - 057

中国版本图书馆 CIP 数据核字（2022）第 035504 号

工程共同体集体行动的伦理研究

GONGCHENG GONGTONGTI JITI XINGDONG DE LUNLI YANJIU

著　　者：陈　雯

责任编辑：许　怡　　　　　　　责任校对：李　兵

封面设计：中联华文　　　　　　责任印制：曹　净

出版发行：光明日报出版社

地　　址：北京市西城区永安路 106 号，100050

电　　话：010 - 63169890（咨询），010 - 63131930（邮购）

传　　真：010 - 63131930

网　　址：http：//book. gmw. cn

E - mail：gmrbcbs@ gmw. cn

法律顾问：北京市兰台律师事务所龚柳方律师

印　　刷：三河市华东印刷有限公司

装　　订：三河市华东印刷有限公司

本书如有破损、缺页、装订错误，请与本社联系调换，电话：010 - 63131930

开　　本：170mm ×240mm

字　　数：238 千字　　　　　　印　　张：16

版　　次：2022 年 2 月第 1 版　　　印　　次：2022 年 2 月第 1 次印刷

书　　号：ISBN 978 - 7 - 5194 - 6476 - 9

定　　价：95.00 元

目 录
CONTENTS

绪　论

经过三次科技革命，科学、技术和工程呈现出一体化与互动渗透的发展态势。今天，人们的生活世界已深深地嵌入了工程所构筑的世界图景，人们对工程的依赖日益加深。过去曾经是"配角"的工程，现在已上升为生活世界的"主角"。从而有学者指出，如果说 19 世纪是科学的时代，20世纪是技术的时代，那么 21 世纪则是工程的时代。从这个意义上来说，工程是现代社会的重要表征，当代文明在一定程度上是一种工程文明，我们就生活在一个工程社会。当代工程是工程共同体"集体行动的智慧的结晶"，工程共同体是工程活动的主体。然而，当代工程无论是其项目招标，还是实现过程，甚至是已经完工的工程都出现了诸多的伦理问题，而这些问题都与工程共同体集体行动密切相关。工程共同体集体行动日益成为社会和学界关注的热点。本书以工程共同体集体行动作为研究对象，丰富了当代工程伦理的理论与实践研究。

一、研究的缘起

工程作为人类实践活动的成果之一，既是人类文明的产物，也是人类文明的标志。工程与人类文明是相互依存，相互促进的。一方面，人类文明的进步会促进工程水平的提升，另一方面，工程的进步和发展也推动着人类文明的跃迁。人类经历了前工业社会以农业为主导的工程、工业社会以工业为主导的工程、后工业社会以信息业为主导的工程等工程类型。① 一些特定的大型工程常常是一定时代的人类文明的标志。在前工业社会，

① 张秀华. 历史与实践——工程生存论引论［M］. 北京：北京出版集团公司，北京出版社，2011：107 - 108.

由于当时人们的认识水平和实践能力低下，人类只能在自然所提供的现成的系统中生活，改造与变革自然的工程活动并不在社会生活中居于显著地位。但是工程的历史非常悠久，古埃及金字塔、中国的万里长城、京杭大运河都是古代著名的工程。自西方文艺复兴以来，随着人的主体性的高扬，科学技术和工程的发展和进步方兴未艾。以蒸汽机的发明为标志的第一次产业革命使人类迈入了机械化时代，电机和化工引发了第二次产业革命，人类由此进入了电气化、原子能、航空航天时代，第三次产业革命引领人类驶入了信息时代。"自工业革命以来，伴随着人口的增加和消费水平的提高，这个地球越来越朝工程化的方向发展。"① 经过三次科技革命，科学、技术和工程呈现出一体化与互动渗透的发展态势，工程的地位更加明显，工程时代已经来临。当代工程集聚着许多杰出人才、集成了很多复杂科技，工程对加速我国现代化进程、推动经济社会发展的主导作用更加突出。

工程活动是现代社会存在和发展的物质基础，它不但通过对自然的改造直接体现着人与自然的关系，而且深刻地涉及人与人、人与社会、人与自身的关系。当今高科技社会，工程活动具有规模化、复杂化和系统化的特征，已延伸到了人类生产、生活的各个领域，对人—自然—社会系统的影响越来越大。亚里士多德在《尼各马可伦理学》的开篇中说："每种技艺与研究，同样的，人的每种实践与选择，都以某种善为目的。"② 工程作为一种运用科学与"技艺"的活动，是人类的一项基本而又重要的实践活动，必然也以"某种善为目的"内在地与伦理相关。现代工程既有可以给人类带来福祉和进步的"模范工程"，如英吉利海峡隧道工程、三峡工程、青藏铁路工程等，也有给人类带来损害和灾难的"劣质工程""问题工程"，如美国挑战者号航天工程、苏联切尔诺贝利核电站工程、日本福岛核电站工程。伦理因素成为工程活动中的一个关键性的要素。

---

① ［美］Braden R. Allenby. 工业生态学：政策框架与实施［M］. 翁端，译. 北京：清华大学出版社，2005：4.

② ［古希腊］亚里士多德. 尼各马可伦理学［M］. 廖申白，译注. 北京：商务印书馆，2010：1.

（一）工程共同体集体行动的伦理研究何以必要

工程共同体集体行动创造了工程，工程是工程共同体"集体行动的智慧的结晶"。米切姆曾指出，考虑工程的伦理问题不再只是专家们的事情，而是这个时代所有人的事情。的确，"劣质工程""问题工程"的频频出现，值得我们深思。工程共同体对工程发挥着主导作用，且工程是以作为工程活动主体的工程共同体的价值观和目的性为先在逻辑而存在的，所以工程伦理问题的产生与工程共同体的所作所为关系密切。现代性背景下的工程共同体集体行动遭遇了种种伦理困境和难题，而消解这些困境的无力正是由于相关伦理资源短缺，因而亟须以工程伦理的视角和方法来研究工程共同体集体行动的伦理问题，为减少"恶"的工程、创造"善"的工程而做出学术上的努力。

在传统社会，个人和他所在共同体的伦理关联稳固且密切，个人不是作为孤独的个体而存在，总是要在某个共同体中才能够获得自身存在的条件。古希腊城邦、中国的家庭都是典型的共同体，它构成了个人存在价值的基础，也是个人德性活动的目的。"伦理性的规定就是个人的实体性或普遍本质，个人只是作为一种偶性的东西同它发生关系。个人存在与否，对客观伦理来说是无所谓的，唯有客观伦理才是永恒的……个人的忙忙碌碌不过是玩跷跷板的游戏罢了"①；"在个体性那里实体是作为个体性的悲怆情愫出现的"②。传统伦理理论将考察视角定位于个体，"传统社会的伦理文化设计以个人德性作为着力点，遵循从个体至善向社会至善的社会伦理建构路径"③。现代性是一种断裂，它以不同于传统社会的鲜明知识理念、价值特征和时代精神横扫了生活世界。"现代性以前所未有的方式，把我们抛离了所有类型的社会秩序的轨道，从而形成了其生活形态。"④ 进

---

① ［德］黑格尔. 法哲学原理［M］. 范扬，张企泰，译. 北京：商务印书馆，1961：165.

② ［德］黑格尔. 精神现象学（下卷）［M］. 贺麟，王玖兴，译. 北京：商务印书馆，1979：27.

③ 王珏. 组织伦理：现代性文明的道德哲学悖论及其转向［M］. 北京：中国社会科学出版社，2008：20.

④ ［英］安东尼·吉登斯. 现代性的后果［M］. 田禾，译. 南京：译林出版社，2000：4.

入现代社会，人与人、地区与地区之间的交流和流动增多，现代社会的有机团结性更强，职业分工使得个体离不开他人，各类组织承担着个体无法完成的任务。不同于传统社会个人和所在共同体（如家庭、民族）之间稳固、紧密的伦理关联，在现代性背景下，个人与其所在组织之间的联结纽带弱化。现代性将人们置于一种"一切皆流，一切皆变"的"液化"① 状态，紧密关系的削弱影响着当代共同体的团结和凝聚。工程共同体作为一种组织形式，它是一种制度设计，它适应了高效率的现代社会的要求，使工程成为一个多人、多工种合作的活动。然而工具性标准僭越了其他标准，"从组织的观点来看，道德激发的行为终究是无用的，不仅如此，它还具有颠覆性：它不能被驾驭着朝向任何目的，同时也为一统的愿望加上了限制。既然它不能被理性化，那么它必须被压制，或者被操纵，使它与一切无涉"②。可见，组织道德模糊，被排斥在伦理视域之外，同时，传统社会以个体为出发点的道德已跟不上组织高度发达的现代社会的脚步。

根据拉图尔的"行动者网络"理论，工程是在一张由工程共同体中的人与资源、技术、资金等非人类的行动者组成的"无缝之网"中完成的。工程的实现不仅有赖于科学家和工程师群体的倾力加盟，而且还与投资者、管理者、决策者、工人、使用者等诸多群体密切关联，即工程活动是一项集体性、社会性很强的人类实践活动。美国学者里查德·德汶（R. Devon）曾对工程伦理研究中的"个体伦理学"视野进行了批判，认为应该拓展为社会伦理学（social ethics）的研究，打破"将问题归结于个体工程师"的狭隘立场。③ 在高度组织化的现代社会，当代伦理学仍沿袭着传统社会以个体德性考量为中心、以个体自然的道德心理机制为着力点的道德哲学范式。因为现代社会的政治、经济、文化等领域频繁互动，工程活动又与政治、经济、文化等领域都有着密切关联，个体深深地嵌入社

① ［英］齐格蒙特·鲍曼. 流动的现代性［M］. 欧阳景根，译. 上海：上海三联书店，2002：3.
② ［英］齐格蒙特·鲍曼. 现代性与大屠杀［M］. 杨渝东，等译. 南京：译林出版社，2002：278.
③ DEVON R. Towards asocial ethics of technology: a research prospect［J］. Techne, 2004（1）.

会化大生产的巨大网络之中而成为其中的一个"节点"或纽结，全球化的浪潮又加速了这一进程。事实上，现代工程活动的主体是工程共同体，做好工程已不仅是工程师的事情，还是包括不同层次人群在内的工程共同体的事情。通过共同体成员和其内部各组成部分之间的协调、谈判、博弈，工程共同体既可能成为一个比较和谐的共同体，也可能面临内部关系的紧张，甚至走向分裂、解体。① 我们必须思考工程共同体是依据怎样的集体行动的伦理逻辑而展开的工程活动，探赜工程共同体集体行动的伦理样态、伦理困境和伦理重塑，思考工程共同体集体行动如何成为"善行"。正如李伯聪教授所说，如果不能跨越一个从"个人伦理主体论"到"团体伦理主体论"的理论鸿沟，那么真正意义上的工程伦理学是不可能建立的。② 工程伦理的研究必须推进到"团体伦理主体论"，即必须对工程共同体集体行动进行伦理研究，才能为我国工程伦理学研究的推进做出应有的贡献。

（二）工程共同体集体行动的伦理研究有何意义

如前所述，经过三次科技革命，科学、技术和工程呈现出一体化与互动渗透的发展态势，并且工程活动已经成为跨学科、跨行业甚至是跨国性的活动，其参与面、规模远远大于以往，涉及的领域深度和广度空前，从基础设施建设到依托于汇聚各种技术的高复杂度的工程、大数据工程，现代工程也日益体现着巨型性、社会性和集体性的特征。工程共同体集体行动在深度和广度上的延展也带来了新的、更为复杂的亟须应对和突破的道德难题。

第一，应对现代性背景下工程世界道德危机的需要。工程共同体集体行动存在于现代性社会的土壤中，现代性的动力机制让参与工程共同体的人们不再受时空限制，从传统社会的地方性社会关系中脱离出来，进入工程共同体这种新的社会关系中进行"再联结"。理性是现代社会行动和现

① 李伯聪.工程共同体研究和工程社会学的开拓——"工程共同体"研究之三［J］. 自然辩证法通讯，2008（1）：63－68.
② 李伯聪.工程伦理学的若干理论问题——兼论为"实践伦理学"的正名［J］.哲学研究，2006（4）：95－100.

代个人行为的共同逻辑，个人的价值追求和生活期望都是以理性人的特征呈现。整个社会呈现出一种以技术标准化为标志的文化氛围，标准化、可计算性、职能的固定化等成为一切组织的重要特性，也是组织控制和组织调节的唯一手段。现代社会的"流动逻辑"决定了现代性道德基础之分裂和"异乡人"的道德形象："道德观念存在着一种从漂泊无依的生活（脱域）到固定于某个地方的生活（人质）之间的形态分布"①，这使道德的宣称总是难以穿越从主观心灵到客观精神之间的"丛林"，而呈现出一种多样性的断裂。现代性道德，和现代性本身一样，可谓不成功的道德谋划。现代伦理学纷繁复杂，流派众多，樊浩先生将现代伦理学的共同特征归纳为：道德分化、精神脱落、皈依世俗。② 人们在面对更加复杂多变的生活图景时显得无所适从。作为一种关涉工程职业的伦理，工程共同体集体行动的伦理是生活世界中表现人的伦理行为的重要领域。据调查，当前职业伦理场的最突出问题表现在：职业责任感与奉献精神的缺失；管理者和员工之间地位不平等，存在剥削员工和不公正现象；上下级构成利益链，危害社会的利益；作为"普遍物"的伦理共体伦理神圣性的祛魅。③"许多人为同样的感情牢固地控制着……以至于他们坚信有这种东西，即使这种东西压根就不存在。如果这个人意志清醒时还是如此，人们就会把他看作是神经错乱……但是，如果贪婪的人只想钱财和占有，有野心的人只想名位，就不会有人认为他们是神经错乱，而只是讨厌他们。"④金钱、权力以及二者的合谋对生活世界和工程领域的入侵最深刻的呈现，便是工程腐败泛滥。

社会的基本价值信念一旦动摇，就会对社会的良序运行带来致命的打击。频频曝光的工程领域的问题有许多都根源于工程共同体集体行动的道德危机，如建设工程中挪用和拖欠工程款现象、工程腐败问题、豆腐渣工

① 田海平. 何谓道德——从"异乡人"的视角看［J］. 道德与文明，2013（12）：9-18.

② 樊浩. "伦理形态"论［J］. 哲学动态，2011（11）：16-23.

③ 樊浩. 当前中国伦理道德状况及其精神哲学分析［J］. 中国社会科学，2009（4）：27-42.

④ ［荷］斯宾诺莎. 伦理学［M］. 贺麟，译. 北京：商务印书馆，1983.

程、烂尾工程、钓鱼工程等。工程共同体形成之初的伦理性并不意味着工程共同体及其集体行动具有先天的道德合法性。当工程共同体在现代性道德危机下丧失了道德信念，对金钱和权力的抵御能力不足时，工程共同体集体行动就可能走向"恶的迷途"。

第二，应对工程伦理风险的需要。贝克于1986年提出，人类即将步入风险社会，风险社会不可避免地会将人们置于一个非常脆弱的境地。不同于传统社会的风险，这种新型风险的特征在于：一是现代社会的风险"主要是人为的，特别是科技活动的结果，其破坏性往往是全球性的、毁灭性的"①。这种风险与科技推进的现代性如影随形，随着工程活动的日益精确化和复杂化，风险也更加凸显。二是这种风险难以计算、难以控制，"不明的和无法预料的后果成为历史和社会的主宰力量"②。三是风险社会所面临的风险常常不易被感知。风险的"飞去来器效应"使不同层次的主体都敞开于工程时代的风险之中，从一定意义上说，风险的分配是均等的，不同的主体都被迫进入了一个"非自愿的风险共同体"之中。随着信息技术、基因技术、新能源技术、人工智能技术等高新技术的出现，作为技术的系统集成的现代工程复杂度不断增强，工程设计与社会应用的双重不确定性也进一步增加，工程伦理风险问题更为严重和突出。米切姆认为："科学把世界搬进了实验室，而工程则是把实验室推向世界，最后把世界变成了实验室。"③ M. 马丁（Mike W. Martin）曾指出：工程可以被称作一项社会试验，因为它们的产出通常是不确定的；可能的结果甚至不会被知晓，甚至看起来良好的项目也会带来（期望不到的严重的）风险。④ 也正如美国国家工程院院长沃尔夫（W. A. Wuif）所指出的那样，当代工程实

---

① 刘松涛．李建会．断裂、不确定性与风险——浅析科技风险及其伦理规避［J］．自然辩证法研究，2008（2）：20 – 25.

② ［德］乌尔里希·贝克．风险社会［M］．何博文，译．南京：译林出版社，2004：19.

③ ［美］卡尔·米切姆．工程与哲学——历史的、哲学的和批判的视角［M］．王前，等译校．北京：人民出版社，2013：140.

④ HERSH M A. Environmental ethics for engineers ［J］. Engineering Science and Education Journal，2000，9（1）：13 – 19.

践与社会之间的联系和互动更为密切，工程的风险性已成为常态。食品安全问题、工程活动造成的环境风险、高铁事故等事件都是工程伦理风险的典型例子。事实上，从工程规划之初的项目论证，到设计、建造、施工，以及实现后的评价、维护、消费等各个环节，都存在着风险：在时间维度上，不仅会影响当代人而且可能波及后代人；在空间维度上，不仅会产生区域性的影响而且可能波及整个地球，对人类的可持续发展构成挑战。

"当代工程实践的多样化、广泛化和技术集成化，使得工程伦理在本质上是问题伦理"①；当代大量问题工程的出现，很多是源于工程共同体集体行动的伦理问题，其集体行动没有遵循经济合理性、技术合理性、伦理合理性、生态合理性的统一。因此认真分析和积极应对当代工程共同体集体行动的伦理困境是本文的研究重点。工程共同体集体行动的伦理研究具备意识和意志、思维和实践相统一的品性，可使工程伦理意识经由伦理行为实践转化为真实的存在，将主观的善转化为客观的、自在自为的善。因此，本研究有望促进工程共同体的良性发展，加强工程共同体的团结与凝聚、提升工程共同体的社会形象，应对工程伦理风险，为工程共同体伦理价值的最大限度发挥和社会的良序运行提供有效的道德力量。

二、国内外研究综述

（一）关于工程伦理学的研究

西方工程伦理学滥觞于 20 世纪 60—70 年代。通过 web of science 索引对 1950—2020 年以工程伦理（Engineering Ethics）为主题的文献进行检索分析，共得到 5460 个检索结果，年度分布数据见图 1 - 1。由图 1 - 1 可见，1983 年以前，研究相当少；此后，总体呈现出增长的趋势，1997 年突破了 100 篇，2003 年突破了 200 篇。web of science 检索得出近 30 年以工程伦理（Engineering Ethics）为主题的文献的每年引文数，见图 1 - 2。由图 1 - 2 可知，自 2005 年起，每年的引文数超过 1000 篇；2013 年以来，每年的引文数突破 2000 篇。

---

① 何菁. 工程伦理的道德哲学研究 ［D］. 南京：东南大学，2014：28.

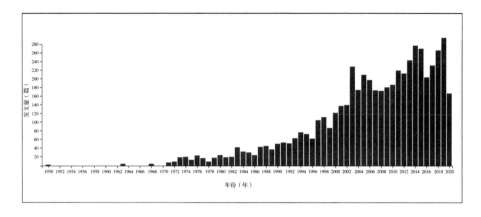

图 1－1 国外工程伦理的研究趋势（web of science 检索到的以"工程伦理"为主题的每年出版的文献数）

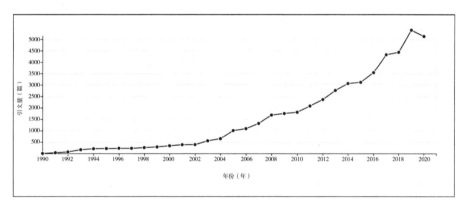

图 1－2 web of science 检索以"工程伦理"为主题的文献的每年引文数（1990—2020）

西方工程伦理研究在不同国家有着各自的特点。因深受分析哲学和经验主义背景的影响，美国的工程伦理研究呈现出"尽精微"的特点，主要从职业伦理学的学科范式切入，注重案例分析和工程伦理教学，研究工程师在工程实践中可能遭遇的道德问题以及如何做出明智、合理的选择。相比之下，德国的研究受大陆哲学传统的影响，依托实践哲学的基底而呈现出不同的特点。德国对工程和技术不做严格的区分，给出较为宏观的解决原则和战略选择，将伦理责任和技术评估问题放在突出的位置。

西方工程伦理学最初是研究工程师的职业伦理。美国工程伦理学家查尔斯·E·哈里斯等人编著的《工程伦理：概念和案例》教科书中就明确地说："工程伦理是一种职业伦理，必须与个人伦理和一个人作为其他社会角色的伦理责任区分开来。"① 随着第一次工业革命开启了工业化的进程，工程师这一职业登上历史舞台。然而，工程师的社会角色和社会地位在历史上曾一度迷离。工程师既是科学家又是商人（莱顿）②，工程师是"边缘人"（谢帕德），因为工程师的地位部分地是作为劳动者，部分地是作为管理者；部分地是科学家，部分地是商人（businessmen）③，这种对工程师社会角色的含糊定位导致了工程师职业伦理难以界定，职业伦理规范难以明确。这也必然推动了对工程师社会地位和伦理角色的重新思考和审视。在这种豪情的鼓舞和支配下，工程师们开始争取"政治性"工程活动的领导权，并引发了"工程师的反叛"和"专家治国运动"。尽管这两大运动以失败告终，但工程师的职业伦理准则得到了拓展：不仅单纯地忠诚于雇主，服务社会和造福公众也被纳入其中。正如博德尔在《新工程师》一书中所说："工程职业好像到了一个转折点。它正在从一个向雇主和顾客提专业技术建议的职业演变为一种以既对社会负责又对环境负责的方式为整个社群（the community）服务的职业。工程师自身和他们的职业协会都更加渴望使工程师成为基础更广泛的职业。"

从"狭义工程伦理学"向"广义工程伦理学"的推进。李伯聪的《关于工程伦理学的对象和范围的几个问题》一文对狭义的工程伦理学、

---

① ［美］查尔斯·E. 哈里斯，等. 工程伦理：概念和案例［M］. 丛杭青，等译. 北京：北京理工大学出版社，2006：13.

② LAYTON E T Jr. The Revolt of the Engineers［M］. Baltimore：The Johns Hopkins University Press，1986：1.

③ BEDER S. The New Engineer［M］. South Yarra：Macmillan Education Australia PTY Ltd，1998：25.

广义的工程伦理学及向广义工程伦理学的推进都做了较全面的阐述。①
1990 年，美国学者小布卢姆（Broome，T. H）看到美国的工程伦理学初
期繁荣之后又停滞，他反思这一事实并提出："对于工程的性质和范围，
如果没有一种比当前工程伦理学界流行的观点要广泛得多的理解，工程
伦理学的学术就不可能继续繁荣。"② 小布卢姆实际上是在倡导对工程伦
理学研究范围和问题领域的拓展，从而将"狭义工程伦理学"推进为
"广义工程伦理学"。从工程过程的角度来看，有学者认为应当采取"广
义理解"，即工程设计、工程制造只是工程活动的一个环节而并非是工
程的全部。例如，马丁和辛津格（2005）认为，一个工程项目的整个过
程应该包括提出任务（理念，市场需求）、设计（初步设计和分析，详
细分析，样机，详细图纸）、制造、实现（广告，营销，运输和安装，
产品使用，维修，控制社会效果和环境效果）以及结束期几个阶段。根
据上述观点，不难得出如下推论。其一，工程师仅是工程活动主体的一
部分，投资人、决策者、管理者、营销人员、工人、使用者等也是工程
活动主体的成员，于是，把工程伦理学与"工程师的职业伦理学"画等
号的观点就太过狭隘而必须突破了。其二，立足于马丁和辛津格对工程
活动"五阶段"的理解，在从提出任务到工程实现直至报废的过程链
中，工程师的"职业"问题已不再居于最重要的地位，而决策、管理的
重要性则显得更加突出。罗伯特·C. 赫兹皮思（Robert C. Hudspith）就
拓展工程伦理学的范围——从微观伦理学到宏观伦理学进行了探讨③，
在他看来，宏观工程伦理学着眼于工程整体与社会的关系，思考：①关

---

① 李伯聪认为，从"狭义工程伦理学"向"广义工程伦理学"转变的首要标志在
于把工程伦理学研究的"第一主题"从对工程师职业伦理的研究转变为对工程决
策伦理、工程政策伦理和工程过程的实践伦理的研究。参见李伯聪. 关于工程伦
理学的对象和范围的几个问题——三谈关于工程伦理学的若干问题［J］. 伦理学
研究，2006（6）：24 - 30.

② BROOME T H Jr. Imagination for Engineering Ethics ［M］. in P. T. Durbin（ed.）.
Broad and Narrow Interpretation of Philosophy of Technology. Dordrecht：Kluwer Aca-
demic Publishers，1990：45.

③ ROBERT C H. Broadening the Scope of Engineering Ethics：From Micro - Ethics to Mac-
ro - Ethics ［J］. Bulletin of Science，Technology and Society. 1991（2）：208 - 211.

于工程（技术）的性质和结构。例如，特定技术所固有的特性是什么，这些特性是如何影响或决定技术的使用方式的，技术的固有特点是如何反映社会和文化的价值观的。②工程设计的性质。例如，设计过程在历史上是如何变化的，设计过程可以解决所有的问题吗，设计者在社会中的角色是如何变化的。③做一名工程师的含义。例如，工程师有什么长处和局限性，一般公众对工程的担心是由于误解还是由于他们以不同于专家的方式看问题，关于采用新技术的决定应当如何做出。① 约瑟夫·赫尔克特（Joseph Herkert）② 讨论了工程伦理学研究的三个基本路径——个人美德、职业道德和社会道德，由此进一步细分为涉及个人和工程职业内部关系的"微观伦理"和涉及工程职业集体的社会责任和有关技术的社会决定的"宏观伦理"。他首先肯定了这两种研究视角的争论对发展工程伦理学的积极意义，进而主张将两种视角进行互补与融合，并主张在微观视角研究的基础上重视宏观视角的工程伦理学研究。

　　工程伦理的研究肇始于西方，中国最早的相关研究是翻译和摘编国外的成果，然后追随国外的步伐并尝试与中国国情相结合和在中国语境下进行探讨。通过中国知网对国内近几十年的学术论文进行检索，得出收录最早的有关工程伦理的论文是在《现代外国哲学社会科学文摘》1984 年第 3 期刊载的苏联学者杜德金娜的《工程伦理学》一文③，标志着中国学界开始关注工程伦理领域。我国早期的工程伦理探索主要是反思工程技术发展带来的问题，起步于对具体学科工程伦理问题的探讨，例如建筑工程伦理、基因工程伦理、信息工程伦理。中国知网（1990—2020）以"工程伦理"为主题的论文共计 1149 篇，2000 年以前的相关研究很零星，2000 年

---

① 张秀华. 回归工程的人文本性——现代工程批判［M］. 北京：北京师范大学出版集团，北京师范大学出版社，2018：250.

② HERKERT J. Future Direction in Engineering Ethics Research：Micro‐ethics，Macro‐ethics and the Role of Professional Societies［J］. Science and Engineering Ethics，2001（7）：403‐414.

③ 杜德金娜，王续琨. 工程伦理学［J］. 现代外国哲学社会科学文摘，1984（3）：36‐37.

以后呈不断上升趋势，图 1 - 3 直观地展现了 1990—2020 年近 30 年来国内工程伦理的研究趋势。如图 1 - 4 所示，国内工程伦理研究中出现频率最高的关键词（1990—2020）依次是：工程伦理（190 篇）、工程伦理教育（113 篇）、伦理问题（39 篇）、工程伦理学（29 篇）、伦理责任（25 篇）、课程思政（20 篇）、基因工程（19 篇）、工程教育（18 篇）、工科大学生（14 篇）。可见，国内研究除了非常关注工程伦理的学科范式、概念界定，对工程伦理教育、工程活动的伦理责任等也高度重视。除了以上 9 个高频关键词，接下来出现频率较高的关键词有：工程风险、伦理视角、工程哲学、伦理研究、新工科、工程伦理课程、伦理思考、工程设计、高等工程教育、伦理教育、科技伦理、卓越工程师、工程教育专业认证、工程院校、工程硕士、大工程观。上述关键词反映了研究热点，大致可将其分为以下几类：一是工程伦理规范和章程；二是工程伦理的拓展范畴，如工程哲学、科技伦理、工程风险；三是工程伦理的主体，如工程师、工程共同体、工科大学生；四是人才培养，如工程伦理教育、课程思政、卓越工程师、工程教育专业认证。

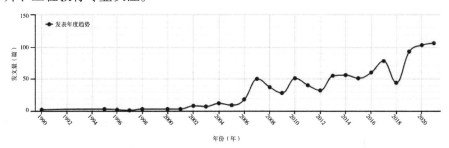

图 1 - 3　国内工程伦理的研究趋势（1990—2020）

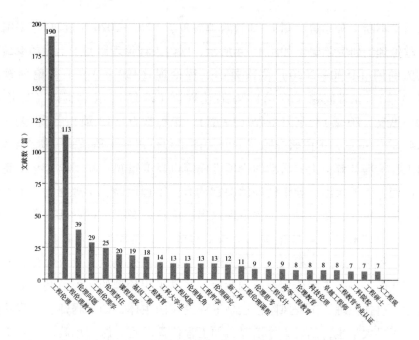

图 1 -4　国内关于工程伦理研究文献的高频关键词（1990—2020）
（以"工程伦理"为主题）

2004 年创刊的《工程研究：跨学科视野中的工程》开启了我国在"工程研究"这个跨学科和多学科领域的主办学术刊物的新时代。该刊物从创办之初的年刊（2004—2008）发展到季刊（2009 年至今），体现了学界对工程领域关注度的不断提升；每期都有工程伦理题材的论文被此刊物收录，反映了学界对工程伦理问题的高度关注。《自然辩证法研究》《哲学动态》《自然辩证法通讯》《伦理学研究》《高等工程教育研究》《科学技术哲学研究》《道德与文明》《华中科技大学学报（社会科学版）》《东北大学学报（社会科学版）》《北京理工大学学报（社会科学版）》《大连理工大学学报（社会科学版）》《昆明理工大学学报（社会科学版）》等学术期刊刊发了工程伦理相关的研究论文，为推进我国工程伦理研究做出了重大贡献。

在著作方面，1999 年由肖平教授主编的《工程伦理学》是国内最早的探讨工程伦理学的著作。比较有影响力的译著有《工程、伦理与环境》

（作者：P. Aarne Vesilind，Alastair S. Gunn，译者：吴晓东、翁端，2003）、《工程伦理：概念和案例》（作者：查尔斯·E. 哈里斯等，译者：丛杭青、沈琪，2006）、《工程伦理学》（作者：Mike W. Martin，Roland Schinzinger，译者：李世新，2010）、《像工程师那样思考》（作者：Michael Davis，译者：丛杭青、沈琪，2012）、《工程与哲学：历史的、哲学的和批判的视角》（作者：卡尔·米切姆，译者：王前，2013）、《安全与可持续：工程设计中的伦理问题》（作者：霍若普，译者：赵迎欢、宋吉鑫，2013）、《工程师的反叛，社会责任与美国工程职业》（作者：爱德温·T. 莱顿，译者：丛杭青、沈琪、叶芬斌，2017）、《工程伦理：机遇与挑战》（作者：W. 理查德·伯恩，译者：丛杭青、沈琪、周恩泽等，2020）。在中国国家图书馆普通书库检索发现，与"工程伦理"相关的书有 40 部，其中 36 部出版于 2010 年以后。

　　有学者将当前国内工程伦理学的研究主题归纳为六个方面：过程的伦理、主体的伦理、理论建构、工程伦理教育、建制化、工程伦理方法①。李三虎（2005）从整体论视角考察了工程伦理问题，认为工程职业伦理学主要涉及"责任"，工程价值伦理学主要关注"价值"，工程伦理学的理论可能性应存在于事实和价值的整体关系中。② 关于工程伦理的本质界定问题，国内目前已经基本趋于一致：工程伦理可以界定为"作为工程师职业伦理的狭义的工程伦理与研究和讨论工程活动中的伦理问题的广义的工程伦理"③，并认为后者因为工程的复杂性而更应该成为工程伦理的主要研究内容。

　　工程伦理学关注工程实践和对工程实践进行伦理反思，是一门实践伦理学，已成为现代伦理学发展的重要范式，不断推动着当代伦理学的发展。

---

① 张恒力，胡新和. 问题与建制：中国工程伦理学述评［M］//刘则渊，等. 工程·技术·哲学：中国技术哲学研究年鉴（2006/2007 年卷）. 大连：大连理工大学出版社，2008.

② 李三虎. 职业责任还是共同价值？——工程伦理问题的整体论辨释［J］. 探求，2005（5）：34 - 43.

③ 潘磊，王伟勤. 展望中国工程伦理的未来［J］. 哲学动态，2007（8）：67 - 68.

(二) 工程共同体相关研究

古希腊哲人亚里士多德首先提出了共同体（community）这个概念。亚里士多德的《政治学》一书开篇的第一句话便是"我们看到，所有城邦都是某种共同体，所有共同体都是为着某种善而建立的"①。在亚里士多德看来，个人的善不能与共同体的善相分离，共同体之善是个体善实现的前提和保障。德国社会学家滕尼斯的《共同体与社会》（1887）一书指出，建立于自然基础上的共同体是一种"持久和真正的共同生活"，它在历史上先于人为建构的"社会"而存在。英国社会学家麦基弗在其所著《社群：一种社会学研究》（1917）一书中认为，共同体建基于共同善或共同利益，依赖于情感的纽带，进一步拓展了人们对共同体的认识。20 世纪 80 年代，"社群主义"学术流派在西方学术界兴起。近年来，伴随着全球化的大潮，人与人之间的交往已经突破和超越了传统的血缘和地域的局限，一些新兴共同体如职业共同体、学习共同体等不断涌现。尽管在不同知识背景和话语体系下对共同体的认识和理解往往不尽相同，但总体而言，共同信念、情感纽带、成员的认同感和归属感是共同体的基本特征和得以维系的基本要素。

工程实践活动和工程共同体自古有之，只不过古代工程使用人力和手工工具，现代工程则使用现代动力系统和现代机器设备。工程实践活动和工程共同体的出现比科学实践活动和科学共同体的出现要早很多，但由于多种原因，长期以来，中外学术界并未关注工程共同体的研究。

相对于上述共同体，工程共同体的研究刚刚起步。国外的工程共同体研究关注责任问题。②③ 国内李伯聪、张秀华、李三虎等人对此问题以工程哲学和工程社会学为研究视角进行了若干研究，并发表了系列论文：《工程共同体中的工人》（李伯聪，2005）、《工程共同体研究和工程社会学

---

① ［古希腊］亚里士多德. 政治学 ［M］. 颜一，秦典华，译. 北京：中国人民大学出版社，2003：1.

② SCHINZINGER R，MARTIN M W. Martin. Introduction to Engineering Ethics ［M］. New York：McGraw – Hill Higher Education ［M］. 2000：Preface ix.

③ 张恒力，胡新和. 当代西方工程伦理研究的态势与特征 ［J］. 哲学动态，2009（3）：52 –56.

的开拓》（李伯聪，2008）、《工程共同体的本性》（张秀华，2008）、《工程实践的政治问题：工程共同体中的冲突与协调》（李三虎，2008）、《工程共同体的结构及维系机制》（张秀华，2009）、《工程共同体的社会功能》（张秀华，2009）、《试论工程共同体中的权威与民主》（朱春艳、朱葆伟，2009）、《工程活动共同体的形成、动态变化和解体》（李伯聪，2010）、《工程社会学视野中的工程投资者》（鲍鸥，2010），出版了专著《工程社会学导论：工程共同体研究》（李伯聪，等，2010）。

　　以李伯聪为代表的学者对工程共同体的研究，是以科学共同体理论为直接的理论资源和重要学术参照系的。波兰尼从经验出发将科学共同体视为由具有共同信念、共同价值和共同规范法则的科学家构成的社会群体。①库恩的《科学革命的结构》（1970）一书开创了科学共同体内部社会学的研究。库恩认为，科学共同体是独立的存在，组成人员学有专长，受过共同的教育和训练，有共同的语言和目标。同一个科学共同体具有相同的范式，范式决定了科学共同体内部专业交流充分、见解一致。"范式"的核心意义包括符号概括、模型和范例。符号概括是专业团体的表达方式，模型是专业团体的类比参照物和本体论出发点，范例则是专业团体承认的具体题解或典型事例。范式在科学活动中发挥着研究定向作用、实用工具作用、社会组织作用、认识框架作用。

　　工程哲学用工程共同体指称项目组织，认为工程共同体是一种异质的社会关系网络，既具有内部权威和民主的权力分层结构，又具有社会化和专业化的分工与合作关系，可视为由技术规定的一系列工程任务组成的"长链"组织。李伯聪指出，工程共同体是工程社会学的基本范畴；工程共同体是指集结在特定工程活动下，为实现同一工程目标而组成的有层次、多角色、分工协作、利益多元的复杂的工程活动主体的系统，是从事某一工程活动的人们的总体。②

---

① ［英］迈克尔·波兰尼. 科学、信仰与社会［M］. 王靖华，译. 南京：南京大学出版社，2004.

② 李伯聪，等. 工程社会学导论：工程共同体研究［M］. 杭州：浙江大学出版社，2010：22 – 23.

　　学者们从工程共同体和科学共同体的若干对比中考察了工程共同体的基本性质与特征。① 第一，科学共同体以探求真理为主要目标，揭示、发现科学规律、科学理论。工程共同体的核心目标是做出好的工程，为社会的进步和发展提供物质基础，并推动生产力和文明的进步。第二，从共同体的"成员"或"组成成分"方面看，科学共同体是一个由"同类成员"（即科学家）所组成的"同质成员共同体"，在思维方式、文化观念、精神气质等方面有着相同或相近的特征。而工程共同体却是由工程师、工人、投资者、管理者、其他利益相关者等多种不同类型的成员所组成的，这就使工程共同体成为一个"异质成员共同体"。第三，就"组织形式"或"制度形式"而言，科学共同体主要的组织形式是"科学学派"、"研究会"和"自然科学的门类、学科、亚学科共同体"等，工程共同体则有"职业共同体"和"工程活动共同体"两大类型。工程共同体有着自己的维系机制，包括需要与利益的满足、共同体内外的认同和需要共同遵循的规范，例如合目的性、合规律性、注重分工和协同、需要权威、互利互惠、追求合理和满意的功利、有风险的博弈、实用约束中的求美等。② 李伯聪指出了几个工程共同体研究中的方法论问题，包括"直面实事本身"的现象学方法和"语言分析"方法、经验研究和理论研究的良性互动、跨学科研究方法。③

　　中国知网（1990—2020）以"工程共同体"为主题的中外论文共计311篇，图1-5展示了"工程共同体"国内研究的趋势。

---

① 李伯聪，等. 工程社会学导论：工程共同体研究［M］. 杭州：浙江大学出版社，2010：23-26.

② 李伯聪，等. 工程社会学导论：工程共同体研究［M］. 杭州：浙江大学出版社，2010：32-36.

③ 李伯聪，等. 工程社会学导论：工程共同体研究［M］. 杭州：浙江大学出版社，2010：17-19.

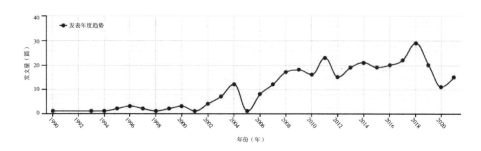

图 1–5　"工程共同体"国内研究趋势（1990—2020）

从工程管理角度对工程共同体展开的研究。博弈论和伙伴式管理理论可将所有的工程利益相关者纳入同一团队进行管理。用博弈论的理论和方法模拟工程项目的实施及管理过程，有利于化解工程活动中遇到的冲突，对于分析量监督、合同履行和工程索赔等问题也具有积极意义。向鹏成、任宏（2010）应用博弈论中的完全信息静态博弈对工程项目质量控制进行了定量分析，得到了混合战略纳什均衡点，详细分析了工程监理单位、施工单位的具体行为，为更好地进行质量控制提供了一定的理论依据。[①]　项目挣值管理（Earned Value Mananement，EVM）方法诞生于 20 世纪 60 年代，是美国国防部采用的大型国防工程项目开发的方法，后被推广到一般的工程项目。熊琴琴、李善波（2013）指出，EVM 方法较好地实现了工程业主与工程承包商之间的监督与控制，对工程共同体之间利益博弈的协调发挥了重要作用。[②]

西方工程伦理研究已经从关注职业伦理—工程师伦理（狭义的工程伦理学）研究走向关注整体伦理—工程共同体伦理（广义的工程伦理学）研究，关注其他工程共同体的集体责任问题。波尔（Ibo van de Poel，2001）认为，工程伦理传统上讨论聚焦于工程师的行为和决策中的伦理，最近研究表明应该扩大研究范围，应该需要一个比个体工程师更加广泛的视角，

---

①　向鹏成，任宏. 基于信息不对称的工程项目主体行为三方博弈分析［J］. 中国工程科学，2010（9）：101 – 106.

②　熊琴琴，李善波. 共同体监督与控制：EVM 基于工程社会学的理论构建与解释［J］. 自然辩证法研究，2013（1）：44 – 48.

同时涉及技术发展和使用中的其他人，如技术人员、管理者、政府官员、使用者等。① 迈克·马丁认为："工程中的宏观伦理问题关涉技术发展的一般方向和工程师、工程师职业协会和工业协会的集体责任。"② 张恒力等认为，工程活动过程不仅包括工程师设计、制造过程，还包括其他工程共同体如官员共同体、企业家共同体、工人共同体、消费者共同体的参与、决策、建造和消费等活动，于是工程伦理学不仅包括工程师伦理学，还包括其他工程共同体所面临的道德困境和所应承担的道德责任。③④ 目前，国内学者对这一观点已基本达成共识。工程共同体伦理研究是对传统工程伦理学工程师个体视角的"截面式"研究的超越，走向对工程共同体群体视角开展"全景式"的研究。然而，这方面的研究目前还不足，主要集中于工程师的伦理责任、伦理困境分析，而对于其他工程共同体的伦理研究较少。张恒力的博士学位论文⑤对工程师伦理问题进行了专门研究，揭示了工程师群体面临的"工程设计、工程安全、工程揭发"三种尖锐的伦理困境，深入剖析了其成因，并给出对策，有利于提高工程师处理伦理问题的水平。肖锋（2006）在讨论科学技术责任时，认为不仅科学家、工程师负有责任，决策者、管理者、使用者，包括广大公众也负有责任，并指出科学技术责任的社会建构从个人责任日益走向集体责任、人类责任、制度和组织的责任等。⑥ 朱葆伟（2006）认为，工程活动的伦理责任包括职业责任、社会责任、道义责任三个逐渐递进的层次，集体责任的主体应该是参与工程技术建构和受其后果影响的人们。⑦ 欧阳聪权、高筱梅（2012）以

① VAN DE POEL I. Investigating ethical issues in engineering design［J］. Science and Engineering Ethics, 2001（7）：429－430.
② ［美］迈克·W. 马丁，罗兰·辛津格. 工程伦理学［M］. 李世新，译. 北京：首都师范大学出版社，2010：29.
③ 张恒力，胡新和. 当代西方工程伦理研究的态势与特征［J］. 哲学动态，2009（3）：52－56.
④ 张恒力，胡新和. 工程伦理学的路径选择［J］. 自然辩证法研究，2007（9）：46－50.
⑤ 张恒力. 工程师伦理问题研究［D］. 北京：中国科学院，2008.
⑥ 肖峰. 从元伦理看技术的责任与代价［J］. 哲学动态，2006（9）：45－51.
⑦ 朱葆伟. 工程活动的伦理责任［J］. 伦理学研究，2006（6）：36－41.

"723"甬温线高铁事故为例，讨论了政府部门、企业等工程组织主体的伦理责任。① 肖显静（2009）对工程共同体的环境伦理责任专门撰文论述②，她首先指出工程共同体应该承担环境伦理责任，然后分别论述了投资者和工程组织共同体的环境伦理责任、工程师和工程职业共同体的环境伦理责任、工程共同体其他成员的环境伦理责任。万舒全的博士学位论文③对整体主义工程伦理进行了专门研究，探求工程共同体的整体伦理，要求工程共同体成员和其他利益相关者在工程实践中都能够承担起其相应的伦理责任，并且形成一种道德的合力。

（三）关于集体行动及其伦理的研究

行动学是 1910 年由波兰哲学家科塔宾斯基创立的，该学科旨在从效率（efficiency）角度出发研究普遍适用于人类所有行动的一般方法论。行动学作为一门哲学学科目前已在西方获得普遍的承认。④ 兹勒尼瓦斯基的《人的团队组织》（1964）、《组织和管理》（1969）是行动学组织理论最重要的著作，他认为，行动学的组织理论就是从效率角度来研究关于组织的理论⑤，因此，可以用部分与部分之间的关系、部分与整体之间的关系来研究如何提高组织效率。经过近百年的发展，"现代行动学"的研究对象从过去定位于个体行动转向为关注集体行动，评价行动的基本原则从双 E 原则（效果和效率原则）扩展为多 E 原则。美国学者克里斯·阿吉里斯等所著的《行动科学：探究与介入的概念、方法与技能》对行动科学立基的哲学和科学原则做出了清晰并具体的阐述。我国学者潘天群的《行动科学方法论导论》对广义的技术（包括社会技术）问题进行了系统的哲学反思，从方法论角度提出了研究"行动"的科学的构架。

达夫特认为，组织行为是由组织中个体和群友的行为及其相互作用构

---

① 欧阳聪权，高筱梅. 试论工程组织主体的伦理责任 ——以"7·23"甬温线事故为例 [J]. 昆明理工大学学报（社会科学版），2012（5）：1－5.
② 肖显静. 论工程共同体的环境伦理责任 [J]. 伦理学研究，2009（6）：65－70.
③ 万舒全. 整体主义工程伦理研究 [D]. 大连理工大学博士学位论文，2019.
④ 王楠. 从传统行动学到现代行动学 [J]. 自然辩证法研究，2010（12）：48－53.
⑤ 刘则渊，等. 工程·技术·哲学：中国技术哲学研究年鉴（2006/2007 年卷）[M]. 大连：大连理工大学出版社，2008：77.

成的。安德鲁·J. 杜布林（A. J. Dubrin）认为，组织行为学是系统研究组织环境中所有成员的行为，以成员个人、群体、整个组织及其外部环境相互作用所形成的行为作为研究对象。古典管理学派是组织理论的奠基者，主要代表人物是泰罗、法约尔、韦伯、厄威克等。古典管理理论按照经济学范式对组织中人的行为进行研究，强调组织的高度结构性、纪律性，对于提高组织效率有着积极作用，但忽视了组织中人的因素，造成了管理者和基层员工之间的关系紧张对峙。组织行为学综合运用心理学、社会学、人类学等学科理论来研究一定组织中人的行为，改变了组织管理行为的方式，从监督管理转向激励管理，突出了管理中人的中心地位和组织行为的人性化。当代组织行为理论努力在工作和工作者之间寻求一种动态平衡，在充分发挥工作者的积极性、主动性和创造性的基础上，关注组织行为的合理化和由此带来的效益最大化。① 在人和组织的关系问题上，引入组织忠诚、组织承诺、心理契约等理念，以建成组织与员工之间的"生活共同体"为目标，达到个人和组织的双赢。②

集体行动范畴涉及群体或集体的行为或行动，它从人类社会诞生初期就存在并延续下来。对集体行动的研究历史久远，自 20 世纪以来日益得到学界的关注。社会学家们假设：一个具有共同利益和目标的群体，必然会为实现其共同利益和目标而采取集体行动。群体理论认为，具有共同利益的个人会自愿地为维护集体自身的利益而行动，这也叫"集体行动"。集体行动在本体论上不可被还原为个体行为。意向是行动的原因，恰如个体行动与个体意向密切相关，集体行动也与集体意向密切相关——集体意向与集体行动之间具有因果性关系。集体意向性这一概念，最早由托米拉和密勒于 1988 年在《哲学研究》（*Philosophical Studies*）上发表的《我们意向》（*We - intentions*）一文中系统提出，此后，塞尔、布莱特曼、吉尔伯特、皮提特等学者也对该问题加以研究，提出了各自的集体意向性理论，

---

① ［美］斯蒂芬·P. 罗宾斯，蒂莫西·A. 贾奇. 组织行为学［M］. 北京：中国人民大学出版社，2008：9 - 15.

② 杨家骡. 组织行为面临的挑战及组织行为研究趋势［J］. 上海大学学报（社会科学版），2010（7）：95 - 102.

并且将它运用到社会学、政治学、法学等领域，成为解释社会行为和社会事实的前提假设。① 美国哲学家塞尔认为，把他人当作共有意向性（shared intentionality）可能之分享者的这种生物基本意识是所有集体行为和交谈的必要条件。合作性是集体意向和集体行动的一个重要特征。美国学者吉尔伯特强调，集体成员间的共同承诺或契约是很重要的，它们是集体拥有集体性意向的必要条件。

20 世纪 60 年代以后对集体行动的研究取得了较大的进展，其概念在不同研究视域中呈现出很大差异。社会心理学中的群体行为［代表人物古斯塔夫·勒庞（Gustave Le Bon）、布鲁默（H. Blumer）］、社会学的社会运动范畴［代表人物斯梅尔塞（Smelser）、梯利（Tilly）］、新制度经济学的制度变迁［代表人物道格拉斯·诺斯（Douglass C. North）、埃莉诺·奥斯特罗姆（Elinor Ostrom）］、公共管理学中公共物品供给问题［代表人物奥尔森（Mancur Olson），埃莉诺·奥斯特罗姆（Elinor Ostrom）］等都属于集体行动的研究范畴。我国学者冯巨章的《西方集体行动理论的演化与进展》一文对西方集体行动各种理论流派的异同点进行了总结。冯建华、周林刚（2008）从理性、心理、结构与文化四个维度梳理了西方集体行动理论的四种取向。② 美国学者奥尔森以研究集体行动著称，他的代表作《集体行动的逻辑》（1965）、《国家的兴衰》（1982）以及《权力与繁荣》（2000）都是在探讨集体行动问题。《集体行动的逻辑》揭示了一个具有共同利益的集体却经常难以实现集体行动并遭遇"集体行动的困境"，为了走出"搭便车"的困境，奥尔森提出了形成合理的规则、制度和"选择性激励"的组织策略。美国学者康芒斯从经济学视角对集体和集体行动的诸多方面进行了系统研究。康芒斯将 20 世纪的美国经济系统作为一个人性组织加以分析，试图解决经济活动中的冲突。他认为，集体是经济和社会的基本单位，他把经济制度定义为"控制个人行动的集体行动"，并展开对这一制度的建构和维系的探讨。尽管其研究视角是经济学的，但其基本理

---

① 柳海涛，万小龙. 关于集体意向性问题［J］. 哲学动态，2008（8）：83 - 88.

② 冯建华，周林刚. 西方集体行动理论的四种取向［J］. 国外社会科学，2008（4）：48 - 53.

论有着丰富的可供借鉴的价值，如他在《集体行动的经济学》中曾指出，集体行动不仅仅意味着对于个体行动的简单控制，它包含了个体行动的解放和延伸，因此，集体行动从字面意义上讲是获取自由的工具。自由得以实现的唯一途径就是通过强加义务在可能会对具有"自由"的个体的行动产生影响的人物身上。① 法国社会学家米歇尔·克罗齐耶和埃哈尔·费埃德伯格（2007）认为，组织并非是一种自然形成的现象，而是人们出于"解决集体行动问题"的人为的建构，而其中要解决的最重要的问题是如何保障公共产品的生产者之间的合作。他们注重组织的过程分析，强调具体化和情景化对集体行动的影响，认为，"当一个人开始从集体—行动的视角来进行观看时，人类的行为便既不表现为社会互动的逻辑产物或必然产物，也不表现为有待解决的问题结构的产物"②。在《权力与规则——组织行动的动力》一书中，费埃德伯格提出应该从如何建构行动领域的角度来理解和分析组织，在他看来，组织运作的过程就是行动者在一定的规则条件下争夺权力的过程。

国内学者根据自身研究需要对"集体行动"的概念进行解读，主要包括三类③：①冲突说：社会冲突意义上的非制度化群体行为；②利益说：提供"共同利益"或"公共物品"的集团行为；③行动者参与说：多个行动者采取共同行为的过程。

传统道德哲学一直以来都只关注个体，而具有整体行动能力且能产生较显著行动后果的组织却被悬置和忽视。在莱茵霍尔德·尼布尔看来，群体的道德低于个体的道德，群体比个人更难克服个人中心主义，会忽视甚至损害其他群体的利益。④ 对组织集体行动的伦理学研究目前还较少，这

---

① ［美］康芒斯. 集体行动的经济学［M］. 朱飞，等译. 北京：中国劳动社会保障出版社，2010：17.
② ［法］米歇尔·克罗齐耶，埃哈尔·费埃德伯格. 行动者与系统——集体行动的政治学［M］. 张月，等译. 上海：上海人民出版社，2007：4.
③ 王鹏. 集体行动理论视角下中国大学战略规划有效性研究［M］. 北京：人民出版社，2014：60 – 65.
④ ［美］莱茵霍尔德·尼布尔. 道德的人与不道德的社会［M］. 蒋庆，等译. 贵阳：贵州人民出版社，1998.

一理论倾向已远远落后于今天社会高度组织化的现实。有关"团体伦理"即"社团的道德"问题，罗尔斯的《正义论》中有这样的阐述："道德发展的第二个阶段是社团的道德。这个阶段涉及着依赖于交往范围广泛的各种例子，甚至包括了作为一个整体的国家共同体。"①我国学者洪德裕在国内率先提出"团体伦理学"的理论构想。② 当前对集体行动的伦理研究主要涉及以下几个方面。第一，企业伦理研究，视角大多为经济学、管理学领域。当代西方非常重视企业伦理问题的研究，一些因全球化的推进和文化环境变化而提出的新问题都得到了比较充分的探讨，如企业与利益相关者的关系问题、企业跨国经营中的伦理问题、信息技术时代的企业伦理问题等，企业伦理研究取得了诸多新进展。德国学者霍尔斯特·施泰因曼、阿尔伯·特勒尔的《企业伦理学基础》，美国学者乔治·斯蒂纳、约翰·斯蒂纳合著的《企业、政府与社会》、罗伯特·F. 哈利特的《商业伦理》，日本学者水谷雅一的《经营伦理与实践》，英国学者大卫·威勒等人的《利益相关者公司》是其中的代表作。国内研究热点是：对企业伦理的界定、企业伦理（学）的学科定位、企业社会责任和企业伦理规范，同时也出版了不少相关专著和论文。甘绍平（2000）在对"企业伦理"与"企业家伦理"进行辨析的基础上，将"作为一个整体的企业本身的伦理"③ 问题提了出来。第二，组织伦理研究。20 世纪 80 年代，组织伦理学已进入工商管理学院并得到迅速发展。"组织伦理学"词条被收录于《布莱克维尔商业伦理学百科辞典》中。达夫特的《组织理论与设计》一书强调了组织伦理价值观的重要性，组织伦理观和组织绩效呈正相关性。我国学者王珏的《组织伦理：现代性文明的道德哲学悖论及其转向》（2008）一书，通过道德哲学方式对组织的伦理难题进行了考察，并提出"拯救"之途，推进了当代道德哲学范式从个体向团体、组织的转换。王珏（2010）在《"后单位时代"组织伦理的实证调查与对策研究》一文中进一步指出：中

---

① ［美］罗尔斯. 正义论［M］. 何宏怀，等译. 北京：中国社会科学出版社，1988：469 - 470.

② 洪德裕. 团体伦理学发凡［J］. 浙江社会科学，1999（1）：112 - 116.

③ 甘绍平. 伦理智慧［M］. 北京：中国发展出版社，2000：61 - 71.

国伦理道德的建设已经进入一个重大转折和转换的关键期，应当充分重视单位组织的伦理建设，最终目标是帮助单位组织成为真正的道德责任的主体。① 第三，政府伦理研究。刘祖云在《行政伦理关系研究》（2007）一书探讨了政府组织的行政伦理关系，并对政府的伦理责任、义务及其道德规定性进行了论述。高晓红的《政府伦理研究》（2008）从组织角度来构建政府伦理，论证了政府不仅是一个伦理实体，而且是一个道德责任的主体；政府制度伦理、公共行政伦理、公务员道德三者构成了政府（组织）伦理的逻辑结构，政府（组织）伦理的现实建构也从这三个方面着手。向玉乔（2003）、叶青春（2004）、徐元善（2007）、王玉明（2011）、袁和静（2011）等学者撰文对政府责任伦理进行了研究，还有学者专门探讨了政府的环境伦理责任。第四，科学共同体伦理研究。关于科学共同体的伦理本质，陈爱华（1995）认为："科学共同体以科学成果向生产过程和精神领域渗透，为社会的科学伦理化奠定基础，以协调人与环境、人与社会、人与自身的关系，实现社会科学伦理化的目标。"② 《在真与善之间——科技时代的伦理问题与道德抉择》（刘大椿，2000）、《科学的精神和价值》（李醒民，2001）、《科技伦理问题研究》（陶明报，2005）、《科技伦理研究论纲》（程现昆，2011）、《科学伦理的理论与实践》（洪晓楠等，2013）等著作都谈到了科学共同体的伦理问题。在论文方面，蔡贤浩（2004）对科学共同体伦理规范进行了专门的探讨③；王珏（2004）探讨了科学共同体的集体化模式及其伦理难题，认为要突破这些伦理难题，从哲学上要首先解决好以下几个问题：集体化科学共同体的向度协调与科学功能的合理定位问题，人的多重需要与人的生命安顿问题，多样化的人、人群、团体与人类社会关系的和谐安排问题④；薛桂波的博士学位论文《科学共同体的伦理精神》（2007），以科学与伦理的互动关系为逻辑起点，

① 王珏．"后单位时代"组织伦理的实证调查与对策研究［J］．道德与文明，2010（4）：62 – 66.
② 陈爱华．现代科学伦理精神的生长［M］．南京：东南大学出版社，1995：191.
③ 蔡贤浩．浅谈现代科学共同体的伦理规范［J］．广西社会科学，2004（5）：29 – 32.
④ 王珏．科学共同体的集体化模式及其伦理难题［J］．学海，2004（5）：132 – 135.

对科学共同体进行了系统的伦理研究，确立和论证了科学共同体伦理精神的道德哲学结构。此外，叶汝贤、黎玉琴（2006）在《公民社会、公民精神和集体行动》一文中指出集体行动的困境存在的范围是有限的，公民精神为在公民社会超越集体行动的困境提供了可能。陈忠（2011）的《集体行动、发展伦理与社会发展理论的基础创新》一文探讨了奥尔森"集体行动理论"对发展伦理研究的意义，他认为，集体行动的逻辑呈现了社会变迁的深层逻辑，集体行动具有利益性、历史性、辩证性的特点；奥尔森的集体行动理论所蕴含的研究方法、研究理念，对确认当代社会发展理论的深层构架和推进社会发展基础理论的创新，具有非常重要的借鉴意义。

对集体行动的伦理研究常常以团体责任为落脚点。对团体责任的研究始于第二次世界大战后对战争的反思。伦理学对此问题的深入研究，从20世纪中期一直延续到现在。H. D. 刘易斯①、约尔·范伯格（Joel Feinberg)② 都对"团体责任"进行了研究，还有沃尔什（W. H. Walsh）的"自豪、羞耻和责任"③、皮特·A. 弗莱彻的《集体的和共同的责任》④、拉里·梅（Larry May）的《分担责任》⑤。"个人责任和集体责任之间关系的问题，以及需要构建促进一种可以扩展到未来的责任的制度需求，这两者都是当前工程伦理中最为重要和迫切的问题。"⑥

国外工程伦理书籍和论文，例如，*Engineering ethics*（Michael Davis 编，2005）、*Engineering and Society*（Stephen F. Johnston 等，2000）、*So-*

---

① LEWIS H D. Collective Responsibility［J］. Philosophy，1948（23）：3 – 18；LEWIS H D. Collective Responsibility［J］. Philosophy，1968（43）：258 – 268；LEWIS H D. Collective Responsibility – Again［J］. Philosophy，1969（44）：153 – 155.

② FEINBERG J. in Doing and Deserving：Essays in the Theory of Responsibility［M］. Princeton New Jersey：Princeton University Press，1970.

③ WALSH W H. Pride，shame，and Responsibility［J］. The Philosophical Quarterly，1970（20）：1 – 13.

④ PETER F A. Collective and Corporate Responsibility［M］. NewYork：Columbia University Press，1992.

⑤ MAY L. Sharing Responsibility［M］. Chicago：Chicago University Press，1982.

⑥ ［美］卡尔·米切姆. 工程与哲学——历史的、哲学的和批判的视角［M］. 王前，等译. 校. 北京：人民出版社，2013：213.

cial, ethical, and policy implications of engineering（Joseph R. Herkert 编，2000），还有已被译为中文的《工程、伦理与环境》《工程伦理：概念和案例》《工程伦理学》（作者：Mike W. Martin, Roland Schinzinger，译者：李世新，2010）等，大都涉及对工程共同体集体行动伦理问题的探讨，尽管可能未使用"工程共同体集体行动"的提法。比如工程活动中集体和个人的道德责任、组织忠诚、工程伦理章程、工程职业社团等，国外的许多工程伦理案例也讨论了工程共同体集体行动的伦理问题。国内有关"工程共同体集体行动"的伦理研究也较为零散，仅在对工程制度伦理、工程伦理责任等问题的研究中做了一些探讨。

（四）关于上述研究的述评

上述研究成果对本书有重要的启示。目前，工程主体伦理研究还主要集中于工程师的伦理责任、伦理困境分析，而对于工程共同体中其他亚群体和工程共同体整体的伦理研究较少；关于集体行动，更多的是从过程和结果进行研究，对集体行动动机的研究较少；当前对工程共同体的研究，大多从工程哲学、工程社会学、工程管理学等维度展开，对集体行动的研究大多从经济学、政治学、社会学等角度展开，而从伦理学视域的探讨较缺乏，全面性、系统性的伦理研究更是欠缺，这和现实中大量的工程共同体不道德行为严重不匹配。这些欠缺的方面也就应该成为当下努力的方向。本文对工程共同体集体行动这一问题展开较系统的伦理研究，以工程共同体集体行动为视角来研究工程伦理，探讨其中蕴含的善，以及已经发生或可能发生的恶，超越传统工程伦理学对工程师主体的"截面式"研究，走向对工程共同体这一集体的"全景式"研究，对"广义工程伦理学"做出若干尝试性探索。

三、研究思路与方法

（一）研究思路与本书架构

本书主要从伦理学视域对工程共同体集体行动进行探索。首先，对本文论题所涉及的基本概念进行界定，阐明工程、工程共同体、工程共同体集体行动等概念的内涵及伦理特征。其次，从伦理学视域探讨了中西方工程共同体集体行动的历史演进，进而为当代工程共同体集体行动的伦理理论建构提供了相关的理论资源和实证基础。再次，对当代工程共同体集体行动的伦理困境进行分析。最后，对这些伦理困境的本质和成因进行伦理反思。在此基础上，分析工程共同体集体行动何以成为具有伦理性的集体行动，提出超越工程共同体集体行动伦理困境的理论—实践方略。

绪论部分包括：研究缘起、文献综述、本书主要内容、研究思路与方法、可能的创新。

第一章为了厘清工程共同体集体行动的伦理本质，主要从伦理学的视域解析了工程、工程共同体、工程共同体集体行动等相关概念及其伦理本质，强调了本文所研究的工程共同体主要是指"项目工程共同体"，因而"工程共同体集体行动"主要指项目工程共同体集体行动；在此基础上，论述了统摄工程共同体集体行动的工程伦理精神及相关的伦理机制。

第二章从伦理学视域梳理了中西方工程共同体集体行动的历史演进。一是分别考察了中西方工程共同体集体行动的历史文化背景，在此基础上，通过剖析中西方历史上有代表性的工程范例，探索其集体行动的伦理实践及其相关的伦理机制；二是解读了中西方历史上相关文献中所蕴含的工程共同体集体行动伦理思想；三是考察了工程共同体集体行动的历史跃迁及现代中外有关的工程共同体集体行动的相关范例，剖析了其中蕴含的工程共同体集体行动伦理精神与伦理机制，进而为当代工程共同体集体行动的理论建构提供实证基础。

第三章依循工程共同体集体行动自身的现实逻辑，即按照工程共同体集体行动的动机—过程—后果的逻辑理路透视其伦理困境：一是工程共同体集体行动其动机的义利冲突境遇，主要包括，工程集体行动决策的伦理缺位、利益博弈中的义利冲突；二是工程共同体集体行动其过程的多重伦理失范，其中包括设计的伦理及其风险意识淡漠，实施过程的伦理失范；三是工程共同体集体行动其后果的多重伦理关系失调，其中包括工程共同体集体行动引发生态环境伦理困境凸显、导致人与人之间伦理关系的紧张。

第四章在分析上述伦理困境的基础上，揭示了其生成的原因：一是工程共同体集体行动伦理精神的式微，其中包括：功利主义价值观凸显、工程共同体集体行动过程的伦理失序；二是工程共同体集体行动的制度伦理匮乏，其中包括：组织制度和结构设计中的伦理责任缺位、现有制度伦理的责任追究乏力；三是工程共同体集体行动伦理责任的消解，其中包括：集体行动诸环节伦理责任链的断裂与悬置、"有组织的不负责任"、工程共同体伦理责任意识淡薄等。上述三个方面的原因不是孤立的，而是相互关联、相互影响的。

第五章、第六章从工程伦理理论建构的视域，提出了走出工程共同体集体行动伦理困境的理论—实践方略。其中第五章着重探讨工程共同体集体行动的伦理精神的重塑，即以造福人类为根本宗旨，以珍爱生命为伦理底线，以追求卓越为崇高旨趣，并以此工程伦理精神统摄工程共同体集体行动的顶层设计和动机。第六章着重探讨工程共同体集体行动伦理机制的重建，即以伦理制度化机制规范工程共同体集体行动和以伦理责任机制追踪工程共同体集体行动。

结语部分主要阐释了工程共同体集体行动"善"之实现，即推进工程与人文的融合、工程与伦理的契合将使工程共同体集体行动成为给人类带来幸福的"善举"，超越工程共同体集体行动的伦理困境，才能迈向更加幸福美好的明天。

（二）研究方法

1. 概念辨析法。"工程共同体集体行动"具有复合型的多学科的理论维度。只有厘清了工程、伦理、工程共同体、工程共同体集体行动等基本概念，对工程共同体集体行动进行伦理研究才有立论的理论依据。

2. 历史和逻辑相统一的方法。以马克思主义历史辩证法为指导，其一，遵循工程共同体集体行动的发生逻辑，对工程共同体集体行动的动机、过程和结果展开研究。其二，工程共同体集体行动的发展是一个历史过程，有其自身的特点，当代工程共同体集体行动伦理问题并非突然爆发与凸显的，而是经由历史发展、演化而成。"历史和逻辑相统一"的方法有助于人们认识工程共同体集体行动从低级到高级、由简单到复杂的发展过程，把握工程共同体集体行动的发展脉络。立足于该方法，我们才能更深刻地领略和分析当代工程共同体集体行动及其问题，并为当代工程共同体集体行动重建和复归伦理性提供相关的示范和借鉴。

3. 跨学科交叉研究法。工程共同体集体行动"是借助科学技术手段，综合经济、管理等社会要素的一种综合性建构活动"①，与经济、技术、社会、政治、管理等问题交织在一起。工程共同体集体行动的特点决定了在研究时必须采用跨学科和多学科的研究方法，特别要重视从技术、人、社会多行为系统耦合互动、综合集成的系统集成层面上研究，涉及伦理学、过程哲学、工程学、管理学、工程史、STS 等学科领域，运用这些学科的观点和方法来分析问题。

4. 系统论方法。从系统论的角度来看，不仅工程是一个复杂的系统，它需要科学理论的支撑、技术力量的支持，包含着许多确定性和不确定性要素，并对社会的政治、经济与文化产生广泛的影响，而且工程共同体集体行动也是一个系统，有着自身的结构、功能和运行机制。从系统论出发，将工程伦理形成的历史与背景的纵向考察与放眼当今世界工程伦理研究的横向比较视为一个有机的整体②，这可以深化对工程共同体集体行动的伦理研究。

四、可能的创新

首先，研究视域的创新。当前对工程共同体的研究，大多从工程哲学、工程社会学、工程管理学等维度展开，对集体行动的研究大多从经济学、政治学、社会学等角度展开，而从伦理学视域的探索较为少见。本书突破工程共同体、集体行动的已有研究视域，从伦理学视域探讨工程共同体集体行动问题，即从伦理学视域，运用概念辨析、历史和逻辑相统一、跨学科交叉研究等方法对工程共同体集体行动进行较为系统的探索，因而

---

① 梁军. 工程伦理与社会和谐——基于 STS 视角的实证分析 [M] //刘则渊，等. 工程·技术·哲学：中国技术哲学研究年鉴（2008/2009 年卷）. 大连：大连理工大学出版社，2010.

② 黄时进. 论系统论在工程伦理研究中的运用 [J]. 系统科学学报，2007（3）：90 - 92.

具有一定的创新性。

其次，研究对象的创新。一是立足于"团体伦理主体"这一当代道德哲学所关注的研究对象，以工程共同体集体行动作为研究对象，突出了当代工程活动的集体性特征，具有鲜明的时代性；二是超越了传统工程伦理学对工程师主体的"截面式"研究，走向对工程共同体这一集体开展"全景式"的研究。研究立足于工程复数主体和工程动态过程构建理论框架，借鉴过程论的哲学方法，将工程共同体集体行动看作"过程"，是由集体行动的动机、过程和后果构成的动态连续统，以弥补现有静态研究的不足，对"广义工程伦理学"做了若干尝试性探索。

最后，理论研究的创新。提出"工程共同体集体行动"这一概念。借鉴德国古典哲学的学术资源和方法论资源，主要借鉴康德和黑格尔的相关论述，对"工程共同体集体行动"的概念进行伦理诠释；借鉴现当代哲学理论资源，包括主体间性哲学、当代应用伦理学（如制度伦理、责任伦理理论）等，分析当代工程共同体集体行动的伦理状况，审视当代工程共同体集体行动的伦理困境及其成因，并结合我国工程共同体集体行动实际状况，从工程伦理理论建构的角度，提出超越这种困境的理论—实践方略。

第一章

工程共同体集体行动的伦理本质

当代工程是工程共同体"集体行动的智慧的结晶"，然而，当代工程和工程共同体集体行动出现了诸多的伦理问题。"工程共同体集体行动伦理研究"关涉多维度的问题域，因而须厘清其基本概念。"真正的思想和科学的洞见，只有通过概念所作的劳动才能获得。"[①] 本章主要从伦理学的视角分析和界定工程共同体集体行动的相关概念：探讨工程及其伦理特质、工程共同体及其伦理特征，阐述工程共同体集体行动及其伦理特征、伦理机制，进而为本书的研究提供理论基础。

第一节　工程及其伦理特质

工程活动是人类最基本的社会实践活动之一，并构成人类社会存在和发展的物质基础。为此，我们亟须弄清工程及其伦理特质。

一、工程的内涵

"工程"一词由"工"和"程"组成。《说文解字段注》中解释，"工，巧饰也"；又说，"凡善其事曰工"。《康熙字典》集前贤之说，补充有："工，象人有规矩也。"再看"程"。"程，品也。十发为一程，十程为分。"品即等级、标准、制度。"程"即一种度量单位，引申为定额、进度。《荀子·致仕》中有"程者，物之准"。准，即度量衡之规定。"工"

[①] ［德］黑格尔. 精神现象学（上卷）［M］. 贺麟，王玖兴，译. 北京：商务印书馆，1979：48.

和"程"合起来就是工作（带技巧性）进度的评判，或工作行进之标准，与时间有关，表示劳作的过程或结果。

据中文的词源考证，"工程"一词最早出现在北宋欧阳修等人所著的《新唐书·魏知古传》中，"会造金仙、玉真观，虽盛夏，工程严促"。此处的"工程"指金仙、玉真两个土木建筑项目的施工进度，侧重于过程。据西方词源考证，西方"工程"一词源于拉丁文 ingenenerare，原意为"创造"。英文"engineering"（工程）一词源于 engine（引擎）、engineer（引擎师或机械师），指引擎师或工程师所从事的工作，engineering 源于军事活动。

对工程的名词性定义。《中国大百科全书》对工程概念的界定是："应用科学知识使自然资源转化为结构、机械、产品、系统和过程以造福人类的专门技术。"① 这一界定明确了工程的依据、对象、目的、过程等要素。《辞海》对"工程"的解释是："将自然科学的原理应用到工农业生产部门中去而形成的各学科的总称。"② 这一定义侧重于理论体系。现代工程包括机电工程、水利工程、冶金工程、化学工程、生物工程、海洋工程等多个门类。

工程既与科学、技术有着内在的关联，也有着显著的分殊。人们通常把科学活动理解为以发现科学真理、揭示科学规律为核心的活动，具有无私利性、普遍性的特点；技术是以发明为核心的活动，技术具有"可重复性"，在一定时间内享受专利和知识产权；工程是以建造物质产品为中心的人类活动，工程具有唯一性的特点。科学、技术在哲学上都属于知识论讨论的范围，而工程更偏重于实践。航空航天工程师塞厄道·卡尔曼（Theodore Von Karman）曾指出："科学家发现了已经存在的世界；工程师创造了从未存在的世界。"③

学术界对工程的概念有着多向度的阐述。以上从词源学和名词意义上

---

① 中国大百科全书总编委会. 中国大百科全书（第7卷）[M].2版. 北京：中国大百科全书出版社，2009：472.
② 辞海编辑委员会. 辞海 [M]. 上海：上海辞书出版社，1989：1333.
③ BUCCIARELLI L. Engineering Philosophy [M]. Delft：Delft University Press，2003：1.

讨论了工程的概念。本书要涉及的不仅是名词意义的工程，更关注动态意义上的工程。殷瑞玉、汪应洛等合著的《工程哲学》一书中，把工程界定为："人类创造和建构人工实在的一种有组织的社会实践活动过程及其结果。"① 动态意义上的工程就是作为行动的工程，强调工程的生成过程，或作为工程活动的工程。我国工程哲学家李伯聪教授2002年出版了《工程哲学引论——我造物故我在》一书，该书对工程的界定是："人类改造物质自然界的完整的、全部的实践活动和过程的总称。"② "工程是实际的改造世界的物质实践活动。工程活动的基本内容是决策、运筹、操作、制度运行、管理等，进行工程活动的基本社会角色是企业家、工程师和工人，工程活动的基本单位是'项目'或'生产流程'，与工程活动有关的主要哲学范畴是计划、决策、目的、运筹、制度、操作、程序、管理、职责、标准、意志、工具合理性、价值合理性、异化、生活、自由、天地人合一等。"③《应用伦理学辞典》中对"工程"的定义是："系统运用科学知识开发和应用技术去解决问题的生产活动。涉及工程设计（即技术设计）、设计试验和工程决策等环节。"④ 哈贝马斯的《交往行为理论》一书区分了四种社会行为，即目的行为、规范调节行为、戏剧行为和交往行为。依照哈氏的这种划分，邓波认为，从结构上讲，工程行动是由工程主体、人工物、决策行动、设计行动、实施操作行动、评价行动、场域与情境条件、自然与社会环境等构成的复杂结构。⑤ 因此，工程行动含摄了哈氏所言的四种行为，并在与人、人造物、环境的耦合中形成了一个复杂的体系。马丁和辛津格认为，一个工程项目的整个过程应该包括以下几个阶段：①提出任务（理念，市场需求）；②设计（初步设计和分析，详细分析，样机，详细图纸）；③制造（购买原材料，零件制造，装配，质量控

---

① 殷瑞玉，汪应洛，李伯聪，等．工程哲学［M］．北京：高等教育出版社，2007：67.
② 李伯聪．工程哲学引论——我造物故我在［M］．郑州：大象出版社，2002：8.
③ 李伯聪．工程哲学引论——我造物故我在［M］．郑州：大象出版社，2002：5.
④ 朱贻庭．应用伦理学辞典［M］．上海：上海辞书出版社，2013：300.
⑤ 邓波．朝向工程实事本身——再论工程的划界、本质与特征［J］．自然辩证法研究，2007（3）：62－66.

制，检验）；④实现（implementation）（广告，营销，运输和安装，产品使用，维修，控制社会效果和环境效果）；⑤结束期任务（衰退期服务，再循环，废物处理）。① 还有学者主张把对工程的认识论理解建立在生存论的基地之上，不仅在空间的维度界定工程，而且在时间的向度中诠释工程，凸显工程作为人的生存方式及其历史生成性。② 工程内涵的动词特质让实施工程的主体凸现出来，也就是作为工程活动主体（包括工程活动个体与共同体）的人。

本书所探讨的工程，不是那些单个人在工程工序的链条上前后相继完成的简单、小型的工程，而是大型的、需要工程人集合起来（形成工程共同体）并通过集体行动才能完成的工程；是应用科学技术创造出的与人们生产生活密切相关、有物质形态产品的工程。

与传统工程相比，当代工程具有一些新的特征。一是高科技化。当今世界，以信息技术为先导的新技术革命正在蓬勃发展，使人类的生产方式和生活样态发生了深刻的变革。不仅传统的采矿、建筑、机械等工程领域越来越多地渗透了高科技因素，而且，高科技还孕育了一批新兴的工程领域，如信息工程、生物工程、材料工程、软件工程等。二是高度集成化。当代工程的高度集成化主要表现在两个方面：其一是技术集成；其二是技术要素和经济、社会、管理等诸要素的集成。工程活动依赖多门学科、多种技术，涉及不同人群、物质流、能量流、信息流、资金流等，必然在总体尺度上对技术、市场、产业、经济、环境、劳动力等要素进行更广阔的优化集成。以上两个方面的集成使现代工程的复杂性增加、规模不断扩大。三是深刻的社会化。工程是各相关主体集聚起来从事的社会活动，是"既要发挥个人的聪明才智，又要发挥集体大脑作用"的人类活动。在工程活动中，个人的力量和智慧是有限的，集体行动是工程的实施方式和实现方式。如今的工程不只是服务于具体的工程目标和可计算经济效益的技

---

① MARTIN M W, SCHINZINGER R. Ethics in Engineering [M]. New York: McGraw - Hill, 2005: 17.

② 张秀华. 历史与实践——工程生存论引论 [M]. 北京: 北京出版集团公司, 北京出版社, 2011: 序言第 2 页.

术操作，而且也是对人类的前途和地球的命运做出一次次突破。经过三次科技革命，科学、技术和工程呈现出一体化与互动渗透的发展态势，并且工程活动已经跨学科、跨行业甚至是跨国家，其参与面、规模远远大于以往，涉及领域的深度和广度空前，从基础设施建设到依托于汇聚各种技术的高复杂度的工程、大数据工程，现代工程也日益体现着巨型性、社会性、集体性的特征。三峡工程、载人航天工程、港珠澳大桥、曼哈顿计划、阿波罗登月计划、人类基因组计划等都是当代巨型工程的伟大成就。当代工程的规模和类型超越以往，不仅涉及诸多的伦理关系，而且对人—自然—社会产生诸多的伦理效应，因而工程的伦理特质日益凸显。

二、工程的伦理特质

工程的伦理特质从属于伦理特质，如同工程伦理从属于伦理。就伦理而言，源自人们共同体生活的原生经验和直接感受，是通过"伦"这一"整个的个体"所建构的人的实体性和人"伦"之"理"。在中国语境中，"伦理"一词有着特殊的意蕴。"伦，从人，仑声，辈也"①；"伦，类也，其在人之法数，以类群居也"②；"伦者，轮也"，引申为人群之交往③；"伦者，纶也"，引申为人群之连属④。伦好比在水中掷石子后激起的一圈圈向外扩散的涟漪，是基于血缘、宗法、等级，按照亲疏等级的秩序向外扩散而形成的人际关系网络，"伦"是人的公共性本质的表达。理的原义是治玉，"玉虽至坚，治之得其鰓理以成器，不难谓之理"，即按玉的纹路来雕琢使其显现出精妙的纹理，引申为条理、规律、规则等意。"伦理"二字连用始见于《礼记·乐记》，"凡音者，生于人心者也；乐者，通伦理者也"⑤。东汉郑玄注："伦犹类也；理，分也。"⑥"伦理"意指把不同的

---

① 许慎. 说文解字 [M]. 北京：中华书局，2001：164.
② 朱贻庭. 伦理学大辞典 [M]. 上海：上海辞书出版社，2002：14 - 15.
③ 魏英敏. 新伦理学教程 [M]. 2版. 北京：北京大学出版社，2003：95 - 96.
④ 魏英敏. 新伦理学教程 [M]. 2版. 北京：北京大学出版社，2003：96.
⑤ 安德义. 逆序类聚古汉语词典 [M]. 武汉：湖北人民出版社，1994：1098.
⑥ 孔颖达. 礼记正义·乐记 [M]. 郑玄，注. 北京：北京大学出版社，2000：1259.

事物、类别区分开来的原则、规范，引申为人类社会关系及其正当行为的原理。在西方语境中，伦理的最初含义是"灵长类生物的持久生存地"。英文 ethics 一词由希腊文 ξτησδ 演绎而来①，指社会的风俗习惯和个人的气质品质。因而就伦理的特质而言，在黑格尔看来，是一种"本性上普遍的东西"②，因为"伦理性的规定构成自由的概念，所以这些伦理性的规定就是个人的实体性或普遍本质，个人只是作为一种偶性的东西同它发生关系"③。在这里，黑格尔实际上从道德哲学的视域，指出了伦理学所关涉的一个基本问题，即个人利益和社会整体利益的关系问题，既能是个人利益服从社会整体利益，还是社会整体利益从属于个人利益的问题。但是他囿于客观唯心主义的视域，还没有看到这一基本问题从属于另一个更为基本的问题：经济利益和道德的关系问题，具体来说是经济关系决定道德，还是道德决定经济关系，以及道德对经济关系有无反作用的问题。因此，伦理的特质是个体与类、个人与社会统一性、意义世界与生活世界统一性的人文智慧。④ 而本文中所关涉的工程（即通过集体行动才能完成的大工程）的伦理特质则体现了人与自然、人与社会、人与人之间相互关联的伦理关系的统一性。首先，这些大工程关涉人与自然之间的伦理关系，它对人—自然关系的伦理效应主要表现为作为人类工程活动结果的"人化自然"环境是更适合、更有利于人的生存还是危害到人的可持续生存和发展。工程是将大自然的本然之物进行加工、改造并创造出新的人工物的过程，是"以人工秩序取代自然秩序"的过程，且最终关涉到人类及其子孙后代的生存环境质量和未来发展空间。这些大工程，不仅使人类改变了自然的面貌，为人类的生存和发展提供了必需的物质生活条件和基础，而且在工程

---

① 中国大百科全书总编委会. 中国大百科全书（第 15 卷）［M］. 2 版. 北京：中国大百科全书出版社，2009：8.

② ［德］黑格尔. 精神现象学（上卷）［M］. 贺麟，王玖兴，译. 北京：商务印书馆，1979：8.

③ ［德］黑格尔. 法哲学原理［M］. 范扬，张企泰，译. 北京：商务印书馆，1961：165.

④ 樊浩. 伦理精神的价值生态［M］. 北京：中国社会科学出版社，2001：再版序言第 17 页；王珏. 组织伦理：现代性文明的道德哲学悖论及其转向［M］. 北京：中国社会科学出版社，2008：41-42.

活动中还形成了一定的人与人的关系、人与社会的关系，促进了人类非物质文化的繁荣。正如马克思所说，"工业的历史和工业的已经生成的对象性的存在，是一本打开了关于人的本质力量的书"①。人的本质的对象化的必要性在于，"一方面为了使人的感觉成为人的，另一方面为了创造同人的本质和自然界的本质的全部丰富性相适应的人的感觉，无论从理论方面还是从实践方面来说，人的本质的对象化都是必要的"②。从工程是人的本质力量的对象化来看，特定的工程不仅凝结着工程活动主体的智力水平、价值取向，而且体现着设计者的审美维度。其次，这些大工程还关涉人与人之间的伦理关系，其中包括工程活动个体与工程活动个体、工程活动共同体与工程活动个体、工程活动共同体与工程活动共同体之间的伦理关系。人们在进行工程实践的同时，通过现实的权利、义务规定对各种伦理关系进行协调，并且，在处理上述伦理关系的过程中，还生成了工程工具伦理观、工程理性伦理观、工程社会伦理观、工程伦理价值观。在此基础上，人们通过规范体系和价值约束使这些伦理关系得以现实地有机运作，进而对人的认知水平、价值取向、心理承受力、生活方式、工作方式及思维方式也有着近期与长远的影响。③ 最后，这些大工程还关涉人与社会之间的伦理关系，具体表现在工程的空间布局，工程建设过程中人力、物力资源的调配和使用，工程对城市发展、社会进步的当前与长期的影响等方面。

可见，工程的内在伦理特质体现了人与人、人与社会、人与自然之间的伦理关系。正如亚里士多德在《尼各马可伦理学》的开篇中说的，"每种技艺与研究，同样的，人的每种实践与选择，都以某种善为目的"④。工程作为一种运用科学与"技艺"的活动是人类的一项基本而又重要的实践活动，必然也以"某种善为目的"，比如服装工程满足了人们穿衣的需要，

---

① 马克思恩格斯全集（第42卷）[M]．北京：人民出版社，1979：127.
② 马克思．1844年经济学哲学手稿 [M]．北京：人民出版社，2000：88.
③ 陈爱华．工程的伦理本质解读 [J]．武汉科技大学学报（社会科学版），2011（10）：506－513.
④ [古希腊]亚里士多德．尼各马可伦理学 [M]．廖申白，译注．北京：商务印书馆2010：1.

食品工程满足了人们饮食的需要，建筑工程满足了人们居住和工作的需要，交通工程满足了人们出行的需要，信息工程、网络工程满足了人们在"数字化时代"生存和发展的需要……可见，工程因满足人们的各类需要而存在，推动人类文明的进步，旨在使人们生活得更美好，其本身就是善的。因而工程的内在与伦理相关联，没有伦理的工程就是残缺不全的工程，伦理是工程活动中一个内在性的要素，它深刻而普遍地存在和贯穿于工程活动之中。正如马克思在《资本论》中指出的，"最蹩脚的建筑师从一开始就比最灵巧的蜜蜂高明的地方，是他在用蜂蜡建筑蜂房以前，已经在自己的头脑中把它建成了。劳动过程结束时得到的结果，在这个过程开始时就已经在劳动者的表象中存在着，即已观念地存在着。他不仅使自然物发生形式变化，同时他还在自然物中实现自己的目的，这个目的是他所知道的，是作为规律决定着他的活动的方式和方法的，他必须使他的意志服从这个目的"①。西方马克思主义创始人卢卡奇据此提出劳动的目的性设定概念，认为人类劳动活动的本体论特征和属人属性在劳动开始之前，劳动结果作为目的已经先行存在于劳动者头脑中。作为造物活动的工程中就天然地蕴含着工程主体的主观意识，正是该特性使人区别于动物，表现为"自为性"和"知道的做"，不同的意识选择就带来不同的价值指向。人"把自己带到他物，把自己有力地、熟练地投射到事物上，也就是把他物——世界逐渐地变为他自己"，"使世界充满、浸透了他自己的观念物"②。美国学者斯岑钦格尔（R. Schinzinger）和马丁（M．W．Martin）指出，"工程不是为了解决某一孤立的技术问题沿着一条笔直的进路应用科学知识的求解过程，相反，它是一个摸索、试错的过程"③。这就是说，工程并非价值无涉的技术求解过程，而是本身涵摄着价值的决策和行动过程，伦理问题贯穿其中。这要求我们不仅关心是否把工程做好，而且要考虑我们是否做了好的工程。

---

① 马克思恩格斯全集（第42卷）[M]．北京：人民出版社，1979：94．
② [美] 卡尔·米切姆．技术哲学概论 [M]．殷登祥，译．天津：天津科学技术出版社，1999：33－34．
③ 李世新．对"几种工程伦理观"的评析 [J]．哲学动态，2004（3）：35－39．

通过集体行动才能完成的大工程是人类变"自在之物"为"为我之物"的有目的的创造性活动，是由工程共同体实现的。

第二节　工程共同体及其伦理特征

从历史上看，工程活动具有突出的社会性和集体性的特征①，而体现这种社会性和集体性特征的工程活动主体便被称为"工程活动共同体"或简称为"工程共同体"。上述的"通过集体行动才能完成的大工程"正是由多个从事工程的人、为了一定的工程目标、相互合作而形成的一种组织——工程共同体实现的。

一、工程共同体

"工程共同体"从属于"共同体"。所谓共同体并非"个人的取消，而是个人的加强"②。当个人感到缺乏力量时，便联合成共同体。人们的活动总是特定的共同体的活动，而特定的共同体又致力于特定的活动。人们为了从事科学研究活动结成科学共同体；为了开展政治活动结成政治共同体；为了从事技术活动结成技术共同体；为了致力于工程活动结成工程共同体。

所谓工程共同体，主要是指工程集体行动的主体，是基于工程活动过程而形成的"业缘群体"，即为实现某一工程目标而集结起来的、多元异质的工程活动个体所构成的集体性组织，它作为实现某一工程目标的组织化了的集体，是"一种更高的或更普遍的自我"③，它积聚了其内部各个个体成员的力量，显示了超越个体的合力和优势，以"整个的个体"的形式承担复杂而又艰巨的工程活动。工程共同体从集体的整体利益出发，由其

---

① 殷瑞钰．工程与哲学（第1卷）［M］．北京：北京理工大学出版社，2007：15.
② 钱满素，刘军宁．自由与社群［M］．北京：生活·读书·新知三联书店，1988.
③ ［德］斐迪南·滕尼斯．共同体与社会［M］．林荣远，译．北京：商务印书馆，1999：255.

内部个体成员共同设定工程活动的目的、共同从事某一项工程活动，而其内部个体成员也受一定组织形式的约束、遵守一定的工程行为规范，开展一定的分工协作并结成一定的伦理关系。工程共同体关注共同体的整体影响，不仅旨在成就个体，更在于成就集体。工程共同体汇集了大量资金和不同的人才，企业成为共同体的重要形式。工程共同体是从事工程活动的人员依托于一定的组织机构，与他们的同事、同行结成的共同体，因而是有结构、有层次的。工程共同体内部存在着脑力劳动者与体力劳动者、管理者与被管理者的差别，涉及多项专业知识和技能，由不同层次、不同岗位的人员组合与互补而成。从行动者网络理论的视角来看，工程共同体是工程实践主体（利益相对独立的个体、群体或代理人）在实施和开展工程的过程中，通过动态的"选择—转换"机制建构的合作型社会关系网络。①

自古以来，规模较大的工程活动从来就不是个体化的行为，而是工程共同体集体性、有目的的社会行动。古代的工程形态较为简单，主要依托于工匠式的机会技术和经验技术。② 随着生产力的发展，16 世纪中叶工场手工业兴起，历经文艺复兴、工业革命，生产变得更加集中，工程活动主体的集体性特征更加鲜明，分工逐渐细化，协作日益密切。19 世纪末，大量的科学研究、技术开发、工程活动已经从分散的、单纯的个人活动转化为社会化的集体行动。与此同时，工程亦走向职业化。这样，工程的影响也已超出社会日常生活，开始扩展到政治、军事、文化等各方面，备受国家重视和政府关注。其间的许多工程是工程共同体集体智慧和集体行动智慧的结晶。随着时代的发展进步，工程共同体也在不断变迁和升级，其规模不断扩大，人员构成由简到繁、由少到多，由早期简单、小型的工程共同体发展为结构复杂的大型工程共同体。早期工程活动类型较为单一，或是制造某种工具，或是建房，或是兴修水利，或是冶金铸造，工程共同体以工匠为主，人员所从事的工种构成也较为简单。随着工程复杂程度的增强，工程共同体的规模不断升级，人员构成也更加多元，专业分工更加细

---

① 段伟文. 工程的社会运行 [J]. 工程研究——跨学科视野中的工程，2007 (00)：69 – 78.

② 文成伟. 欧洲技术哲学前史研究 [M]. 沈阳：东北大学出版社，2004：27 – 28.

致，专业和领域更加广泛。工程共同体处于社会变迁和技术进步的复杂多变的境遇之中。

在当代科学技术迅猛发展的推动下，工程共同体不仅有科学家和工程师的倾力加盟，而且还有投资者、管理者、决策者、工程设计人员、工程实施者等诸多层次人员的参与。工程师、投资者、管理者、工人等都各自具有不同的教育背景和经验价值，借助于相关的工程集聚，成为工程共同体成员。工程共同体的功能和作用不仅与其个体成员的角色和作用密不可分，而且更多地与共同体中各个亚群体之间的匹配耦合紧密关联。工程共同体中各异质群体（如工程师群体、管理者群体、工人群体、决策者群体等）之间相互依存、相互合作，在系统中承担着不同的功能，通过组织机制构成集体行动的系统。现代大型工程都离不开政府的参与、支持和管理，政府可能同时作为投资者、管理者、决策者或是其中一两种角色而成为工程共同体的成员。

尽管工程投资者和工程共同体其他成员存在着对资本占有的显著不同，但在工程集体行动的过程中，工程共同体的不同成员之间还是存在一定的共同语言、共同风格、共同的办事方法①，"人们是因为共同认可了某种规范才构成了一个集体"②，即共同的范式（行为规则），这是工程共同体的特征。由于工程范式不同，工程共同体有着农业工程共同体、工业工程共同体、建筑工程共同体、服务业工程共同体等的分类，而在这些大类之中，基于工程的专业分工又可以细分，譬如工业工程共同体可以分为电气工程共同体、化工工程共同体、机械工程共同体等，建筑工程共同体则可以分为公路工程共同体、铁路工程共同体、桥梁工程共同体等。③ 由此可见，"工程共同体是指集结在特定工程活动下，为实现同一工程目标而组成的有层次、多角色、分工协作、利益多元的复杂的工程活动主体系

---

① 殷瑞钰. 工程与哲学（第1卷）[M]. 北京：北京理工大学出版社，2007：15.
② 赵汀阳. 论可能生活 [M]. 北京：中国人民大学出版社，2010：106.
③ 工程共同体也是人与社会互动形成的现实伦理场域。需指出的是，由于工程的消费者和使用者及广大公众不参与工程创造过程，可能只是在工程决策阶段通过听证会等途径征求他们的意见，以及工程完工投入运营后作为工程的消费者、使用者和评价者而与工程相关，从而不在本书讨论的工程共同体的范围内。

统，是从事某一工程活动的人们的总体"①。从社会学的视角看，工程共同体可分为两大类型：职业共同体与具体承担和完成具体工程项目的工程共同体（简称"项目工程共同体"②）。其中"职业共同体"是指工人组织起了工会，工程师组织起了各种"工程师协会""学会"，有些国家的雇主组织起了"雇主协会"；"进行具体的工程活动的共同体"，简称为"工程活动共同体"。③ 工会和工程师协会等"职业共同体"的基本性质和功能是维护该职业群体成员的各种合法权利和利益，但它们不是"具体从事工程活动"的主体。在现代社会，必须把工程师、工人、投资者、管理者以企业、公司、"项目部"等形式组织起来、分工合作，才能进行实际、具体的工程活动，即项目工程的集体行动。

然而，与那些具有长期性、高认同感、强归属感的传统共同体（例如，家庭共同体、种族共同体、宗教共同体、学术或职业共同体）相比，工程共同体呈现出一些特异性。主要表现在：①存在时间的有限性。不同于传统共同体存在时间的长久性，项目工程共同体因完成一定的工程而组建，随着工程的完成而解体，因而，项目工程共同体存在的时间是有限的。②相互认同的殊异性。传统共同体具有共同的血缘、共同的种族、共同的宗教信仰或共同的职业，形成了家庭共同体、种族共同体、宗教共同体、职业共同体等类型。由于成员之间或者有相同的身份渊源，或者有相同的话语体系，使成员之间很容易达成认同和共识，并形成一种紧密关系。而工程共同体不仅汇集了不同的工程技术领域的成员，而且有企业家、管理者等非工程技术专业人士，进而形成了不同专业人员的集合体。俗话说"隔行如隔山"，由于工程共同体成员来自不同领域、行业、专业，其成员之间较难达成如传统共同体成员之间那样的认同和共识及紧密的关系。③成员的集体归属感较弱。因为具体的工程具有一次性、无法重复的

① 李伯聪，等．工程社会学导论：工程共同体研究［M］．杭州：浙江大学出版社，2010：22－23.
② 本书关涉的工程共同体主要是项目工程共同体。
③ 李伯聪．工程共同体研究和工程社会学的开拓［J］．自然辩证法通讯，2008（1）：63－68.

特点，每个参与工程项目的个体在其共同体中的持续时间和他所承担任务的时间相关，每个成员在完成自己所承担的工作之后就"退场"了，这样原来因完成工程而集聚的项目工程共同体便随之解体。于是，难以形成如同传统共同体那样的稳定的强归属感的组织文化，与之相比，工程共同体的组织文化只能是一种弱归属感的组织文化。

　　尽管与传统共同体相比，当代工程共同体还存在上述不足，但也有传统共同体无法比拟的优势。在工程共同体中，每个参与工程集体行动中的个体好比一个个节点，他们之间彼此关联、互动协作，连接成工程集体行动的系统。在同一个工程集体行动的系统中，该工程共同体随着工程进程的推进而处于动态变化之中。在工程决策阶段，投资者、管理者、工程技术专家是工程共同体的主要成员。在工程设计阶段，工程共同体主要由工程师、工程技术人员构成，以工程设计企业为其现实形态，投资者就退出了工程共同体。在工程实施和执行阶段，工程师、工程技术人员、管理者、工人都进入了工程共同体，工程实施企业为其现实形态。在工程共同体完成工程、创造出了工程产品之后，工程共同体就进入了工程运行阶段。可见，工程共同体处于不断地演化之中，这种演化不仅表现为工程共同体成员构成的变动，而且展开于个人行动和组织结构形态的互动过程中。① 正是这样，在一项工程的不同阶段，形成了人员构成可能既相互交叉又不尽相同的工程共同体，工程的完成有赖于这些不同的工程共同体完成自身的任务和目标，并且它们之间构成前后相继的集体行动链。由此可见，工程共同体既是创造经济效益的利益共同体，又是造福于民的伦理共同体。正如李伯聪所指出的，"由于我们必须肯定工程活动的主体不是个体而是集体或团体（例如企业），于是，在研究工程的伦理问题时，在许多情况下，我们也就必须承认人们进行伦理分析和伦理评价时所面对的主体也不再是个人主体，而是新类型的团体主体"②。

---

① 王珏. 组织伦理：现代性文明的道德哲学悖论及其转向［M］. 北京：中国社会科学出版社，2008：34.

② 李伯聪. 工程伦理学的若干理论问题——兼论为"实践伦理学"的正名［J］. 哲学研究，2006（4）：95 - 100.

二、工程共同体的伦理特征

如前所述，伦理学的基本问题是道德和利益的关系问题。从伦理学的视角看，工程共同体首先是一个利益共同体。恩格斯指出，"没有共同的利益，也就不会有统一的目的，更谈不上统一的行动"①。"今天，无论人们在共同条件下结成什么样的集体，其本质上都是利益共同体。"② 工程共同体，必须是一个具有凝聚力和价值认同感的集体，而不是个人的任意集合。共同体成员来自工程相关的各行各业、各有专长，为了一个共同的工程目标走到一起。工程共同体是基于利益而结成，以契约为载体，具有自身的独特的组织结构、目标、行为方式和组织自主性。工程共同体既是一个利益共同体，也是一个伦理共同体。其每个成员对共同体都负有伦理责任感，会为这个集体的成功而感到自豪、为集体行动带来的工程失败而感到羞愧。只有这样的集体认同才能构成共同体，并形成集体责任，因为"一个人的道德立场和价值观念只有放到他所在的共同体之中才成为可理解的和有根基的"③。

工程共同体具有如下的伦理特征：

第一，工程共同体具有内在伦理秩序。工程共同体是内在包含差别、是由不同专业和不同岗位的人员构成的异质性的共同体。这些人形成了工程共同体的内在伦理秩序。"如果把工程共同体比喻为一支军队的话，工人是士兵，各级管理者相当于各级司令员，工程师是各级参谋，投资人相当于后勤部长。从功能和作用上看，如果把工程活动比喻为一部坦克车或铲土机的话，投资人就相当于油箱和燃料，管理者（企业家）可比喻为方向盘，工程师可比喻为发动机，工人可比喻为火炮或铲斗，其中每个部分

---

① 马克思恩格斯选集（第1卷）[M]．北京：人民出版社，1995：490.

② 易小明，王波．共同体不能承载德性之重——对当代共同体主义德性生成论的一种分析[J]．天津社会科学，2014（3）：52-55.

③ 王国银．德性伦理研究[M]．长春：吉林人民大学出版社，2006：导言第10页.

对于整部机器的正常运转都是不可缺少的。"① 尽管这一比喻未完全论及工程共同体中的各类群体，但它形象地揭示了工程共同体内在的结构和秩序，也指出了工程共同体是一个内在包含差别的共体。就工程师而言，在工程设计阶段，工程师通过调研和分析论证，寻求各种可能的方案；在工程决策阶段，工程师发挥着智囊团和参谋部的作用，为投资者和决策者提供决策参考；在工程实施阶段，工程师确保工程技术的顺利运行、确保工程质量；在工程投入使用后，工程师还承担着工程评价、工程监督和审查的任务。投资者作为工程项目发起人，须在较短的时间内筹集大量的资金，为工程项目的启动提供有力的财力保障；在工程启动之后，投资者须明确投资计划执行的具体步骤，使工程的实施有条不紊。从而，投资者在工程决策中占主导地位，影响和决定着工程的规模、品位。工程师、管理者、工人大都被投资者雇用。从这一意义上说，投资者在工程共同体集体行动中最具有话语权。管理者主要是从工程共同体制度上来统筹安排人力、物力和财力，以协调工程活动中的各种矛盾，如福利待遇和收入分配上的公平公正问题、人际矛盾、人—机矛盾、资金和物资瓶颈等，以促进工程共同体凝聚力的培育。工人则是工程操作环节的具体执行者，通过工人的体力和智力劳动，工程行动方案才能落到实处，因而可以说，工人是工程的具体实现者。工程活动是复杂而有序的，是在共同目标指挥下的分工与协作。这种分工与协作不仅体现在生产机器装备的不同与按比例配置上，还体现在工程共同体内部成员之间的分工与协作中。"每一个个体自我都独特地或者说都与众不同地与这整个过程联系在一起，并且在这个过程中占有属于它自己的基本上是独一无二的由各种关系组成的场所。"② 在这样的关系模式中，每个个体建构自我的方式都和其他个体有所不同。比如，在一个工程共同体如企业或公司中，有纵向的职位等级分层，其典型表现是科层制，投资者和管理者处于最高层，工程师和工程技术员处于中

① 李伯聪，等. 工程社会学导论：工程共同体研究 ［M］. 杭州：浙江大学出版社，2010：7.

② ［美］乔治·赫伯特·米德. 心灵、自我和社会 ［M］. 霍桂桓，译. 南京：译林出版社，2012：224.

间层，工人则在最低层。而在相同岗位的人群中，又有不同的等级层次，比如工程师、技术工人都有各自的专业技术职称系列。只有通过这样的分工与协作的集体行动，才能确保工程的顺利和高效运行。如此，工程共同体形成一个结构体系，每一个职业共同体均是这一结构体系中的纽结，各个纽结错落有致，协调稳定，表现在宏观上就是工程共同体的内在伦理秩序，而"当某种伦理秩序建立时，它便是伦理实体"。①

每一项大型工程的集体行动都需要由不同工种的工程共同体及其成员之间协调配合才能完成，因为每个工种只能完成该工程中的一道工序或者一个环节。某一具体工程和工种是对应的，即什么样的工种承担什么样的工程。比如建筑施工共同体是包括土建、给排水、照明、防火等多个工种的工程共同体，其中的每个工程环节都由同一工种的同行共同体来承担，这些环节前后相继、环环相扣，同一工种的同行共同体的"出场"顺序不可颠倒和打乱。

第二，工程共同体是相互联系的伦理关系体系，因而是集体行动的伦理共同体，是需要承担伦理责任的共同体。因为就共同体本质而言，是多种关系的结合，"是一种持久的和真正的共同生活，……本身应该被理解为一种生机勃勃的有机体"②。由共同体的一般性质可知，共同体凸显了人与人之间所形成的相互依存的亲密关系、共同的伦理精神。与通过血缘、亲缘关系建立起来的家庭共同体的伦理关系体系不同，工程共同体的这种伦理关系体系是以工程任务为连接为纽带的——因项目工程立项而集聚，又因项目工程完成而解体。它是基于工程及其共同利益而存在的，因此无论是在不同的工程共同体之间，还是在某一工程共同体内部成员之间，彼此都有一定的利益相关性，进而形成了多元性、多样性的利益关系和多重伦理关系的伦理共同体。

工程共同体中蕴含着复杂的伦理关系。从宏观的维度看，蕴含着工程共同体与自然、工程共同体与社会、工程共同体与人的伦理关系；从中观

① 樊浩. 伦理精神的价值生态［M］. 北京：中国社会科学出版社，2001：162.

② ［德］斐迪南·滕尼斯. 共同体与社会［M］. 林荣远，译. 北京：商务印书馆，1999：54.

维度看，有工程共同体与经济、工程共同体与政治、工程共同体与文化的伦理关系；从微观维度看，有工程共同体与工程活动个体、工程共同体与工程共同体、工程活动个体与工程活动个体之间的伦理关系，具体包括工程设计者与使用者、投资者与工程师、投资者与管理者、工程管理者与工人、工程师同行之间的伦理关系。工程共同体在进行工程实践的同时，通过现实的权利、义务规定对各种关系进行协调，并且，在处理上述伦理关系的过程中，还生成了工程工具伦理观、工程理性伦理观、工程社会伦理观、工程伦理价值观。① 因此，工程共同体是通过价值规范和约束机制使其中蕴含的多重伦理关系得以有序运行和有机互动；与此同时，又通过工程共同体所创造的工程产品向自然领域和精神领域渗透，调节着人与自然、人与社会、人与自身的伦理关系，使工程共同体成为社会伦理生活的有机单元，参与社会伦理秩序的塑造。

再从布迪厄的场域（field，或译为"场"或"域"）理论视角看，工程共同体本质上是一个关系网络，其中的行动者因拥有资本和权力的不同而处于不同的地位。处于一定的工程域之中的工程共同体，亦处于一个充满博弈的空间之中。这里的工程域作为伦理关系的结构，是在显著分化的利益、地位和能力所形成的普遍法则或共同命运的调控中。② 工程域对于其中的行动者而言是客观关系的结构，行动者须根据场域中的各种关系来制定自己的行动策略。

如前所述，具体的工程在其运作过程中，存在着各个环节，这些环节是前后相继、环环相扣、彼此联系的，只有该工程项目的每一个工程共同体内部成员之间与参与该工程项目的各工程共同体之间相互联系、密切配合才能实现该工程项目的目标。该工程实施的每一个环节都要由相应的专业共同体去完成，各自都要在指定期限内做好，才不会影响整个工程的进度，而其中任何一个环节出现问题，工程任务都难以顺利完成。工程共同体全体成员的团结协作，可以汇聚工程共同体成员的力量和智慧，在成员

---

① 陈爱华. 科学与人文的契合 ［M］. 长春：吉林人民出版社，2003：168 – 169.

② 田海平. 教育域中机遇平等主义的伦理难题 ［J］. 社会科学战线，2014（12）：211 – 216.

之间发生知识、技术、信息等方面的交流和碰撞，产生出"链式"反应效应，生成超越个体的强大的集体力量，因而它是集体行动的工程共同体。工程共同体的智慧和创造力不是其中每个成员个体的简单相加，而是他们智慧和创造力的整合，因而是对有限的个体智慧和创造力的突破。在工程共同体这个集体中，如果每个成员都为一个共同的工程事业而努力，都真诚地与他人协作，彼此鼓励，那么就能借助于组织机制使相互间的"内耗"降低到最低限度。工程共同体是为了实现一定的工程目标而走到一起，与此同时，也是为了实现各自的利益，因为在市场经济条件下，许多参与工程的人是以做工程来谋生。因而在此意义上，工程共同体是利益相关者的共同体，共同体成员之间的利益博弈在所难免。对于某一项工程而言，一部分成员获得的利益多了，那其他成员获得的利益就少了。再就更广泛的利益层面来看，工程共同体的工程行为会对人—社会—自然系统产生正面或负面的影响，带来有利或有害的后果。就现代工程而言，它必须具有责任伦理特征的向度。① 处于工程不同环节的工程共同体都必须各司其职、各负其责，承担起伦理责任，力争将伦理负效应降到最低限度。

　　第三，工程共同体是"单一物与普遍物相统一"②的伦理实体。在该工程共同体中的个人与工程共同体是不可分割的统一体，双方是相互依存、休戚相关的。一方面，个人是组成该工程共同体的最小元素，没有个人也就无所谓工程共同体；另一方面，"最有效的组织都是建立在拥有共同的道德价值观的群体之上的"③，该工程共同体能够给其成员提供一种伦理秩序和伦理安全，通过工作任务和工程目标对其成员产生强烈的吸引力，从而个人只有在这个统一体中，才能获得现实性和伦理性。从而，工程共同体普遍利益的维护离不开每个成员的道德努力，同时，工程共同体

---

① 孔明安．现代工程、责任伦理与实践智慧的向度 [J]．工程研究——跨学科视野中的工程，2005（00）：213-223.

② 黑格尔道德哲学将伦理实体的本质诠释为"单一物与普遍物的统一""个别性和普遍性的统一"。中国传统道德哲学认为，伦理关系是"人伦"关系，其真谛是个体性的人与普遍性的"伦"的实体性关系。

③ ［美］弗朗西斯·福山．信任：社会美德与创造经济繁荣 [M]．海口：海南出版社，2001：31.

普遍利益的实现也是维护个人特殊利益的保障。正如 1 + 1 > 2，工程共同体超越了个体与群体的概念，成为一种整体性的存在。整体"是所有部分的一个稳定的平衡，而每一部分都是一个自得自如的精神；这精神不向其自己的彼岸寻找满足，而在其本身即有满足，因为它自己就存在于这种与整体保持的平衡之中"①。具有独立思维、意志的不同的工程活动个体在作为整体的工程共同体中既放弃了部分的独立性又保有部分的独立性，从而使个体与整体之间保持某种平衡关系。工程共同体对外代表其各个成员的利益和要求，并以"整个的个体"形式来行动；对内压制其个体成员的特殊性和个别性，"因为整体、共体，……它本身就是一个个体性"；"因为它排除别的个体性于自己之外，并觉得自己独立于它们之上。共体，或者说公共本质有它的否定方面，即它对内压制个体的个别化倾向，但对外又能独立自主地活动；而它实现这个否定方面正是以个别性作为它的武器"。②

工程共同体结构和其正常运行对个体成员而言，具有客观性、相对独立性，不变的是角色，它允许个体的"入场"和"出场"，因为任何一个训练有素的人都可以代替其他人。从这个意义上可以说，工程共同体相对于其中的工程活动个体而言是普遍物，工程活动个体（比如，工程师个体、工人个体、工程决策者个体）对工程共同体而言是"偶性的存在"，工程活动个体通过工程共同体展现其存在的意义和价值，即"只有在这种共同体中和通过这种共同体，那种人所特有的善才可以实现"③。工程共同体是个体成员真实存在的伦理关系体系，是一种具有必然性和普遍性的关系体系。工程共同体超越了个体意识的偶然性和特殊性而上升为实体的意识和意志，既包含着成员的单个意识和意志，又不仅仅是个体成员意识的简单相加，其实体性通过个体对普遍性和必然性的分享而得以实现。工程

① ［德］黑格尔．精神现象学（下卷）［M］．贺麟，王玖兴，译．北京：商务印书馆，1979：18.
② ［德］黑格尔．精神现象学（下卷）［M］．贺麟，王玖兴，译．北京：商务印书馆，1979：31 - 32.
③ ［美］阿拉斯代尔·麦金太尔．德性之后［M］．龚群，等译．北京：中国社会科学出版社，1995：216.

集体行动中的个体只有扬弃其特殊性，遵循工程共同体的普遍本质去行动，将自身融于工程共同体整体利益中，个人才具有现实性与真理性，才能成为工程共同体中的真正一员，形成对工程共同体的归属感、成就感和共同愿景。工程共同体以其价值准则和精神气质为纽带而提升为伦理共同体。

　　第四，工程共同体是有待提升的伦理主体①，因为工程共同体不是天然形成的伦理共同体，而是作为利益相关者的伦理共同体的伦理主体。就伦理主体（亦可称为道德主体）而言，它是伦理行为的发出者、承担者，或所牵涉的伦理行为的承担者。德国伦理学家库尔特·拜尔茨在《基因伦理学》中对道德主体的集体性问题进行了阐释，他指出："从事实上看，道德的主体从来不是哪一个个人，而是当时的道德集体；由此可见，道德的每一次改变，并不是出于某一个人的决心，而只能是一个对某种意见和利益进行激烈而又理智的争论与商讨的结果。"② 德国技术哲学家罗波尔在分析技术责任时也论述了技术（工程）的主体问题，提出技术（工程）责任的主体是由个人、团体和社会形成的一个责任类型的形态矩阵。③ 美国学者约翰·马丁·费舍在《责任与控制——一种道德责任理论》中指出：道德"这种责任的基础，如果它确实存在的话，是这个人对他的行为有指导控制"。他在书中对"指导控制"进行了说明，认为"只要这种行动是他自己发出的，运用的是适度理性反应机制，那么，行为者就对他的行动有指导控制"④。"指导控制"就是行为主体的自发自控；正是由于人能够对其行为做出"指导控制"，人才能成为道德主体、承担道德责任。工程共同体组织这一行为主体虽然不具备个体那样的心理能力，但它有理性、能反思、能做出决策、有目标驱动，并能根据政策、环境等外部因素做出

---

① 此处的"伦理主体"与"道德主体"具有相同意义，下同。

② ［德］库尔特·拜尔茨. 基因伦理学［M］. 马怀琪，译. 北京：华夏出版社，2001：203.

③ 王国豫，胡比希，刘则渊. 社会—技术系统框架下的技术伦理学——论罗波尔的功利主义技术伦理观［J］. 哲学研究，2007（6）：78－85.

④ ［美］约翰·马丁·费舍，等. 责任与控制——一种道德责任理论［M］. 杨韶刚，译. 北京：华夏出版社，2002：86.

适当的调整，也即具有"指导控制"能力。哈里斯等人指出，公司具有与自然人道德主体类似的三个特征①：①公司和人一样拥有一种决策机制；②公司和人一样拥有指导它做出决策的方针和政策，包括指导其行为的政策，以及主导着公司行为方式的"企业文化"；③公司和人一样拥有自己的"利益"，如获取利润、维持良好公众形象、避免法律纠纷等。笔者认为，这一观点对于工程共同体也同样适用——工程共同体拥有自己的一套决策机制，拥有指导它做出决策的方针和政策，拥有自己的"组织利益"。

我们所生活的社会是组织化的社会，组织已成为高度分化的社会中的主要机制②，工程活动包括工程共同体集体行动也不例外。从成为伦理责任主体的主观条件来看，工程共同体以公司、项目部等组织形式存在，本身即是现代组织的一种形式，具有自觉自控的自由品格。在严格而细致的组织化运作模式中，工程活动体现为集体性的工程行为，单个工程师或是个人，只是负责工程活动的某一环节或某一层面的工作，其各种工作和每一个动作都须服从组织的安排，为实现组织整体的目标而展开，个体行为并不具有独立影响力，而只有作为组织化工程行为代表人的工程共同体才可以承担集体性工程行为的影响。第一，工程共同体具有意向性，即它具有自己的行为意志；第二，工程共同体能够将其决策付诸行动；第三，工程共同体的行动能够产生积极或消极的后果。组织的形成除了一定的人员外还必须具备三个要素：共同目标、组织结构及组织文化。对照此三个要素来分析工程共同体，工程共同体也具有共同目标、组织结构及组织文化，并发挥着各自的作用。工程共同体是人们实现工程目标的工具，工程共同体的目标是新人工物的创造，这也是工程共同体生存和发展的根本动力。工程目标的实现需要工程共同体成员的通力协作，这就需要对工程共同体组织进行结构设计，以协调好工程共同体组织的内、外关系以达到和谐与平衡。组织文化则是组织的灵魂，是工程共同体健康运行的软实力。

---

① ［美］查尔斯·E.哈里斯，等.工程伦理：概念和案例［M］.丛杭青，等译.北京：北京理工大学出版社，2006：25.

② 王珏.组织伦理：现代性文明的道德哲学悖论及其转向［M］.北京：中国社会科学出版社，2008：12－15.

组织文化一方面塑造和融合工程共同体成员的价值观念和行为习惯，同时具有批判和反思的功能，以确保工程目标正确。工程共同体集体行动都是有计划、有秩序和有控制的组织行为，须通过一定的组织结构以实现共同的工程目标，组织文化也渗透于各种工程行为之中。可以说，工程共同体道德责任主体的主观条件已具备。判断一个行为是否是道德行为的客观条件在于：行为是否具有社会影响力。工程共同体作为组织社会实体，作为实现工程目标和社会目标的工具，决定了其行为具有社会影响力。不论是传统的土木建筑工程、水利工程、冶金工程，还是新兴的信息工程、航天工程、海洋工程、生物工程，工程共同体为人们创建出新的人工物，改变了自然和社会的面貌，满足了人们的物质和文化生活需要，具有深远的社会影响力。

由此可见，工程共同体必须经过提升，才能成为能够承担伦理责任，能分享并凝聚伦理普遍性，并能对自身行为进行伦理调节与控制的伦理主体。

第三节　工程共同体集体行动及其伦理特征、伦理机制

工程共同体正是由于集体行动而生成为共同体，即它是因"行"而"在"，又与"行"同"在"。① 工程共同体不仅通过在其集体行动中的所作所为生成和规定自身，而且其集体行动会造就其工程产品。因此，工程共同体集体行动既是工程共同体的存在方式，亦是其运作方式。工程共同体作为工程集体行动的"行动者"，通过"集体行动"的方式实现工程目标和各自的利益诉求，并形成复杂的网络性互动关系。工程共同体集体行动不是一种随心所欲的行为，而是有规划、有组织、有目标和程序性的集体行动。这些规划、组织、目标和程序等都受到工程共同体集体行动的伦理精神和伦理机制的统摄。为此，我们须探索工程共同体集体行动的伦理

---

① 杨国荣.人类行动与实践智慧 [M].北京：生活·读书·新知三联书店，2013：1.

特征及其伦理精神和伦理机制。

一、工程共同体集体行动的内涵

"工程共同体集体行动"（这里主要指项目工程共同体集体行动）尽管前面已出现多次，然而其内涵还需要予以界定。从逻辑上看，"工程共同体集体行动"从属于"集体行动"。所谓集体行动是相对于个人行动而言的，指两个及两个以上的人共同做某件事情。

人们之所以要采取集体行动，是因为多个人构成的集体能完成单个人做不了的事情，集体行动既有利于个人目标的实现，又能节约个人的交往成本。相较于个人，一定规模的集体对社会资源的动员能力更强。根据美国社会学家、结构功能主义代表人物帕森斯的观点，人类的所有行动都具有体系特征，正是通过行动把个体系统与社会系统融合起来。结构功能主义学派认为，社会生活能否保持稳定性，有赖于社会能否找到借以实现其要求（功能）的一些手段（结构），而这些要求既是有组织的社会生活的前提，也是有组织的社会生活的后果。① 帕森斯突出了一种系统行动的结构，使人们看到所有的社会行动都必然是一个或多个行动者的多种行动的联合体，它的运作将影响到其余的行动主体和行动过程。涂尔干认为，"在人类生活中，只有集体才能延续观念和表现，所有集体表现都因其起源获得了威望，从而使它们拥有了强制性的权力。集体表现比个体表现具有更强大的心理能量。正因如此，它们才能给我们的意识提供力量。"②"集体生活并非产生于个人生活，相反，个人生活是从集体生活里产生出来的。"③ 这里的集体行动，指"我"的做和他人的做在彼此领会和互动中的协调，不同的他人以某种方式与"我"相遇而建构起行动网络。因为

---

① 苏联科学院社会学研究所. 社会学与现时代（第 2 卷）［M］. 李振锡，等译. 北京：中国人民大学出版社，1980：180－182.

② ［法］涂尔干. 实用主义与社会学［M］. 渠东，译. 上海：上海人民出版社，2000：140.

③ ［法］涂尔干. 社会分工论［M］. 渠东，译. 北京：生活·读书·新知三联书店，2000：236.

在人的社会化过程中，"'自我'是在与'他人'的相互关系中凸显出来的，这个词的核心意义是主体间性，即与他人的社会关联。唯有在这种关联中，单独的人才能成为与众不同的个体而存在。离开了社会群体，所谓自我和主体都无从谈起"①。集体行动的方向取决于内部力场和环境因素的相互作用。

工程共同体集体行动是为了实现一定的工程目标将工程共同体成员组织在一起，通过成员的团结协作而展开和实施的工程合作行为。② 这里工程共同体作为工程集体行动中的"行动者"，通过"集体行动"的方式实现工程目标和各自的利益诉求，并形成复杂的网络性互动关系。从工程共同体的形成而言，其是为了实现一定的工程目标而采取的集体行动，工程共同体又是以集体行动的方式来实现工程，集体行动是工程共同体实现工程的方式。正是在这一意义上，可以说，工程共同体是集体行动的共同体，是工程集体行动的承担者。当代工程集体行动"日益发生在由于分工而高度分化和等级化的组织之中，以及发生在通过市场沟通的关系中"③，是一个复杂的系统，仅靠单个人的力量和智慧难以完成。尤其对于大工程而言，其实现方式就是工程共同体的集体行动。约纳斯指出了当代工程及其行动主体的集体性，"个人的权力也许从比例上看甚至变得更加渺小。而变得更加伟大的无疑是集体的权力，例如像'工业'那样的集体的行为主体：这是一种集体性主体，它使无数个别行动者融入其整个行动当中了"④。工程共同体集体行动具有以下几个特点。

---

① ［德］哈贝马斯. 重建历史唯物主义［M］. 郭官义，译. 北京：社会科学文献出版社，2000：53.

② 这里所讨论的有组织的、聚合性的集体行动，不包括非组织的、离散性的集体行动。国内学界对"集体行动"的概念有着多向度的解读，主要包括三类：（1）冲突说，社会冲突意义上的非制度化群体行为；（2）利益说，提供"共同利益"或"公共物品"的集团行为；（3）行动者参与说，多个行动者采取共同行为的过程。本书主要是从行动者参与说界定集体行动的。

③ 乔治·恩德勒，等. 经济伦理学大辞典［M］. 李兆雄，陈泽环，译. 上海：上海人民出版社，2001：541 - 542.

④ ［德］汉斯·约纳斯. 技术、医学与伦理学——责任原理的实践［M］. 张荣，译. 上海：上海译文出版社，2008：226.

　　首先，工程共同体集体行动具有无法还原为任何个体行动的独特性。与个体行动①的随意性、灵活性不同，工程共同体集体行动具有规划性、组织性、目标性和程序性，并需要相应制度和规范体系的支撑。"合作来自工程共同体的集体意识，分立的个人工程实践只有通过渗透集体意识的合作途径，才能变成工程共同体的集体力量。"② 工程共同体集体行动作为一种合作行动，其发生动因在于个体意向和集体意向的共同参与。工程共同体集体行动是为了完成某项工程任务，创造出某个既定的工程产品，工程活动个体"使自己的努力与他人的努力得以达成合力的行为模式"③。决策者个体、工程师个体、工人个体等个体成员都是工程共同体集体行动网络系统中的一个个执行节点，每个个体只是负责工程活动的特定层面或特定环节。工程共同体内的个体依据共同体的部署开展具有整体意义和效果的行为，虽然其中每个个体擅长各自的专业，但他们对共同体内其他个体的行为未必具有深入的了解，各个个体之间存在着信息不对称，这些都增加了工程共同体集体行动的复杂性，不能还原为各个工程活动个体的行动。只有工程共同体内部成员之间相互联系、密切配合才能使工程的各个环节顺利运作，环环连接，进而实现工程目标及其伦理正效应。

　　其次，工程共同体集体行动不仅包括其单个工程共同体集体行动，而且包括多个（两个或者两个以上的）工程共同体协作性的集体行动。如前所述，工程共同体集体行动中存在着前后相继、环环相扣的各个环节，其中包括动机形成、工程决策、工程设计、工程实施、工程完工、运行和维护等多个环节。"每个行动是一个过程，一种行动的方式就是一个过程的结构……一个过程包括一系列阶段，即由一系列特定的子过程组成。显然，每个复杂对象或者每个复杂过程（所有行动按照一个特定的方法执

---

① 　一般所说的行动，就是指个体行动，侧重微观层面个体性或单一的活动。参见杨国荣. 人类行动与实践智慧［M］. 北京：生活·读书·新知三联书店，2013：2.

② 　殷瑞钰. 工程与哲学（第一卷）［M］. 北京：北京理工大学出版社，2007：169.

③ 　李友梅. 组织社会学及其决策分析［M］. 上海：上海大学出版社，2009：1.

行）包括了由不同划分标准区分的组成部分。"①

从系统论的观点来看，工程共同体集体行动既涉及某一个工程共同体内部成员集体协作完成工程的行动，也包括为完成某个大型工程多个相对独立的工程共同体之间集体协作的行动。这说明"一切具有现实意义的集体行动都是以组织的形式出现的"②。工程共同体集体行动的顺利运行依赖于工程共同体内外各个要素和环节能够相互衔接、协同配合，如此，系统的最优功能方能实现。一旦系统的某个或某些要素和环节出现"失调""脱节"，整个系统的运行就将受到影响（这一问题将在第三章中讨论）。

二、工程共同体集体行动的伦理特征

工程共同体集体行动是具有创造性的造福人类的有组织的集体性行为。工程活动自古以来就不是个体化的行为，工程是"工程人"——工程共同体"集体行动的智慧"和"集体智慧的结晶"，从工程目标选择、论证、决策、设计、实施，到验收、评估等各个阶段，都不是一两个人可以独立完成的，工程产品也是工程共同体集体行动的产物。工程活动所创造的人工物与自然界的自在存在物之本质不同，在于人工物打上了工程活动主体的烙印，包含着工程共同体（主要是工程投资者和设计者）的愿望、意志等，这无疑确证了工程共同体的能动性和创造性。马克思说："人是这样一种存在物，通过实践创造对象，即改造无机界，人证明自己是有意识的类存在物。"③"诚然，动物也生产……动物只是按照它所属的那个种的尺度和需要来建造，而人懂得按照任何一个种的尺度来进行生产，并且懂得处处都把内在的尺度运用于对象；因此，人也按照美的规律来构造。"④工程活动之所以高于动物的本能行为，就在于以自然规律作为其构

① 王楠. 行动学视野中的设计 [J]. 工程研究——跨学科视野中的工程，2009（1）：83-89；Kotarbinski T. The methodology of practical skills: concept and issues [C] // Collen A, Gasparski W W. Design & systems: general applications of methodology. New Brunswick, N. J.: Transaction Publishers, 1993: 26-28.
② 张康之. 论集体行动中的规则及其作用 [J]. 党政研究，2014（2）：11-17.
③ 马克思. 1844年经济学哲学手稿 [M]. 北京：人民出版社，1985：53.
④ 马克思恩格斯选集（第1卷）[M]. 北京：人民出版社，1995：47.

思的源泉，又经过人类认知与实践的取舍，蕴含了人类特有的构思。① 工程活动是工程共同体把自身的愿望、价值等投射到要创造的工程产品之中，实现由"观念的东西"向"物质的东西"的转化；在变革自在之物为人造物的过程中，使人造物服务于人的需要，于是在人与物之间建立起一种新型的、更高级的统一关系。这是工程共同体集体行动的能动性对人类的最大贡献。从传统的建筑工程、水利工程，到机械工程、化学工程的兴起，再到当代新兴的生物工程、信息工程等，工程样式的发展进步也是工程共同体集体行动的创造性的表征。

对于集体行动而言，其伦理动机决定了其伦理行为过程及其后果的发展样态，工程共同体集体行动的伦理动机、实现过程、伦理后果的伦理特征主要表现如下。

首先，就工程共同体集体行动的伦理动机而言，当代工程共同体集体行动的复杂性与风险性使得"我们需要思考如何才能实现一个行动的目标，甚至需要思考我们是否有理由采取一个行动"②。动机是人内心拥有的，能够引起某种行为、预期达到一定目标的倾向，意图在相当大的程度上就等于动机。动机的形成源于需要，指向目的。例如，人类出于造福于民的需要，形成善的工程共同体集体行动的动机，指向做出善的工程产品的目的。动机规定着行为的内容，因此，没有伦理动机就没有伦理行为。"民族、市场和文化的发展被认为由人的意向性行为所引导，即人的决策是以意向、价值等等为基础的。"③"只有通过探究伦理学在心理问题上的预设、依据和内容，才能对行为者的道德行动给出更合理的解释。"④ 伦理动机引导工程共同体集体行动的展开，包含着目的、反思性、意欲—意向

---

① 萧焜焘. 自然哲学［M］. 南京：江苏人民出版社，2004：407.
② 徐向东. 实践理性［M］. 杭州：浙江大学出版社，2011：编者导言.
③ ［德］克劳斯·迈因策尔. 复杂性中的思维［M］. 曾国屏，译. 北京：中央编译出版社，2000：第二版序言.
④ 李义天. 理由、原因、动机或意图——对道德心理学基本分析框架的梳理与建构［J］. 哲学研究，2015（12）：64–71.

等方面①。具备善的集体行动的伦理动机，在逻辑上构成了工程共同体集体行动的伦理前提。

　　集体行动的伦理动机，既包括单个人的伦理动机，又要考虑到工程决策集体、投资集体整体的伦理动机，是这些伦理动机的"总的合力"。尽管工程共同体集体行动以共同体成员的伦理行为为伦理前提，但其伦理行为的动机、理由不能还原为成员个体的伦理动机和理由。如果个体在共同体中采取共同行动，而且该行动不可能在他们单独行动时发生，那就是共同体行为。"组织行为是由组织本身的信念和愿望导致的，无论这些信念和愿望能否用个体主义词汇来说明或解释。"②康德道德哲学理论强调理性人的自由意志，认为人的行为出于其自由意志并需要承担责任。工程共同体集体行动是在自主性原则下进行的，是共同体意志的体现。与个体想怎么做就直接去做不同，集体行动伦理动机的形成是集体酝酿—协调—再酝酿—再协调的多次反复的过程。在核心人物提出设想后，还必须集思广益、群策群力，要集体酝酿、仔细评估是做还是不做，如果做要具体怎么做。因为工程的上马直接关涉工程共同体及其成员的利益，也必然给社会带来影响。因而动机中面临着利益权衡、得失权衡、分工权衡等伦理问题。

　　其次，就工程共同体集体行动的实现过程而言，其各个环节须依赖工程及其伦理规范的相互配合直至最后的检测验收。如果把工程共同体集体行动实现过程划分为工程决策、工程设计、工程实施、工程完工、运行和维护这样几个阶段，那么工程共同体集体行动实现的全过程都要遵守双重规范：工程技术规范和工程伦理规范。前者侧重于工程的技术标准，后者侧重于工程的伦理标准。只有工程共同体及其成员尽职尽责，才能保证工程质量优良。

　　如上所述，工程共同体集体行动是由多个环节集合互动而成的工程共

---

① 杨国荣. 人类行动与实践智慧［M］. 北京：读书·生活·新知三联书店，2013：88－89.

② CORLETT J A. Collective Moral Responsibility［J］. Journal of Social Philosophy，2001（32）：575.

同体内外部分工—协作—管理环环相扣的行动链，是在与该工程共同体相关的多重伦理关系的共同作用下形成的集体行动。工程共同体集体行动并非机械设备和人力的简单聚集，而是需要多专业多工种协同配合，各阶段既有明显的界限，又彼此有机衔接、不可间断，必须科学合理地进行组织并形成分工—协作—管理环环相扣的行动链。就工程共同体的分工①而言，它使劳动者从事专业性的劳动，进而使劳动效率和生产力得到提高。李伯聪曾对工程共同体内部的分工做了个形象的比喻，"如果把工程共同体比喻为一支军队的话，其中工人就是士兵，各级管理者相当于各级司令员，工程师是各级参谋，投资人则相当于后勤部长"。就协作而言，马克思说："许多人在同一生产过程中，或在不同的但互相联系的生产过程中，有计划地一起协同劳动，这种劳动形式叫作协作。"② "不仅是要由协作来提高个人的生产力，并且是创造一种生产力，那就它自身说，已经必须是一种集体力。"③ 在现代性背景下，工程共同体集体行动也必须是合作式的集体行动。如果说，分工是把原本相同（同质）的人划分在不同的岗位从事各异的劳动，那么协作就是让处于不同岗位、不同角色中的人为了共同的目标而进行的合作。根据这一观点，多元、异质的工程共同体中的分工和协作都非常典型，并在二者之间形成了必要的张力。就管理而言，马克思指出："一切规模较大的直接社会劳动或共同劳动，都或多或少地需要指挥，以协调个人的活动，并执行生产总体的运动——不同于这一总体的独立器官的运动——所产生的各种一般职能。一个单独的提琴手自己指挥自己，一个乐队就需要一个乐队指挥。"④ 对工程共同体集体行动而言，不论工程规模大小，都是既要有分工、协作，也离不开统一的管理，这样，工程目标才能顺利实现。此外，工程共同体集体行动还涉及多个共同体的集体行动，由各种类型的多个工程共同体的互动合作完成；参与工程的多个工程

---

① 广义的项目工程共同体的分工既包括某个项目工程共同体内部的分工，又包括不同项目工程共同体之间的分工。

② 马克思恩格斯全集（第23卷）［M］. 北京：人民出版社，1972：362.

③ 马克思. 资本论（第1卷）［M］. 北京：人民出版社，1972：344.

④ 本书所论述的工程伦理机制，从广义上说包括工程伦理精神、工程制度伦理机制和工程责任伦理机制，工程伦理精神是作为观念维度的工程伦理机制。

共同体之间原本是各自独立且没有组织联系的，但是由于都参加某项工程的建设而在彼此之间建立起联系。通过这种连贯的、复杂的、有着社会稳定性的人类协作活动方式，在力图达到卓越的标准的过程中①，工程共同体集体行动的自身利益就得以实现；集体行动过程中，还形成了与工程共同体相关的多重伦理关系，并通过伦理规范和约束机制使这些伦理关系得以有序运行和有机互动。

最后，就工程共同体集体行动的伦理后果而言，工程共同体集体行动会产生多维伦理效应，也会带来伦理风险。② "后果是行为特有的内在形态，是行为本性的表现，而且就是行为本身，所以行为既不能否认也不能轻视其后果。"③ 工程共同体集体行动创造了人类的物质文明和精神文明，推动了经济发展和社会进步，提高了人们的生活质量，促进了人的发展和向幸福的迈进，这些伦理正效应是有目共睹的，绝不能被忽视；其伦理风险和伦理负效应由于对人—社会—自然系统造成负面影响而更受关注，也必须认真应对，因而是需要承担伦理风险和应对工程产生的多维伦理效应的集体行动。需要指出的是，工程共同体集体行动带来的正、负伦理效应可能会相互转化，比如当前的正伦理效应经过一段时间转化为了负伦理效应，从而应辩证地看待正、负伦理效应，并采取相应（应急、预警）措施来积极应对。

三、工程共同体集体行动的伦理精神和伦理机制

工程共同体集体行动在其运作过程中不仅要促进工程共同体本身的利益、考虑工程的所有利益相关方、充分满足利益相关者和工程消费者的需要，还应提供优质的工程产品，自觉促进人—社会—自然的和谐与可持续

---

① ［美］麦金太尔. 德性之后［M］. 龚群，等，译. 北京：中国社会科学出版社，1995：258.
② 陈爱华. 工程的伦理本质解读［J］. 武汉科技大学学报（社会科学版），2011（10）：506－513.
③ ［德］黑格尔. 法哲学原理［M］. 范扬，张企泰，译. 北京：商务印书馆，1961：120.

发展。因而其受到工程伦理精神、工程制度伦理和工程责任伦理等诸多伦理机制①的统摄。在工程的运作过程中，工程共同体需促进诸伦理机制的供给、配合与协调，以保证工程目标的最终实现。

首先，我们谈一谈工程伦理精神。

从逻辑学的视角看，"工程伦理精神"从属于"伦理精神"，而"伦理精神"从属于"精神"。在中国哲学中，"精"的本意是指精气，"神"是指精气的活动和由此产生的"神明"，"生之来，谓之精；两精相搏谓之神（《灵枢·本神》)"。精神合用始见于《庄子·知北游》："精神生于道，形本生于精。"《淮南子·精神训》认为："精者，人之气；神者，人之守也。本其原，说其意，故曰精神。"英文 Spirit（精神）来自拉丁文 Spiritus，原意是轻微的吹动，轻薄的空气。精神是包括理智、意志和情感，以及人的全部心灵和道德的概念。② 而"伦理"与"精神"具有概念上的相通性与互维性。"伦理本性上是普遍的东西，这种出于自然的关联本质上也同样是一种精神，而且它只有作为精神本质时才是伦理的。"③ 这里黑格尔深刻揭示了"伦理"与"精神"二者之间的有机关联。樊浩认为，伦理精神这一概念解决了个体和整体的统一问题、知和行的统一问题，以及伦理道德的内在性问题。④

工程伦理精神是在工程项目集体行动中，工程共同体对其伦理公共本质的自觉意识。工程伦理精神为实现"善"的工程共同体集体行动和"善的工程"提供了意识和意志、个体和组织的双重引领，它是作为观念维度的伦理机制。没有工程伦理精神的引领，工程共同体只是个体或"单一物"的"集合"，难以成为真正的"普遍物"，更无法成为伦理性的实体。工程共同体集

① ［美］麦金太尔. 德性之后［M］. 龚群，等，译. 北京：中国社会科学出版社，1995：258.

② ［德］黑格尔. 历史哲学［M］. 王造时，译. 上海：上海书店出版社，2006：英译者序言第 1 页.

③ ［德］黑格尔. 精神现象学（下卷）［M］. 贺麟，王玖兴，译. 北京：商务印书馆，1979：8.

④ 樊浩. 伦理精神的价值生态［M］. 北京：中国社会科学出版社，2001：再版序言第 17 页.

体行动的伦理精神以造福人类为根本宗旨、以珍爱生命为伦理底线、以追求卓越为崇高旨趣，它统摄着工程共同体集体行动的顶层设计和动机，并贯穿于工程共同体集体行动的全过程，以确保工程目标的实现。

其次，工程制度伦理机制主要包括以下内容。

要将以造福人类为根本宗旨、以珍爱生命为伦理底线、以追求卓越为崇高旨趣的工程伦理精神真正贯彻到工程共同体集体行动中，我们还需相关的工程制度伦理机制的保障。

"制度伦理机制"是"制度"和"伦理机制"的合成词。所谓"制度"是从非个人关系角度表示一种人与人关系且具有规范意义的范畴①，是人们以维护社会秩序要求大家共同遵守的办事规程或行为准则，也指在一定历史条件下形成的法令、礼俗等规范。不同的行业、不同的部门、不同的岗位都有其具体的做事准则，目的都是使各项工作按计划按要求达到预计目标。这些规则具有正式与非正式之分。正式制度是人们有意识创建出来并通过国家颁布的正式成文规则确立的，如国家法律典章制度；非正式制度则是指人们在长期社会交往中逐步形成、并得到社会认可的一系列约束性规则，如伦理道德、文化传统、风俗习惯等。制度作为一个社会运作的保障机制，为人们的相互关系及其相互交往设定了相关的约束机制。制度能够扬弃个体的有限性，抑制人们行为中可能出现的机会主义倾向和不可预测性，"通过规则而建构生活和行动秩序，使集体行动具有一致性"②。工程的实现依赖于各项制度，没有制度的保障，工程共同体就无法实现集体行动。

"伦理机制"是"伦理"和"机制"的合成词。所谓"机制"原指机器的构造和工作原理，在生物学中是指有机体的构造、功能及其相互关系。③ 现在机制概念的应用十分广泛，机制的本义引申到不同的领域，用来表征事物或系统的内在机理、内在联系和运动规律④，就产生了不同的

---

① 朱贻庭. 伦理学大辞典［M］. 上海：上海辞书出版社，2002：271.
② 张康之. 论集体行动中的规则及其作用［J］. 党政研究，2014（2）：11－17.
③ 刘文英. 哲学百科小辞典［M］. 兰州：甘肃人民出版社，1987：500.
④ 刘文英. 哲学百科小辞典［M］. 兰州：甘肃人民出版社，1987：500.

机制。机制的本义引申到了伦理领域，就生成了伦理机制。伦理机制是指以一定的社会伦理原则与伦理规范协调人—社会—自然之间的伦理关系，以促进人—社会—自然之间伦理关系的和谐与可持续发展的具体运作方式。

"制度伦理机制"是将伦理机制以制度化的方式加以运作，以保障伦理机制的执行力。"制度"之所以可以对个人行为起到约束作用，是因为以有效的执行力为前提。制度伦理机制使伦理机制的运作以制度化方式加以实施，大大增强了其在协调人—社会—自然之间伦理关系方面的执行力，使伦理机制更好地发挥指导性和约束性、鞭策性和激励性、引领性和规范性。

工程共同体作为一种组织形式是一种结构化、制度化的存在。工程共同体组织既是由一个个有情感、信念、自由意志的个体所组成，还是"具有明确目标导向和精心施工的结构与有意识协调的活动系统"①，它只有在一定的制度伦理机制体系中，才能将原本松散的个体参与者凝聚起来采取集体行动，以完成一定的工程目标。这些制度伦理机制能在工程共同体的决策、工程设计、运行、评价、监督、问责等各个环节的集体行为过程中，更好地发挥其指导性和约束性、鞭策性和激励性、引领性和规范性，以调节和控制工程共同体的集体行动，同时也是对工程共同体及其成员行为进行评价的重要依据。随着工程进程的推进和工程共同体的动态变化，工程共同体的伦理资源也处于变动之中，进而合理有效地整合该工程共同体的人力、物力与财力资源，使物尽其用，人尽其才，同时也能促进工程共同体成员和工程共同体有机的伦理整合，优化和增强工程共同体的伦理凝聚力，提高集体行动的效率。

最后，工程责任伦理机制主要包含以下内容。

要将以造福人类为根本宗旨、以珍爱生命为伦理底线、以追求卓越为崇高旨趣的工程伦理精神真正贯彻到工程共同体集体行动中，不仅需要相关的工程制度伦理机制的保障，还需要依赖于责任伦理机制。工程责任伦

① ［美］理查德·L. 达夫特. 组织理论与设计［M］. 王凤彬，张秀萍，译. 北京：清华大学出版社，2003：15.

理机制的构建与工程责任意识的生成密切相关。

而就责任意识而言，责任缘于社会的分工和角色分化，并伴随着人的能力的增强和对行为后果的自觉而得到不断深化。在古代中国，"责"包含着帝王对"天"或臣民对君主、国家的主动尽职和效忠，以及对行为所产生的不良后果和过失的追究等基本含义。在古希腊，苏格拉底把责任看作一个善良公民应有的道德品质。柏拉图则以人的不同身份规定相应的责任，在他设计的理想国中，人有着不同的等级，位于不同等级的人应承担不同的责任，在这一点上，与我国古典儒家对"伦""份"的规定和"礼"的设置有相通之处。伊壁鸠鲁还提出了"我们的行为是自由的。这种自由就形成了使我们承受褒贬的责任"的深刻思想。亚里士多德曾对负责任的条件进行了规定，他曾指出，一个人负责任与他的知识有着密切的关系，只有拥有知识，才能让他负责任。但责任（responsibility）作为一个范畴，特别是与法律意义相区别的伦理学范畴被研究，则是近代的事。

从词源上说，责任（responsibility）来自拉丁文 respondere（回答），它意味着"负责任"，即对"你为什么要做这件事"的回答。根据《汉语大词典》，责任主要指三种含义：①使人担当起某种职务和职责；②分内应做的事；③做不好分内应做的事，因而应该承担的过失。责任在现代社会通常被理解为分内应做之事以及由于没有履行职责、没有完成任务等而应承担的不利后果。"分内应做之事"就是我们通常所说的"应尽的责任"，而由于没有履行职责、完成任务等而应承担的不利后果则是指我们通常所说的"应追究的责任"。

负责任的行为至少要有两个前提：行动主体具有自由意志；行动主体对道德规则以及自己行为的后果具有基本的认识能力。正如道德哲学家马志尼所指出的，"你们是自由的，因此是负有责任的"①。康德把责任视为"由于尊重客观规律而产生的行为必要性"②。但是，康德片面地强调出于责任的行

---

① ［意］朱塞佩·马志尼. 论人的责任［M］. 吕志士，译. 北京：商务印书馆，1995：101.

② ［德］康德. 道德形而上学原理［M］. 苗力田，译. 上海：上海世纪出版集团，上海人民出版社，2005：16.

动出于主体的善良意志，这样的行动可能完全不考虑后果。美国管理学家彼得·德鲁克曾指出："在后资本主义社会，构建社会与组织的原理一定是责任。这种组织社会或知识社会，要求组织必须以责任为基础。"①

　　工程责任伦理机制，是将机制运用于"工程责任伦理"之中。"工程责任伦理"是"工程"和"责任伦理"的合成词。"责任伦理"是由韦伯提出的。他区分了信念伦理与责任伦理，并指出责任伦理在于看重行为的后果，行为者必须对行为后果承担责任。当代由于高技术与工程的蓬勃发展，人干预自然与改变自身的能力都得到了空前增强，人们对高技术与工程的行为的后果高度关注。继韦伯之后，忧那斯、伦克、胡比希等人都把责任伦理视为当代科技（工程）伦理学的核心。在忧那斯等人看来，责任伦理突出以未来行为为导向的预防性、前瞻性和关护性的责任，要坚持审慎和节制的美德，是对传统责任概念（事后、消极性的责任追究）的一种补充和拓展，它强调一种跨越时空的责任意识，是融合了动机与效果的新责任论。"责任伦理之所以称为责任伦理，它不同于道义的表白，不只是功利的追求，也不能是情感的冲动，它渊源于主体对自身责任的理性认识。"②

　　工程责任伦理机制不仅是指工程共同体在决策、工程设计、运行、评价、监督、问责等各个环节的集体行为过程中，更加注重对自身集体行动责任的认识，并且对相关的工程集体行动的后果负有伦理责任，而且包括与工程共同体相关的多方主体（比如，政府、媒体、广大公众等）都具有关注、评价、监督工程集体行动及其后果的伦理义务和伦理责任，进而形成相关的工程责任评价、监督、问责等伦理机制，以促进工程共同体集体行动对人—社会—自然之间伦理关系和谐可持续发展方面的执行力。

---

① ［美］彼得·德鲁克. 后资本主义社会［M］. 张星岩，译. 上海：上海译文出版社，1998：105.
② 李志平. 地方政府责任伦理研究［M］. 长沙：湖南大学出版社，2010：31.

第二章

工程共同体集体行动历史演进的伦理审思

尽管"工程共同体集体行动"的提法到现代才出现，但是"工程共同体集体行动"作为人类的一种存在方式和行为方式，有着悠久的历史。马克思曾指出："我们仅仅知道一门唯一的科学，即历史科学。历史可以从两方面来考察，可以把它划分为自然史和人类史。但这两方面是密切相连的；只要有人存在，自然史和人类史就彼此相互制约。"① 工程是一个历史范畴，是与人的历史性生存相关联的历史的生成与展开。工程共同体集体行动的发生及发展是一个历史过程，并且昭示了人类史与自然史"彼此相互制约"的相互关联性。马克思还指出："历史从哪里开始，思想进程也应当从哪里开始，而思想进程的进一步发展不过是历史过程在抽象的、理论上前后一贯的形式上的反映。"② 因此，研究当代工程共同体集体行动伦理，应把握工程共同体集体行动伦理的历史演进。本章主要围绕哲学史、工程史、科学技术史提供的线索，在挖掘、整理材料的基础上，梳理中西方工程活动的历史文化背景，以期更深入地认识古代到近代的工程共同体集体行动；从伦理视域分析历史上有代表性的工程范例及其集体行动的伦理实践，解读中西方相关历史文本中的工程共同体集体行动伦理思想，为分析当代工程共同体集体行动及其相关的伦理困境，重建当代工程共同体集体行动的工程伦理精神和工程伦理机制提供相关的理论资源；考察现代工程共同体集体行动的历史跃迁与伦理实践，剖析其中蕴含的工程共同体集体行动的工程伦理精神与工程伦理机制，为当代工程共同体集体行动的伦理建构提供实证基础。

---

① 马克思恩格斯全集（第3卷）［M］．北京：人民出版社，1960：20.
② 马克思恩格斯选集（第2卷）［M］．北京：人民出版社，1995：43.

第一节 我国历史上工程共同体集体行动的伦理审思

尽管工程活动在我国古代受到轻视，直到近代①这种情况才有所改观②，然而我国历史上许多成功的典范工程却萌发了一种原初性的工程伦理精神、工程制度伦理机制和责任伦理机制；而有关历史典籍中亦蕴含一定的工程共同体集体行动的伦理思想。

一、我国历史上工程共同体集体行动的文化背景

我国历史上的工程共同体集体行动的产生具有深刻的历史—文化背景。"居楚而楚，居越而越，居夏而夏，是非天性也，积靡使然也。"③ 我国古代工程共同体生成于等级森严的封建社会，通过相关的工程制度伦理机制④管理和约束，保证了古代工程共同体集体行动的实施和完成。我国古代乃至近代的工程共同体集体行动无论是作用范围，还是集体行动产生的伦理效应都远不能与现代工程共同体集体行动相比。

就地理环境的特点来看，我国位于亚欧大陆东部，西南为"世界屋脊"，东濒太平洋，土地肥沃，亚热带季风气候适宜农业生产。自古发展自给自足的自然经济，"禹、稷躬稼而有天下"（《论语·宪问》），人们日出而作、日落而息，人口很少流动，年复一年地从事农事。在从原始社会步入文明社会的过程中，未能挣脱血缘纽带，而是保留和强化了血缘关系，形成了家国一体的社会结构，强调宗法意识和重人伦关系的文化格

---

① 中国近代是指从 1840 年鸦片战争到 1949 年中华人民共和国成立这段时间，与国外近代的时间范围有所差异。对于世界近代史的时间范围，常见的一种观点认为是从 17 世纪英国资产阶级革命开始到 1919 年俄国十月革命为止。本书"国外历史上工程共同体集体行动的伦理审思"部分对近代的界划也采用这种观点。

② 余同元. 传统工匠现代转型研究：以江南早期工业化中工匠技术转型与角色转换为中心 [M]. 天津：天津古籍出版社，2012：序言.

③ [清] 王先谦. 荀子集解 [M]. 北京：中华书局，1988：144.

④ 这里提及的工程制度伦理机制只是作为雏形形态。

局。以家庭为单位、自给自足的小农经济发达，并孕育了"家国一体"的整体主义文化，进而形成了以伦理为核心的礼仪文化传统，成为礼仪之邦。因而在建筑工程、水利工程等大型工程及其产品中都蕴含了这样的礼仪文化。

我国古代工程技艺由家族或师徒传承，主要靠启发悟性。"中国传统文化中缺乏运用逻辑思维寻找科学规律的活动，或对技术现象进行内在的科学机理的分析，只停留于直接经验的感受阶段，对对象的认识只有整体、没有分析，达不到细节和精密，只能模糊和朦胧，只求想象，不求实证，也使得技术只有工匠传统，没有来自科学的提升，故只有经验型的技术，不可能有科学型的技术。"① 我国传统工程技术强调实用，偏重直观体验和经验总结，悟性思维和隐性知识较发达，这在一定程度上阻碍了传统工程技术向近现代工程技术的转化。

作为一个农业国，我国长期以来重视农业，轻视、限制工商业。在这种观念和政策的影响下，工程活动和从事工程实践活动的工匠也受到轻视。有"工商众则国贫"②；"省工贾，众农夫，禁盗贼，除奸邪，是所以生养之也"③；"巫医乐师百工之人，不齿相师"④；"庶人、工商、皂隶、牧圉皆有亲昵"⑤ 等观点。管子"士农工商"的提法，其中也蕴含着身份等级的区分，"工"主要是指手工业者，排在"士"和"农"之后。所谓"形而上者谓之道，形而下者谓之器"，古代工程共同体所创造的是形而下的"器物"。

尽管工程及其活动不被重视，但无论是人们的生存、生活，还是社会的发展、军事攻防，都需要建筑工程、水利工程等大型工程及其相关的集体行动。所以荀子说"夫工匠农贾，未尝不可以相为事也"，但"未尝能

---

① 肖峰. 哲学视域中的技术［M］. 北京：人民出版社，2007：266.
② 王森. 荀子白话今译［M］. 北京：中国书店，1992：107.
③ 王森. 荀子白话今译［M］. 北京：中国书店，1992：142.
④ 马其昶，马茂元. 韩昌黎文集校注［M］. 上海：上海古籍出版社，1998：43.
⑤ 杨伯峻. 春秋左传注［M］. 北京：中华书局，1981：1017.

相为事也"①。房玄龄认为，"若干人为工，足其器用"②就可以了。老庄学派对技术进行批判，老子言："民多利器，国家滋昏，人多伎巧，奇物滋起。"③ 庄子也说过，"绝圣弃智，大盗乃止。……掊斗折衡，而民不争"④；"有机械者必有机事，有机事者必有机心"⑤。上述老庄看似极端的说法，其实只是在批评不当应用技术所造成的负面后果，反对"奇技淫巧"、奢靡之风，而不是要取消一切技术的应用。这一点，从《庄子》对庖丁解牛、轮扁斫轮、运斤成风、津人操舟等的描述和赞扬可以看出。墨子作为手工业者出身的思想家，十分推崇大禹，认为墨家尊重科学技术的思想和大禹科学的治水方法一脉相承；主张工程技术"利于人谓之巧，不利于人谓之拙"⑥。

古代大型工程建设是为了满足当时国家利益和国家的基本需要。国家法律和政治制度成为古代工程共同体集体行动的制度保障，其本身也是一种制度伦理。然而，中国古代社会是伦理性社会，古代虽然有自己的法律体系，如《田律》《工律》《徭律》《仓律》《关市律》等，但法律体系不健全、不完善，特别是对产权、约权、债权缺乏明确规定。"家国一体、由家及国的文明结构，决定了中国传统社会不能采用西方式的契约原理与单一的法治模式。"⑦ 传统中国社会的社会控制和人们处理问题的方式是情—理—法三位一体，注重"以德配天"，诉诸理性，"以理服人"，"以法治国"。

秦汉以后，我国实行按户籍管理和征调工匠的"匠籍"制度，并成立了相应机构进行管理。家业世代相传，"工之子恒为工"的制度因此延续下来。唐代出现了手工业行会组织，行会协助政府缴纳赋税，平抑物价，管理市场；监督本行业的产品质量和在技术上做统一规定。行会的行规也

① 王森. 荀子白话今译［M］. 北京：中国书店，1992：290.
② 晋书·傅玄传. 见房玄龄等［M］//晋书（五）. 北京：中华书局，1974：1318.
③ 朱谦之. 老子校释［M］. 北京：中华书局，1963：148.
④ 郭庆藩. 庄子集释［M］. 北京：中华书局，1961：353.
⑤ 郭庆藩. 庄子集释［M］. 北京：中华书局，1961：433.
⑥ 吴毓江. 墨子校注［M］. 北京：中华书局，1993：724.
⑦ 樊浩. 伦理精神的价值生态［M］. 北京：中国社会科学出版社，2001：418.

多有伦理约束方面的内容。明中期到清朝,工匠有了更多的代表自己利益的行帮组织,各个行业都形成了自己的职业道德规范,有的以文字的形式固定下来①,形成了具有中国特色的工匠伦理。总的来说,包括以遵行度程、毋作淫巧、物勒工名、工师效工、世守家业为内容的官匠制度伦理准则,以勤劳节俭、技术求精、以技致富、技术保密、爱国为民等为内容的民匠职业道德准则和工匠行会伦理准则。② 作为雏形形态的这些工程伦理精神、制度伦理机制和责任伦理机制亦体现在建筑工程、水利工程等大型工程及其相关的集体行动之中。

二、我国历史上工程共同体集体行动的伦理实践

在我国,建筑工程、水利工程都有着悠久的历史,透过这两种古老的工程类型,可大致把握我国古代至近代的工程共同体集体行动伦理实践的样态。我国历史上许多成功的典范工程,生成了一种原初形态的工程伦理精神,同时亦蕴含了制度伦理机制和责任伦理机制的雏形。

(一) 建筑工程共同体集体行动的伦理实践

如上所述,我国是礼仪之邦,作为大型的建筑工程产品,如都城建筑、宫殿建筑、祭祀建筑、坛庙建筑和帝陵建筑等都蕴含了伦理型的礼制文化③,这样的建筑亦可以称为礼制建筑,是封建王权的象征,同时它们也是我国古代建筑工程共同体集体行动的智慧结晶,其建造过程凸显了我国古代建筑工程共同体集体行动的伦理特征。

古代都城建筑,代表了一个国家的规模与精神,亦是王权统治的象征,都城建筑的变迁也见证了一个王朝的兴衰。据《吕氏春秋》记载,城市早在夏代就已形成。《周礼·考工记》对周代都城的形制做了这样的记述:"匠人营国,方九里,旁三门。国中久经九纬,经涂九轨。左祖右社,面朝后市,市朝一夫。"都城的规划与选址,既要满足人们的居住和生活

---

① 王前. "道""技"之间:中国文化背景的技术哲学 [M]. 北京:人民出版社,2009:148.

② 徐少锦. 中国传统工匠伦理初探 [J]. 审计与经济研究,2001(4):14-17.

③ 秦红岭. 建筑的伦理意蕴 [M]. 北京:中国建筑工业出版社,2005:71-72.

功能，又要考虑水文、地质、交通、军事等因素，大都经相土尝水而落成，依山、绕水、傍势。秦咸阳、汉长安、隋唐长安、南京、北京这些古都，都是古代城市建筑中的精品，是古代城市设计师和劳动人民的集体行动的结晶。据史料记载，1366 年，朱元璋开始对南京进行大规模规划建设，此次营建的重点是皇宫、城墙及各种坛庙等，天下工匠 20 余万户和大量民工集中于京师，仅用了 1 年多时间就大体奠定了南京城的格局。为了加强军事防御，朱元璋经过 3 年的准备，曾下令 5 省、20 州、118 县烧制城砖，并要求每块砖上都要打上烧制的州、府、县及工匠和监造官员的姓名，用 21 年建成了明城墙。

就宫殿建筑而言，我国古代是封建专制社会，皇权至高无上，皇帝处理朝政和日常起居的宫殿建筑是典型的工程样式。在布局方面，宫殿建筑遵循前殿后宫（前朝后寝）、左祖右社、中轴对称、三朝五门的建筑文化（制度），是对中国传统礼制的恪守。现在保存下来的规模最大、最完整、最精美的宫殿建筑，首推北京故宫。北京故宫的营造是从永乐四年（1406）起，当时明成祖集中了全国的匠师，征调军民役工 30 万人，以 14 年时间始成规模，嗣后历代皇帝继续增修改建，才形成了今天的面貌。

就祭祀建筑、坛庙建筑而言，受礼制和宗法的影响，祭祀在官方和民间一直都深受重视，其表达了人们对天地的敬畏、对祖先的膜拜。各位皇帝都把祭祀视为一项非常重要的政治活动，祭祀建筑也在帝王都城建设中居于关键地位。北京天坛是北京"天地日月"四坛之首，其中的每个建筑都依礼而建，祈年殿更是我国古代祭天文化的代表之作。

就帝陵建筑而言，我国先民相信人死而灵魂不灭，对死者的丧葬处理"事死如事生"。古代帝王陵墓不仅采用当时墓葬的最高等级形式，同时也是当时政治制度、宫廷礼俗、建筑与艺术的综合反映。秦始皇为修建自己的陵墓，"刑徒七十万，起土骊山隈"，秦始皇陵墓高大的封冢与骊山浑然一体，仿照咸阳都城而建，历时 37 年才完工。被誉为"世界第八大奇迹"的兵马俑坑规模宏伟，是护卫地下皇城的"御林军"。唐太宗李世民之陵墓昭陵共有 180 余座陪葬墓，墓区总面积 30 万亩，比当时的长安城几乎大一倍。明十三陵既是一个统一整体，各陵又自成一体，陵寝建筑与周围风景有机交融，气势恢宏，神道、石像生都令人印象深刻。清代帝陵建筑集前代之大成，形成崇高、混茫、深重、沉郁的大国之美。

上述典型的礼制建筑体现了我国古代建筑工程共同体集体行动的伦理特征，蕴含着工程决策伦理、工程制度伦理和工程责任伦理的理念，对伦理责任、法律责任、相关制度的强调贯穿于工程全过程。就工程决策而言，这些礼制建筑是封建统治者意志的物化表达，他们希望自己的江山能够千秋万代，建筑能永存，并体现皇家的气度和威严。最高统治者坐拥江山、掌握着一国最高权力，在表达王权的礼制建筑中注入了鲜明的等级观念，不仅建筑体量巨大，而且采用最高的建筑形制来修建（比如"九"、宫殿屋檐兽的种类最多、金黄色为皇家宫殿的御用色），渗透着皇权至上的政治伦理观、尊卑有序的等级道德观。在制度伦理机制方面，对于房屋的高度、间数、建筑材料、色彩、装饰等早在先秦时期就有明确的规定，皇家建筑、官僚建筑、民居采用不同的标准，违反就要按律论处。责任伦理也深刻地体现在皇家建筑工程共同体集体行动中。能参与皇家建筑设计、建设的人员都是技艺精湛的工匠，有的还被封了官职，他们的地位比民间工匠要高。也正是由于建筑设计者和工匠是为皇家建造，在集体行动的过程中他们只要稍有疏忽，出现瑕疵或质量问题，就可能被论处，甚至连生命都由不得自己掌控，从而更加重视责任，以伦理责任和法律责任确保工程的高质量。

除了上述的礼制建筑以外，值得关注的是我国古代具有军事攻防性的工程建筑，如被视为中华文明象征的长城。其修筑和加固历经了从西周到清末的漫长历史，长城攻守自如，固若金汤；它是我国古代千千万万劳动人民智慧和工程伦理实践的结晶。因此该工程的集体行动伦理实践有许多值得分析和借鉴之处。秦始皇统一六国之后做出连接和修缮战国长城的决策，是为了抵御外族的侵略，加强军事防御能力，保家卫国。此项工程的集体行动既面临着处理本国人民和外族侵略者之间的伦理关系，也蕴含了人与自然的伦理关系、本国同时代人之间和不同时代人之间的代际伦理关系，涉及国家的近期利益和长远利益的伦理关系等方方面面的伦理关系与伦理因素。因而该工程的决策是一个伦理决策。在人员组织和工程管理体制及其实施过程的工程规范与伦理规范方面，不同时期有着各自的做法，并随着历史的发展而不断完善。秦代、汉代、明代分别是中国古代修筑长城的三个高潮。秦朝在蒙恬率军击败匈奴后，遂以部队为主力修筑长城，秦始皇也从长城沿线强征了大量民众。汉代在修建河西长城时，由武威、张掖、酒泉、敦煌四郡分段负责，然后各郡再依次把任务分配给下属县、段，层层包干，最后落实到各防守据点的戍卒们身上。据史料记载，秦代修长城动用30万至50万军队，征用民夫50万人，最多时达150万人；北齐为修长城一次征发民夫180万人；隋史中也有多次征发民夫数万、数十万乃至百万人修长城的记载。明长城工程浩大，施工、管理都相当复杂，采取长城修筑和防守任务相结合，分区、分片、分段包干的办法，以使责任能够层层得到落实。修筑中，管理人员一般是职位较高的总督、巡抚、经略、总兵官等，施工人员则以千总为组织者，分为左部、右部、中部，千总之下又有总分理，以司为单位。这些在长城包修碑的碑文中都有记载。明代城墙沿线按九边重镇分段防守，各镇内部分级管理，形成了独特的长城军事管理制度。在工程制度伦理和责任伦理方面，遵循"因地形，用险制塞""因边山险，堑溪谷"的原则，依循工程和自然相和谐的伦理智慧因险阻敌，既可御敌制胜，又节省了人力、物力。长城所经地段多为崇山峻岭，依山筑城、断谷起嶂、择险置戍，总是在敌我军事力量的缓冲地带建造。如居庸关八达岭的城墙是沿着山脊修筑的，这在无形中加强了山脊本身的天险防御功能。若遇到十分险峻的悬崖，长城修筑则到此中断，因为悬崖本身就是很好的防线。根据敌情、地形条件，选定防御要点，并将这些要点连接起来。利用山与海、山与河、山与山之间的有利地形地貌，通过人工筑城的方法把水陆天险有机结合起来，构成一道进可攻、退可守的军事防线。长城城砖全部靠手工制作和搬运，制作技术精细，城砖都按统一规格烧制。城墙筑成后有严格的检查验收制度，其中有这样的规定：在一定距离内用箭射墙，箭头不能入墙就算合格，否则要返工重修。"物勒工名"的工程技术责任制在长城砖制造上得到了充分体现，在城砖上刻有管工、窑匠、泥瓦匠等监管人和制造人的名字，以明确责任追究和保证城砖的质量。① 可见，在长城修建过程中，工程共同体集体行动的决策、组织、协调、质量管理体制蕴含了丰富的伦理智慧，同时亦蕴含了制度伦理和责任伦理机制的雏形，并生成为长城工程伦理精神贯穿于该工程修建与加固的全过程中。以秦始皇为代表的工程决策者的强国精神、工程实施者的团结精神、创造精神和献身精神都是长城精神的具体内容，其实质是一种工程伦理精神，这一精神影响和激励着我国一代又一代的工程活动主体。

此外，作为民用建筑工程之一的桥是"把大地聚集为河流周围的风景"（海德格尔），使人们通达两岸，为人类造福。建成于隋朝的赵州桥闻名遐迩。赵州桥不仅是我国古代工程的范例，而且是工程共同体集体行动伦理实践的结晶。第一，赵州桥蕴含工程决策的伦理智慧。首先掌握当地的气候、水文、地貌、地质等自然地理特征，遵循"天人合一"的伦理理念进行可行性决策。只有协调好人—桥—水的伦理关系，才能让人以桥为中介安全过桥，让桥为人服务。为此，需要对桥的承重力、水的浮力等做好精确的估算。在工程选址方面，需注重人和自然的伦理关系的和谐。李春通过对洨河及两岸地质等情况进行周密的实地考察，得知附近地层是由河水冲积而成，并选择在两岸较为平直的地方建桥。事实证明，该工程的选址决策是非常合理的。第二，赵州桥不仅决策合理，而且在其建造过程中，生成了制度层面与执行力层面的制度伦理机制和责任伦理机制等运作机制。在桥型构思上，为了协调好人—桥—水的伦理关系，李春等匠师除了选用圆弧形拱来降坡减重，还在大弧肩上挖了四个小拱，不仅使桥的造型优美，更便于排泄洪水和减轻桥重，使桥台造得轻巧并可直接建立在天然粗砂地基上，由于桥台走动（特别是水平位移）而造成拱圈内部应力的增加不大，从而赵州桥拱圈千年不坠。在选材和运材方面，其造桥石料选择了距赵州桥30—60千米的元氏、赞皇、获鹿等县的质地优良的青灰色砂石。在施工方面，采用优化思想，大胆采用纵向并列砌筑法，每道拱券单独砌筑。在当时没有水泥的条件下，拱石之间全部用白灰或泥浆砌筑，以

---

① 解恒谦，康锦江，徐明. 中国古代管理百例［M］. 沈阳：辽宁人民出版社，1985：91.

保证拱圈的抗压强度。由纵向并列的 28 道拱券组成的承重拱板，除西侧 5 券和东侧 3 券在明清塌落外，有 20 券仍是隋朝遗迹，"奇巧固护，甲于天下"①。为了保证工程质量，让桥能够抵御风吹、日晒、雨淋和水流的冲刷侵蚀，工程的每一个环节都责任到人，形成责任追究制，让参与桥梁建造集体行动的每个个体都能尽职尽责。

铁路是近代工业革命的产物，铁路工程带来传统交通运输业的革命，促进了地域之间的经济、文化交流，它与建筑工程共同体集体行动密不可分。中国境内敷设的第一条运营铁路是由英国商人在上海擅筑的吴淞铁路，它成为中国进入"铁路时代"的标志。在爱国工程师、"中国铁路之父"詹天佑的设计和领导下，首条由中国人自行修建的铁路——京张铁路竣工。从南口往北过居庸关到八达岭，一路都是高山深涧，悬崖峭壁，工程难度巨大，施工条件差、技术设备缺乏。为了勘测地形、规划线路，詹天佑和技术工人们翻山越岭、栉风沐雨，交通工具只有小毛驴，"昼则茧足登山，夜则绘图施工，无一息之安"。詹天佑带领他的团队（工程共同体）在异常险难的情况下完成了这一伟大工程。这一案例深刻地反映了工程师、管理者以及每个普通成员与工程共同体休戚与共的伦理实体感。詹天佑一生曾主持多条铁路的修建，深知铁路施工管理的重要性，他的有关思想蕴含着丰富的工程伦理思想，对于规范铁路工程共同体集体行动具有指导意义。他每次接受建造铁路工程的任务时，都亲自对铁路线路踏勘测量、细致计算，了解铁路沿线的山形、地势、河川、地质，而且调查沿线的经济、城镇、乡村等情况，对工程选址、工程实施方案、经费使用等做出预案和预计，使决策更加科学、合乎伦理性。从筹集经费、成本预算、施工计划，到订购材料设备、组织施工队伍、吸纳科技人才，再到检查验收、后勤保障、事故处理，有工程伦理精神一以贯之，尽管铁路工程共同体集体行动链条十分复杂，但仍井然有序地进行。在指挥调度方面，詹天佑认为，担负工程施工指挥调度重责的各级工程技术人员，必须"筹画须详，临事以慎"，"事必预谋，通盘筹算"②。他对于京张铁路的工程预算

---

① 桥梁史话编写组. 桥梁史话［M］. 上海：上海科学技术出版社，1979：45 - 51.
② 詹天佑. 敬告交通界青年工学家［J］. 交通类编，1918 年 2 月.

做得相当严格、精细，为此后工程预算与成本核算的常规化奠定了基础。在人员管理方面，首先建立和加强岗位责任制度，做到职责明确，彰显了责任伦理维度；第二，施行严格的检查考核制度与奖惩制度，并将二者紧密结合起来；第三，制定了"分定年级，按年递升"的工薪待遇标准；第四，制定职工的福利章程制度，调动了广大职工的积极性。在订购材料设备和组织施工队伍时，他主张采用先进的招标办法。此外，他还建立了全中国统一的制定铁路和交通建设中的各种技术标准，如《国有铁路建筑标准及规则》《国有铁路材料规范书》《国有铁路钢桥规范书》；订立铁路法规，建立铁路行车运营的规章制度，如《行车规则》《调动车辆规则》《立杆号志规则》《响墩号志规则》，这些规章、章程体现了制度伦理思想，后来被收入关赓麟主编的《交通史·路政篇》第九册中①，是对我国近代铁路工程集体行动经验的概括总结，不仅对当代工程共同体集体行动具有重要的借鉴作用，而且也是工程共同体集体行动重要的历史性文本。

（二）水利工程共同体集体行动的伦理实践

水是人类生存和社会发展的基础。我国古代社会是农业社会，亚热带季风气候使水旱灾害发生频繁，影响农业收成，因而历代王朝都十分重视兴建公共水利工程，以促进农业生产和社会经济发展。最高统治者如禹、西汉武帝、东汉明帝都曾带领百姓治理黄河。清康熙帝躬身学习水利学和测量学，为组织治理黄河和永定河，他还六次南巡，亲临治河工地视察。

我国古代水利工程根据功能可分为防洪、灌溉、航运三大类。防洪工程如黄河大堤、江浙海塘；灌溉工程如芍陂、引漳十二渠、都江堰、郑国渠、坎儿井；航运水利工程如邗沟、灵渠、京杭大运河。下面分析其中有代表性的古代水利工程共同体集体行动的特征。

建造都江堰工程的动机在于变水害为水利，造福成都平原，该工程还是集工程决策伦理、工程制度伦理于一体的典范。李冰父子掌握岷江出山口的地形和水文特点，充分利用了岷江江心的沙洲，一方面把沙洲顶部改造成鱼嘴形，便于分水；另一方面在大沙洲尾部与离堆之间构筑堰体，以

---

① 经盛鸿. 詹天佑评传 [M]. 南京：南京大学出版社，2001：373-408.

便将一部分岷江水拦入宝瓶口，实现江水自动分流、自动排沙，体现了系统工程的理念，不仅为川西平原的经济和社会发展做出了杰出贡献，而且也是工程与环境相互协调的典范。所有参与工程设计和施工的人员都忠诚尽责、团结协作，精细严谨地做好工程的每一个环节，正是这种责任伦理保障了工程的成功。都江堰建成后，成都平原变得水旱从人，成为富庶的天府之国。治水"三字经"中的"深淘滩，低作堰"、河工八字诀"遇弯截角，逢正抽心"都是建立在对河流自然规律掌握的基础上，是都江堰水利工程的经验总结，也是该工程建设中遵循的制度要求，也具有一定的伦理内涵。比如，治水"三字经"中的"笼装密，石装健"给出了工程结构与材料的具体要求，以竹、木、石材料作为建筑材料，可以就地取材，建成的工程设施不仅消能防冲性能强，而且具有生态性和良好的景观效果。治水"三字经"中的"岁勤修，预防患。遵旧制，毋善变"则给出了工程修缮的原则。汉灵帝时设置"都水椽"和"都水长"负责维护堰首工程，蜀汉时，诸葛亮设置堰官，此后各朝都以堰首所在地的县令为主管。到宋朝时，制定了实行至今的岁修制度。① 有效的管理和岁修制度使该工程至今依然发挥着重要作用。今天我们再去审视这项工程决策，这的确是一个具有战略性的决策，事实证明这是一个惠民千年的"民生工程"、生态工程。

又如，京杭大运河浩瀚工程的运作亦是集工程决策伦理、工程制度伦理的智慧于一体。大运河工程浩大，始建于隋朝，此后历朝不断修缮。据晚唐文人韩偓《开河记》记载，隋炀帝规定全国 15 岁以上的男子都要服役修建运河，共征发了 360 万人；同时又从五家抽一名非壮年劳动力（老少妇孺皆有），负责民工伙食炊事。此项工程造福千秋万代，做到了社会效益、经济效益、生态效益的共赢，反映了决策眼光的长远性、预见性，对后世的工程建设具有启发意义。确立于隋朝的三省六部制，对我国封建社会的重大工程决策产生了重要影响②，同样也影响着开凿京杭大运河的决策。三省分工的原则是"中书取旨，门下封驳，尚书奉而行之"，重大决策由中书省提出，经门下省审核，再交由皇帝御批，然后由尚书省执

---

① 汪应洛. 工程管理概论［M］. 西安：西安交通大学出版社，2013：30.

② 王卉. 京杭大运河的科技追问与历史启示［N］. 中国科学报，2014－11－28.

行，有将立法、司法、行政三权分立的意味，三省各司其职，又彼此制衡，共同为最高统治者服务。通过国家法规和制度建设，强制性的水量调度，保障运河供水，并形成了工程建设管理系统，如工程建设指挥体系、运河管理指挥体系、漕运运输指挥体系，以保障工程的顺利进行。工程建设由工部负责，工程共同体攻克了许多技术难题，有些成果属于世界首创，比如为了让河道畅通，建设了梯级船闸系统，并创建了南旺分水工程；为了保障汛期通航安全，明清时期建成了滚水坝和减水闸，以确保在汛期进行河道泄水。此项工程的集体行动的特点在于，中央政权对于该工程的实施给予了政治、资金的保证，通过改造自然（地形、地貌），推动了运河沿线经济、社会的发展和繁荣。

三、我国历史上相关典籍中所蕴含的工程共同体集体行动的伦理思想

我国历史上不仅有工程共同体集体行动伦理实践，而且历史上的相关典籍中也蕴含了工程共同体集体行动的伦理思想。早在我国春秋战国时期，就有思想家提出了职业分工理论。管仲把被统治者划分为士农工商四大集团，这就是早期的职业分工思想，"处工必就官府"[1]，以为官府制造所需的各种器械，"工"接近于古代的工程共同体的统称。墨子也重视职业之分，"庶人竭力从事，未得次己而为政"[2]，并认为每个人都做好分内之事，方能够"兴天下之义"。荀子认为人事有"农夫众庶之事""将率之事"和"圣君贤相之事"三个层面，"工匠之子，莫不继事"。齐国《考工记》将国民的职业划分为王公、士大夫、百工、商旅、农夫和妇功六类，百工"审曲面势，以饬五材，以辨民器"，接近于古代的工程共同体的统称，该书将百工划分为"攻木""攻金""攻皮""设色""刮摩""抟埴"六大技术门类，又细分为30个专业。"能筑者筑，能实壤者实壤，

---

① 黎翔凤. 管子校注（上）[M]. 梁运华, 整理. 北京：中华书局, 2004：400.
② 吴毓江. 墨子校注（上）[M]. 2版. 孙启治, 点校. 北京：中华书局, 2006：288.

能欣者欣，然后墙成也。"① 这句话记述了古代朴素的工程共同体集体行动，墨子将筑墙的工程过程分为"筑"、"实壤"和"欣"三个工序，按照"各从事其所能"的原则，将工程所有参加人员组织在工程过程中。

《天工开物》是世界上第一部关于农业和手工业生产的综合性著作。以"天工开物"来命名书名，将"天工"和"开物"结合在一起，意味着通过技术的桥梁将自然力和人力、自然界的自发行为和人类的自觉行为相结合和协调，使二者相得益彰。该书不仅对各生产过程做出了详细叙述，而且在物料、能源和设备方面也给出了具体技术数据和工艺操作图，是对古代工程共同体集体行动伦理经验的总结。《五金》《冶铸》《锤锻》论金属及合金的冶炼与加工，属于重工业，《五金》记载了各种金属的开采、洗选、冶炼、分离和加工技术，首次记载了锌的冶炼方法、黄铜的炼制方法。《陶埏》《燔石》属于原材料工业，《燔石》记述了烧制石灰、采煤、制造矾石、硫黄和砒石的技术，以及煤的分类、采掘、井下安全措施。《佳兵》《舟车》属于交通运输与兵工业。

除了在专业性较强的典籍比如上文提到的《考工记》《天工开物》和下面将提到的《营造法式》《工部工程做法则例》中对古代工程共同体集体行动有记载以外，在我国历朝史书、文学作品中对此也都有所涉及。这些文献记载了古代工程共同体内部的分工，工程技术活动的程序、组织和管理方式，产品制作方法等，既是对古代工程共同体集体行动经验的总结，也是我们后人了解历史上工程共同体集体行动伦理思想的有益文化资源。

工程共同体集体行动多工种分工合作的态势在我国古代封建社会业已形成。春秋战国时期，战争频繁、政局动荡，战车的需求量很大，制车技艺代表着一国的机械制造水平。据《考工记》记载，当时的车辆制作者除了"车人"，还有专门造轮的轮人、专门制造车厢的舆人、专门制造车辕的辀人等，他们各自负责制造、加工车的不同部件，再加上皮革（制马具）、上色、绘画（车饰）等程序，经许多工种、工匠的共同努力，才能

---

① 吴毓江. 墨子校注（下）［M］. 2 版. 孙启治，点校. 北京：中华书局，2006：641.

完成，即"一器而聚者车为多"①，"今之为车者，数官而后成"②。在《营造法式》中，列出了壕寨、石作、大木作、小木作、雕作、旋作、锯作、竹作、瓦作、泥作、彩画作、砖作、窑作 13 种工种。"作"就是工种的意思。根据《营造法式》石作制度的规定，石材加工须经过打剥、粗搏、细漉、褊棱、斫砟、磨砻、雕镌等步骤，工匠们集体行动时必须按照工序和制作规范进行，方能制成合格的产品。建筑工程建造的一般流程是：先由木匠搭好建筑结构框架，然后石匠按棒杆尺寸铺筑基础，再由泥匠砌筑墙体，该流程也是不同工种分工合作的体现。明代，水利工程共同体内部已形成较细致的专业分工，在对京杭大运河的泇河实施改线规划时，主管官吏傅希挚曾"遣锥手、步弓、水平、画匠人等，于三难去处逐一踏勘"③。

有关工程管理的法律制度。唐代的《水部式》为我国现存最早的全国性的水利法规，其有关规定保证了古代水利工程共同体集体行动的有序开展，有利于协调各个用水部门的利益关系，如常遇到的灌溉用水和航运以及水碓、水磨的用水矛盾的协调，放木用水与灌溉用水矛盾的协调，以实现对水资源的有效利用。就建筑工程管理而言，唐代以前的历史文献中，相关史料较少。至唐代，国家制定的律令中已有关于工程立项、工程监管、物财、匠役管理方面的条款，严格禁止非法兴造、擅役匠夫、贪污浪费。自北宋以来，有关工程管理的文献内容显著增加，从中可以了解到历代政府对官方建筑工程的各个方面都开始实施严格的管理。例如，《大明律》规定："凡军民官司有所兴造，应报告上级批准，不经批准而非法营造者，各计所役人数计工钱坐赃论。营造计料、申请财物及人工不实者，笞五十；若已损财物，或已费人工，各并计所损财物价及所费雇工钱，重者，坐赃论。"④工程经费的申报程序和额度，《大清会典》《大清律例》中规定："凡京师营造工程。物价以银计，工直以钱计。遇有大兴作，奏支户部库帑。其余银逾二百两、钱逾五十缗者，奏请交部会核兴工，事竣报

---

① 闻人军. 考工记译注 [M]. 上海：上海古籍出版社，2008：11.

② 许维遹. 吕氏春秋集释（下）[M]. 梁运华，整理. 北京：中华书局，2009：440.

③ 周魁一. 中国科学技术史（水利卷）[M]. 北京：科学出版社，2002：441.

④ 《大明律》卷二十九，《工律一》。

销。直省营建工程。由督抚疏请，部覆兴举，动存公帑项，按数支给。如有巨工，需费浩繁，经时告竣，照原估之数，陆续给发，工竣题销。"① 清代规定在京工程工价银超过五十两、料价超过两百两者，需上奏请准，工、料超过千两者要派大臣督修；工程的完工期限与工料银数量相对应：经费在两百两以内者，限一个月内完工；五百两以内限两个月完工、二千两以内限三个月完工，等等；又规定"管工官不料估，原估官不承修"，以防止工程预算审核中冒估贪费之弊端。另外，又规定工程预算中应根据各地情况切实定价，待工程完工之后，中央另派官员与各省监抚同时根据时价进行核算，确保无误，方可上报工部核销等，是管理方式中注重实际的科学一面。施行管理的依据，除国家律令中的相关条款、主管部门法规和措施外，还有大量是以皇帝颁布谕旨和复准，由上而下直接贯彻到工程管理之中的。② 如《大清会典则例》详细记载了清代康熙、雍正、乾隆各朝所颁布下达的有关建筑工程管理的谕旨和复准，事务不分巨细，且涉及工程管理的各个方面。而宋朝行滥盛行，主要原因是当时实行的法制具有明显的滞后性，已无法适应高度发展的商品经济，以及具体执法官吏对市场管制的不力。③

采取等级制的管理方式。早在商朝就出现了管理工奴的工官。《周礼》记载了有关建筑工程的官职，如封人（主管建造城邑）、遂人（主管井田水渠和道路建设）、遗人（主管规划道路、市场、旅社）、量人（主管都城和城邑规划和军营建设）、司险（主管道路工程）、冢人（主管陵墓工程）等。《考工记》中记载，各专业都由工官负责管理，工官又有"人"、"氏"和"师"的等级之分，他们承担着管理和道德教化的职能。"论百工，审时事，辨功苦，尚完利，便备用，使雕琢、文采不敢专造于家，工师之事也。"④秦以后，建筑工程管理的机构更加完备。"国家司空有总职，

① 《钦定大清会典》卷七十二《工部·营缮清吏司·报销》。
② 傅熹年. 中国古代建筑工程管理和建筑等级制度研究 [M]. 北京：中国建筑工业出版社，2012：165.
③ 黄文杰. 中国古代质量管理体制的演变 [J]. 宏观质量研究，2013 (3)：43-49.
④ 王森. 荀子白话今译 [M]. 北京：中国书店，1992：88.

水利有专官，省以督之府，府以督之县，而县之陂塘圩堰又莫不有长。重役宪臣之稽查。"①这句话归纳了水利工程管理的两大体系：行政和监察。此外，形成了水利管理官吏奖惩的条例，比如《唐六典》对"岁终录其功以为考课"的规定、《清代河工处罚条例》的有关规定。

古代工程共同体集体行动的操作规范和标准及其相关的伦理机制初步形成。"百工从事，皆有法所度。"② 从春秋时期的《考工记》，到北宋的《营造法式》，再到清朝雍正年间的《工部工程做法则例》，建筑的制度化、规格化不断得到完善。李诚编写的《营造法式》对历代工匠传留的经验以及当时的建筑工程成就做了全面总结。李诚采用的"制度—定额—比类增减"三步式编写体例，也是编制预算时的操作步骤。第一，明确规格；第二，制定单个部件的工料定额；第三，比类增减。这三个步骤是环环相扣、前后连贯的整体，都围绕着一个目的——关防工料、节约开支、保证质量。具体来说，第1、2卷对文中所出现的各种建筑物及构件的名称、条例、术语进行规范的诠释，以便于后文统一用法，第3—15卷分别阐述壕寨制度、石作制度、大木作制度、小木作制度、砖作制度、窑作制度等建筑样式制度，第16—28卷规定各工种在各种制度下的构件劳动定额和计算方法、各工种的用料的定额和所应达到的质量，第29—34卷给出各工种、做法的图样。通过严格的技术规定、制作规范、检验标准等来保障古代建筑工程共同体集体行动的有序运行和产品质量。明朝末年诞生了园林艺术创作的著作《园治》，对造园经验作出了总结，比如"巧于因借，精在体宜"揭示了我国传统的造园原则。法家对于法的重视，促进了工程技术规范的形成。如《管子·七法》中所说的正是工程技术规范，"尺寸也、绳墨也、规矩也、衡石也、斗斛也、角量也，谓之法"③。在施工修筑堤防和渠道时，"必一日先深之以为式，里为式，然后可以傅众力"（《考工记·匠人》），即必须先以匠人一天的进度作为参照标准，又以完成一里工程所需的人工来估算整个工程量，然后调配人力，实施工程计划。对于施工定

---

① 周魁一. 中国科学技术史（水利卷）［M］. 北京：科学出版社，2002：423.
② 吴毓江. 墨子校注（上）［M］. 2版. 孙启治，点校. 北京：中华书局，2006：29.
③ 腾新才. 管子白话今译［M］. 荣挺进，译注. 北京：中国书店，1994：50.

额、土方定额、料物价格、验收、保管等也有专门规定,《九章算术》中,对土墙、城墙、挖土、挖沟、开渠等工程的挖土、壤土、坚筑土的比例是这样规定的——"穿地(平地挖土的体积)四,为壤(挖出的土料体积)五,为坚(夯筑的土体)三"①。

在工程质量管理方面,《考工记》提出"审曲面势,以饬五材,以辨民器"②,就是说先对手工业品作类型与规格的设计,然后确定所用原材料的成分比例,通过检查,认为质量合格的才能使用。对成品的验收方式,一般先是生产者自查,再由官方派专员进行验收。吕不韦也提出过要把好器物质量关,他规定"工师效功……按度程"③ 进行抽查,并"必功致为上",物勒工名的规定也源于此。在工程产品上刻上主管官员和生产者的姓名,这样层层负责,既是作为表扬的方式,同时也使生产者和监督者承担长期的质量责任,一旦出现质量问题可以迅速找到相关的责任人。在我国,流芳百世、遗臭万年的思想深入人心,在产品上勒刻自己的名字让责任人不得不对产品质量高度重视,不仅"物勒工名,以考其诚。工有不当,必行其罪,以究其情"④,而且也有利于制度伦理责任向工匠职业信誉的转化。⑤ 因此,物勒工名是我国古代质量管理的一种好方法,是一种能加强工匠以及各级官员对产品的质量管理责任的制度,其实质是工程技术伦理的制度化。物勒工名的工程技术责任制,在长城城砖制造上得到了充分体现,即在城砖上刻有管工、窑匠、泥瓦匠等监管人和制造人的名字,以保证城砖的质量。工程质量管理主要通过规定建筑物使用年限以及明确不同等级监管责任实现。⑥ 普通建筑物的质保年限一般为 3 年,重要建筑物为 7 年甚至更长。承担工程监管的官员必须承担监管责任。工程的监管是依照工程的等级性质,委派相应等级的官员。官员有借督工而升迁的机

---

① 钱宝琮. 算经十书 [M]. 北京:中华书局,1963:159.

② 闻人军. 考工记译注 [M]. 上海:上海古籍出版社,2008:1.

③ 许维遹. 吕氏春秋集释(上)[M]. 梁运华,整理. 北京:中华书局,2009:218.

④ 许维遹. 吕氏春秋集释(上)[M]. 梁运华,整理. 北京:中华书局,2009:218.

⑤ 王前. 中国科技伦理史纲 [M]. 北京:人民出版社,2006:65.

⑥ 傅熹年. 中国古代建筑工程管理和建筑等级制度研究 [M]. 北京:中国建筑工业出版社,2012:166.

会，但若在工程合理使用期限内出现倾毁倒塌等质量问题，监管官员除被责令罚俸、赔偿、重修之外，还必须承担法律责任，接受法律制裁。

通过对我国历史上工程共同体集体行动的伦理实践探索和文本考察，可知在工程共同体内部存在着多重伦理关系，包括工程设计者和施工者之间的关系、管理者与施工者之间的关系、工程设计者与设计者之间的关系、施工者与施工者之间的关系、管理者与管理者之间的关系、工程活动个体与工程共同体之间的关系等。我国古代的大型工程活动基本由封建制国家主持，为了满足当时国家利益和国家的基本需要，国家通过有力的制度和政策保障工程共同体集体行动的展开，投资者和管理者是合一的，工程的具体管理者常常是官吏。管理者"一言九鼎"，设计者、施工者都必须服从于管理者，不同角色的职责较为明确，不容许出现"不同的声音"。工匠们都不同程度地丧失人身自由，社会地位低下，不仅工匠与管理者的伦理关系紧张，工匠与自身的伦理关系也相疏离，许多人是被强征到工地和工程队伍之中的，但在自由、平等、人权等现代意识还未觉醒的情况下，劳动人民只能逆来顺受，上述伦理关系的紧张对古代工程活动的实施和完成不会产生重大影响。这与呼吁平等、张扬个性的当代社会工程共同体的内部利益和价值取向的多元化形成了鲜明的对比，后者反而会造成集体行动的伦理困境。小型工程由有经验的工匠来负责，这样管理者和施工者属于同一个阶层，在工程实施过程中工程共同体内部的伦理关系相对缓和。

上述的工程范例以恰当的工程管理理念为指导，合理的伦理决策、组织安排和与之相关的制度与伦理规范的约束，使这些工程共同体集体行动的价值目标趋同；由于工程共同体成员的空间距离较小，管理者、施工者基本都同时在场，工程共同体有较强的合力，共同面对困难，创造出一项项优秀的工程产品，有的至今还在发挥着作用。统筹兼顾的决策、整体优化的设计、明确责任制度伦理机制等都被应用于这些工程中，促进工期、质量、成本、安全四大目标的实现，达到工程预期目标与实际后果相一致、决策与组织合理、伦理责任明确，彰显了工程伦理精神。

第二节　西方历史上工程共同体集体行动的伦理审思

考察我国工程共同体集体行动伦理的历史演进需要考察其生成的文化背景和相关典籍中蕴含的工程共同体集体行动伦理思想，同样，考察西方工程共同体集体行动伦理的历史演进亦需要考察其生成的文化背景和相关文献与历史文化中蕴含的工程共同体集体行动伦理思想。由于其古代工程共同体集体行动时空维度相对狭小，因而其产生的伦理效应较弱。但是，近代以来，工程共同体集体行动产生的伦理效应日渐显著，其影响的时空范围日渐扩大，与此同时，其集体行动的伦理难题也日渐突出。

一、西方历史上工程共同体集体行动的文化背景

古希腊是西方文明的发源地，其城邦制为工商业发展提供了较为宽松的社会环境，因而，其工程技术活动得到了较自由的发展。就地理环境而言，古希腊三面环海，海岸线曲折，境内多山和岛屿，经常面临"不测风云"，气候较恶劣，人只有战胜自然才能生存下去。这样的地理条件不适合农耕，农作物产量不高，当遇到连续的灾害时，粮食的供应还得不到保障。那里的人们很早就开始了航海和海上贸易，在这过程中探索自然的奥秘，因此工商业较发达。在和自然的博弈中，古希腊人形成了勇敢、积极进取、务实、善于思索、追求自由的精神和民族性格。在从原始社会步入文明社会的过程中，古希腊人挣脱了血缘纽带，而是以地域划分公民，建立起城邦，强调个体间的平等交往，孕育了个体本位文化。

古希腊文明的产生和发展，很大程度上受地中海贸易的影响。古罗马和欧洲中世纪的商贸活动也很繁荣。13 世纪以后，土地、信贷、劳动力逐渐进入市场，零工市场已经出现。到了 16 世纪，欧洲的商业贸易相当发达，类似交易会、商行、公司等现代商业组织已经出现。

古希腊思想家也有鄙视手工技艺的①，比如他们认为从事手工技艺的匠人的"灵魂已因从事下贱的技艺和职业而变得残废和畸形，正像他们的身体受到他们的技艺和职业损坏一样"②。他们认为从事手工技艺的人终日忙碌、劳动艰辛，给人的身心都造成伤害，并且在分工关系中处于被管理和被驱使的地位，没有闲暇时间完善德性，而且贪图钱财，从而是低下、卑陋的。但与古代中国相比，西方工匠的社会地位要高些。随着经济的发展，贵族和知识精英已经能够理性地看待手工技艺，比如"梭伦鼓励工业，以雅典公民权来吸引外邦的工匠在阿提卡落户，他还颁布命令，每一位父亲都需要教他的儿子一门手艺"③。由于古希腊人挣脱了家族血缘纽带，个人的地位凸显，随着商品经济的发展，要求进行平等交易和保护财产私有权，并制定法律来规范市场经济、保护私有财产，如古希腊有《格尔蒂法典》、古罗马颁布了《十二表法》。古希腊城邦（除了斯巴达）不限制人们从事工商业，为了保护本国人从事工商业，梭伦曾立法禁止外国人进入雅典市场，后来进入雅典做生意的外国人要交纳"特殊市场税"。可见，古希腊城邦、古罗马帝国前期都为工商业发展提供了较为宽松的环境，并给予了有关政策的支持，也逐步建立和完善了有关的民商法制度，这些因素都促进着工商业走向繁荣。梭伦改革动摇了贵族的特权，赋予了全体公民参与立法的权利。公元6世纪东罗马帝国查士丁尼大帝主持编纂了《民法大全》，它是古罗马几个世纪法律成果的总结，涉及调整商品经济关系的详细规则，对西方文明产生了深远的影响。资产阶级革命时期的法律体系，贯彻了人人生来具有平等、自由、生存、健康和保有财产权利的自然法理论，这些法律也是西方近代工程技术活动的有力制度保障。西方国家在建立相应法律和制度的同时，也大力提倡手工业者的道德，包括

---

① 王前. 中西文化比较概论 [M]. 北京：中国人民大学出版社，2005：235.
② [古希腊] 柏拉图. 理想国 [M]. 郭斌和，张竹明，译. 北京：商务印书馆，1986：246.
③ [英] H. D. F. 基托. 希腊人 [M]. 徐卫翔，黄韬，译. 上海：上海人民出版社，1998：122.

对产品质量可信赖的承诺。基督教的忏悔意识有利于加强道德自律①，对于避免工程欺诈行为、承担责任等有着积极意义。清教教义认为职业是上帝为每个人安排的天职，人必须各事其业，为神圣荣耀、为完成上帝赋予的世俗责任而辛勤工作，为社会创造财富。宗教"人世苦行"为世俗职业的发展提供了文化背景，对伦理的重视成为职业的一种内在要求。新教伦理强调对职业的强烈责任感、勤劳、守信、节俭、对集体的忠诚，为工业化时期的工程伦理道德规范奠定了基础。

各民族最先形成且延续多年的技术基本都是悟性技术，即主要靠直观体验和悟性来把握的技艺。处于手工业时期的国外古代工程发展速度相对缓慢，尽管有着自然哲学和逻辑思维的传统，西方在古代和中世纪也有许多悟性技术。虽然西方国家在工业革命之前的悟性技术不算先进，但所受的约束较少，因而理性技术的产生和阻力不大，成长较快。两次工业革命使世界历史迈入了"机器时代"，社会生产力得到显著提高，近代科学建立起来，摆脱了哲学思辨和直观体验，科学与技术逐步走向密切结合。在理性思维和逻辑分析的不断作用下，技艺被不断知识化、规范化、理论化，逐渐实现由 technique 向 technology 的转化②，这对加速西方走向现代化具有十分积极的意义。近现代工程在科学的指导和技术的引领下取得了飞速发展，与古代手工工程不可同日而语。

二、西方历史上工程共同体集体行动的伦理实践

欧洲旧石器时代晚期出现了两种人造居所——帐篷形的和地下式的居所，枝条、木材、草是主要的建筑材料。公元前 1848 年英格兰南部索尔兹伯以北的巨石阵，据斯通（E. H. Stone）推测，在竖起巨石立柱的过程中，使用了一对双脚支架，且估计需要 180 个人的力量才能竖起 26 吨重的柱

---

① 王前．"道""技"之间：中国文化背景的技术哲学［M］．北京：人民出版社，2009：311．

② 王前．中西文化比较概论［M］．北京：中国人民大学出版社，2005：11．

子①，证明了原始居民们当时已经具备了从事大规模集体劳动和工程建设的能力。

　　进入文明社会之后，工程共同体集体行动进一步发展。闻名遐迩的金字塔是古埃及奴隶制国王的陵寝，金字塔塔身的石块是层层堆叠而成，每块石头都磨得很平，石块之间丝隙皆无，在当时没有水泥一类黏着物的情况下稳固地伫立，其工程的浩大、技术的精湛令人惊叹。据有关文字记载，在建造金字塔之前，法老花了许多精力在工程设计上。考虑到其可靠性和耐久性，用球窝建设金字塔的基石，以抵抗热膨胀和地震。在古埃及，法律规定要使用"皇室腕尺"来测量用于建造金字塔的大理石的长度。腕尺是执政法老前臂的长度，即从他的曲肘到中指尖的长度，可以被视为最早的标准化生产操作的单位之一。腕尺测量既是用于施工的手段，也是检验产品的制度。皇家建筑师和金字塔的施工现场工长负责制作木制肘棒的单位长度，并保管好和传递给工人。在每个月的月圆之日到来时，这些标准肘棒被强制性地带到皇家腕尺的管理人员那里和"计量基准"进行比较，未将这些肘棒带去检查的人们会在每个满月的那天被判处死刑。②这样严格的惩罚制度虽然非常残酷，但却保证了工程的精确性。古埃及所有的纪念性建筑物，都是不同的任务同时进行，许多不同阶段的工程同时实施和建设，提高了效率。③据考证，最负盛名的胡夫金字塔，共动用了10万人历时20年建成。这些工人的食宿、建材的运输安排，都需要做好计划、组织和协调，这相当于管理一个10万人口的城市20多年的工作量。据古希腊历史学家希罗多德记述，奴隶们用畜力与滚木将石头运到施工工地，之后再将天然沙土堆成斜面，将运来的巨石沿着斜面拉到金字塔上面，如此堆一层坡，砌一层石，最终完成了建造。按照管理者和工匠的人

①　[英] 查尔斯·辛格，等. 技术史（第I卷）[M]. 王前，孙希忠，等，译. 上海：上海科技教育出版社，2004：332.

②　http：//www. processexcellencenetwork. com/lean－six－sigma－business－transformation/articles/the－great－pyramid－and－the－quality－secrets－of－phara/ [EB/OL].

③　ELLIOT M A，THOMAS W B. Architectural Energetics, Ancient Monuments, and Operations Management [J]. Journal of Archaeological Method and Theory, 1999, 6（4）：263－291.

数比1:10来安排和配置工程人员，明确各人的职责，以及和下一工序人员的任务衔接，才能使工程有序进行。建造金字塔的工程共同体集体行动蕴含着早期工程决策伦理、工程制度伦理和工程责任伦理的智慧，并以金字塔精神支撑着这项规模宏大的集体行动。

古罗马城的供排水系统、道路系统闻名于世，也都是古代工程共同体集体行动所创造的典范工程。下水道修建是由政府依法委派官员负责，建成之后的维护工作也是政府组织。修建下水道有法律制度的规定，"禁止使用强制力来阻止在国有土地上修建下水道"，"但建立新的下水道要由掌管公共街道的那些人授权"①。马克希玛大下水道和它的分支下水道十分坚固，"有时台伯河的洪水回流到下水道并沿着下水道的路径向上逆流，狂暴的洪水在下水道里冲撞，即便如此，坚固的构造抵御了压力"。可以判断，这样优质的工程离不开工程共同体全体成员的高度重视，不仅有有力的法律制度保障和严格的工程管理，而且伦理责任明确，承担这项工程的人非常艰辛和劳累，以至于许多人"试图以自杀来摆脱疲惫不堪"。

欧洲中世纪教堂建筑兴盛，体现了人们对上帝的信仰，也依赖于有力的工程制度伦理和工程责任伦理。就工程经费来源而言，中世纪的教堂由大主教出资建设，他们积极从教徒那里筹集资金，还有通过对神职人员的越轨行为（如迟到）进行罚款，安排文物巡回展出以筹集资金。②工程共同体中汇集了多工种的工匠，既有义务劳动的教徒，也有有偿劳动的工匠。处于最低端的劳动者做基本的工作，如搬运建材、挖地基、铲土等。水平较高的专业工人在建筑工地完成采石、泥水工、石材切割、石匠等工作。每个工种的负责人组织自己特定工种的工作小组，比如铁匠头目雇用他信任的一群铁匠来做本行的工作。在石块切割方面，师傅会向主采石提供所需形状的样板，建造一旦开始，每块石头都被做上标记以标识去向。随着时间的推移，制造者的工艺成为一个荣誉的标记。针对新招募的工匠或短期工，通常实行计件工资制。在不具备现代工程学知识的情况下，对

① ROBINSON O F. Ancient Rome：City Planning and Administration ［M］. London and New York：Routledge, Inc, 1992：118 - 119.

② https：//www.durhamworldheritagesite.com/architecture/cathedral/construction［EB/OL］.

于工程的每一个细节，设计师们都反复研究，制作出许多图纸，有的建筑师还亲自搭建模型和参与建造。这些工程规模浩大，工程共同体集体行动也面临着各种艰难和挑战，是制度伦理、责任伦理和坚定的精神信念保障着工程的完成。

美国是铁路大国，工程制度伦理和工程责任伦理机制在美国近代铁路工程共同体集体行动中有着鲜明的体现。由于铁路路线分布的距离很长，修建铁路的工作十分分散，铁轨和火车的投资大，列车时刻表要求计划和协调，为了指导基层人员的行为，必须制定长期性的规章和政策。曾担任美国伊利铁路公司总监的麦卡勒姆制定了铁路规章制度，提出了铁路管理的授权原则、责任制、报告控制系统思想，他对铁路公司的各项经营活动进行了分类、按部门进行管理，对各个岗位的职责都有明确的规定，所有的下级都对其直接领导负责并接受他们的指导，最高管理权集中在董事会和董事长手中。麦卡勒姆较早地倡导信息管理，他设计出一种可反复核对的控制系统，能发现员工工作中的不诚实现象。① 1886 年，美国统一了铁路的轨距，逐渐实现了运输生产的标准化。这些举措使铁路工程共同体集体行动有章可循，成员们工作职责分明，加上有效的监督机制，其集体行动的质量有所保证，效率也得到了提高。

法国在近现代城市规划方面的经验也很值得借鉴。城市规划行为的目的在于推进城市更好的建设和发展，让城市居民生活得更加舒适、便利。法国城市规划具有很强的超前性，严格按照先地下后地上、先规划后建设的要求来推进城市建设，很少出现道路被开膛破肚的情况，合理利用地下、空中的空间。编制城市规划严格按照法定程序进行，规划一旦通过就不能随意更改，对城市规划的修订也遵循严谨的程序。②

上述工程范例是人类工程史上的一座座丰碑，在建造这些工程的过程中，均投入了大量的人力、物力、财力，也展现了工程共同体集体行动的伦理智慧。即使是现代人，面对如此巨型工程的成就，也不由得为当时工

① 汪建丰．试论早期铁路与美国企业的管理革命 ［J］．世界历史，2005（3）：117 - 123．
② 王丽薇．法国城市建设管理经验与启示 ［J］．人民论坛，2015（5）：251 - 253．

程共同体集体行动的管理与组织而惊叹，更为各国劳动人民的精神力量和坚韧意志所折服。

三、西方历史文化中蕴含的工程共同体集体行动的伦理思想

国外最古老的描述职业管理的术语之一是"维齐尔"（Vizier），早在公元前 1750 年的古埃及就有记录记载了该职位的存在。① 维齐尔集领导者、组织者、协调者、决策者于一身，在维齐尔之下建立了一种精巧的官僚制度，通过预测、规划、给不同的人和部门分配工作，以及确定一位"专业的"全职管理者来协调和控制国家事务。考古发现，在埃及法老的陪葬墓中，奴仆的雕像特别令人感兴趣，"每一个监督者大约管理 10 名奴仆"②。古巴比伦的《汉谟拉比法典》对各个职业人员的责、权、利都作出了明确的规定，初步形成了责任追究制度，比如在建筑工程方面，法典规定，如果一个建筑者"他建造的房子倒塌了，并造成房子主人的死亡，那么，那个建筑者应当被处死"。针对水利工程，法典也有专门条款对堤防失修、冲毁土地的责任者给出赔偿损失的具体规定。

西方古代分工协作理论的代表人物是色诺芬和柏拉图。在色诺芬所生活的时代，社会分工已有较大的发展，"在大城市中，一个人只要从事一种手工业，就可以维持生活了，有时甚至还不用做一种手工业的全部。只做一种最简单工作的人，当然会把工作做得很好"③。柏拉图则阐述了国家范围内的分工协作管理思想，他认为，根据正义原则，健全的国家由自由民、武士、治国贤哲三个阶层组成，自由民包括农民、手工业者、商人，古代的工程共同体也包括在其中。古希腊城市规划家希波达姆将国家分成工匠、农民和参加战斗的军人。

正如詹姆斯·穆尼人（James Mooney）所说："罗马人伟大的真正秘密

---

① ［美］丹尼尔·A. 雷恩，等. 西方管理思想史［M］. 6 版. 孙健敏，黄小勇，等译. 北京：中国人民大学出版社，2013：19.

② PETRIE F. Social Life in Ancient Egypt［M］. London：Constable，1923：21－22.

③ ［古希腊］色诺芬. 经济论雅典的收入［M］. 张伯健，陆大年，译. 北京：商务印书馆，1961：44.

在于他们的组织天才。"古罗马人利用等级原理、授权办法，把古罗马建设成为一个组织效率极高的帝国。《罗马法》的颁布，标志着人们较早意识到用规则、制度、法律去调整人与人、人与物、人与社会的关系的根本性，保障了早期工程活动的合法性。古罗马的第一部规划法（*Lex Julia Municipalis*）规定了城市统一的建筑高度，街道的宽度、铺石路面、清洁、维护、边界调整等内容。

基督教精神反对强权和剥削压迫，主张人人平等。宗教不仅有自己的思想纲领、严密的组织体系和财产管理制度，而且与当时各国的社会管理制度、财产管理制度相协调，在工程建设中也发挥了重要作用。中世纪行会突出了对产品质量的要求。君主在特定行业（如铁匠）建立行会（同业协会）以制定质量标准。由别的行会里的大师检验本行会成员所生产的产品，以保证产品质量。直到工匠已经创造了一个优质的杰作，他才算正式掌握了这一行技艺。行会制度一直持续到19世纪晚期，伴随着工业革命的到来而解体。

中世纪晚期，欧洲的封建主义走向衰落，资本主义开始兴起，随着商贸业的发展，工场手工业大量涌现。水城威尼斯为保护它日益增长的海上贸易，于1436年建立了政府的造船厂（兵工厂），以改变依靠私人造船的状况，到16世纪，威尼斯兵工厂成为当时最大的工厂，占地60英亩，雇佣工人达千人，积累了许多管理经验，该兵工厂的组织机构和领导体制、装配线生产、人事管理等都促进了生产效率的提高，使工程共同体集体行动达到了预期的目标。马基雅维利、莫尔等政治家的管理思想对工程共同体集体行动也同样适用，比如管理者要努力赢得群众的认可，并努力使组织形成良好的内聚力，做好生产的布局和组织，统一调动劳动力。

古代从事传统手工业生产的劳动者是工匠，工匠是一种独立的社会职业，承担着劳动生产、技术发明、技术改进、推广应用的职责，是古代工程的中坚力量。在手工业时代，工匠的工程技术活动一般都是家庭继承、师徒相传或由行会生产，分工和协作简单，产品也较简单。行会还监督工作质量，控制所从事的工作类型。例如，手工业行会的规则禁止鞋匠制造皮革，因为这是制革匠的工作；禁止织匠染布，因为这是染匠的工作。工场手工业时代向工厂制时代的转变，主要是生产方式的变革、生产规模的扩大和市场范围的延伸，工厂制最本质的原则是"机械科学对手工技能……以及对工匠之间的劳动等级"的替代。① 正如恩格斯所说，"分工、动力，特别是蒸汽力的利用、机器的应用，这就是从 18 世纪中叶起，工业用来震撼旧世界基础的三个伟大杠杆"。英国工业革命的过程，基本包括三个方面：纺织机等机器的出现反映了生产工具的革命，蒸汽机的出现代表了动力上的革命，工厂制度是生产组织方面的革命。当时的新兴资本家、经济学家的管理思想对于工程共同体集体行动的组织管理具有重要意义。首开工业化大批量制陶工业先河的乔塞亚·韦奇伍德注重对劳动过程和生产过程的严密组织，为提高工人劳动时间观念和出勤率，他用钟声指挥工人的起居和工作，采用名片法对工人的工作进行考勤，颁布了"陶工指南"和"规章制度"，违反者要给予处罚。亚当·斯密确立了分工在经济学中的地位，他在《国富论》中写道，"有了分工，同数劳动者就能完成比过去多得多的工作量"，并做出了具体的阐释。萨伊提出共同劳动的思想，接近于工程共同体集体行动，将生产的产品看作是科学家、企业主和工人共同劳动的结果。卡尔·马克思从工场和社会视角考察了分工协作与生产力水平的正相关关系。

20 世纪初，工业革命引发了大工业时代的到来，西方国家普遍进入大规模生产和消费的时代，市场竞争日趋激烈。国家和企业要想在市场竞争中取胜，必须降低生产成本、提高生产效率。机械工业出身的管理专家泰罗首创科学管理思想，通过定量实验创立了定额管理、工具标准化和操作规范化的理论和方法，将人的思维提升为现代的社会化大生产的思维方式。法约尔在《工业管理与一般管理》一书中对改进工业管理做了详细的论述，他把企业的全部活动划分为六种：技术活动（生产、制造、加工），商业活动（采购、销售、交易），金融活动（筹集和管理资本），安全活动（员工和财产保护），财务活动（财产清单、资产负债表、成本、统计等），

---

① URE A. The Philosophy of Manufactures：Or an Exposition of the Scientific，Moral and Commercial Economy of Factory System of Great Britain［M］. London：Charles Knight，1835：20.

管理活动（计划、组织、指挥、协调和控制），认为职能和等级系列的发展进程是以一个工头管理 15 名工人和以上各级均为 4∶1 的比例为基础的。法约尔认为，工程管理需要有明确的分责分权制度，只有职责分工清晰，权力分配明确，等级安排合理，组织结构有序，工程及其管理才有效率。[①]此后，梅奥、马斯洛、巴纳德、德鲁克、麦格雷戈、西蒙、戴尔等学者都从不同角度对企业管理做出了理论贡献，这些理论对其后的工程共同体集体行动实践提供了有益的指导和启迪。但是，资本家和工人之间的关系并不和谐，其根本在于资本主义社会制度。

国外工程共同体集体行动的代表性著作。《建筑十书》（作者：维特鲁威）论及建筑工程、城市规划、市政建设等方面，提出建筑所应具备的六个要素特征和三个基本原则，可视为西方对建筑工程共同体集体行动的最早探索。《建筑论：阿尔伯蒂建筑十书》（作者：阿尔伯蒂）、《建筑四书》（作者：安德烈亚·帕拉迪奥）等著作都是西方古代建筑师对建筑工程共同体集体行动的理论总结。《火术》（作者：意大利的比利古乔，出版于 1540 年）是西方最早关于冶金术的综合性手册，《论金属》（又译《论冶金》《矿冶全书》，作者：阿格里科拉，即鲍尔，1556 年）一书对采矿技术、矿石冶炼方法等做了详细阐述，《矿石的消息》（作者：劳尼斯，1617 年）对采矿组织、雇佣员工等方面做了很有价值的讨论，这些著作总结了欧洲冶金工程共同体集体行动的伦理经验。一些研究技术史的著作也论及历史上的工程共同体集体行动，如《技术史》（*A History of Technology*，查尔斯·辛格等主编），是迄今世界上最全面的技术通史著作，它涵盖自远古至 20 世纪中叶西方技术的历程；《十六、十七世纪科学、技术和哲学史》（作者：亚·沃尔夫）、《十八世纪科学技术和哲学史》（作者：亚·沃尔夫）则是某个具体时期的技术史记述的代表。

与中国的情况相类似，国外古代工程共同体集体行动的难题尚未显现。早期工程规模小，涉及领域单一，工程共同体的构成比较简单，以管理者、工匠为主，作为投资者的帝王、国家或宗教团体不直接参与工程活

---

① ［法］亨利·法约尔. 工业管理与一般管理［M］. 迟力耕，张璇，译. 北京：机械
工业出版社，2007：推荐序二第 23 页.

动，而是将管理权授予政府官员。从而，古代工程共同体成员的身份和地位是不平等的，管理者一声令下，地位低下的工匠们不敢违背、只能受其支配和役使，等级制下的工程共同体内部行为一致，劳动人民即使有不满也不敢声张，因为他们卑贱的身份很难改变。由于身份和地位的悬殊，工程共同体内部形成了强势一方（决策者、管理者）和弱势一方（工匠），集体行动是决策者、管理者的意志的体现，工匠们的需求和欲望则被抹杀、遮蔽，双方不能平等对话，工程共同体内部的价值冲突没有显现出来，集体行动的伦理问题尚未彰显。工程管理者通过制定法律、政策和明确责任等方式来支配和要求具体干活的工匠，基层的工匠只能被迫执行和服从，但客观上保障了工程共同体集体行动的有序展开。而在倡导自由、平等、人权的现当代社会，工人尽管在工程共同体中处于弱势地位，但他们有意识去争取自己应有的权利、表达自身的要求，工程决策者、管理者与工人的价值取向殊异便明显地表现出来，同时，集体行动的伦理困境必然会出现。

古代的工程活动改变了自然的面貌、变革着人和自然的关系，并具体体现了人与人之间的社会联系。由于当时人类改造自然的能力较低下，工程共同体集体行动对自然环境主要是带来中观和微观尺度的影响，只是改变局部的小气候、影响有限的时空维度。蓝天、白云、绿地、清洁的空气和水，动植物栖息地基本没有遭到破坏。从工程共同体集体行动对人与人伦理关系的影响来看，每个人都与他人共处于关系网中，发生面对面的交往，人与人之间具有天然的同情心、伦理感、亲密性，在熟人圈子中享受工程带来的便利、舒适。从工程共同体集体行动对人与社会伦理关系的影响来看，工程带来的社会效应是较为确定的，促进了社会文明的进步，带动着人们从手工工程时代进入机械工程时代，从采集与渔猎工程时代进入农业工程时代、工业工程时代。从工程共同体集体行动对人与自身伦理关系的影响来看，原始工程活动是工程活动和生产活动、生命生存需要融合在一起的活动，采集、狩猎和捕鱼是人类食物的全部来源，人极大地受制于自然，而后的工程除了满足人的基本生产生活的需要，还满足了人精神生活的需要，手工劳动逐渐被机器取代，人的体力获得解放，拥有了更多的闲暇时间。可见，与当代工相比，古代的工程共同体集体行动在作用范围、强度、产生的伦理效应等方面都较小，基本未出现集体行动的伦理问题。

受生产力和工程技术水平的限制，中外古代的典范性工程无不经历了漫长的建设期，短则数十年，长则上百年甚至经历几个世纪。工匠们参与这些大规模工程的建造很多都是被迫而为。但是，在长年累月的工程实践中，工程共同体成员吃住在一起，同甘共苦，形成了较强的精神凝聚力，能共同面对和战胜工程中遇到的各种困难，兢兢业业、认真负责地对待工程的每一个环节。近代以来，随着机械化、标准化生产方式的普及，工程效率得到显著提高，工程建设工期缩短，针对某项具体工程的工程共同体存在和维系的时间也缩短，工程师个体和工人个体往往是忙完了一个工程又奔赴下一个工程，个体对工程共同体和工程的情感联系弱化。

近代以来，西方资本主义经济飞速发展、科技革命不断深化，推动了工程和工业的突飞猛进，尽管学者们从不同角度提出了优化工程管理、提高生产效率的途径，但由于资本逐利的本性、资本主义制度的先天缺陷，近代国外工程共同体集体行动使人与自然、人与人、人与社会、人与自身的伦理关系都发生变异，集体行动产生的伦理效应较显著，不再局限于很小的时空范围，集体行动的伦理问题开始呈现，并不断地积累和以指数级上升。

第三节 现代工程共同体集体行动的历史跃迁与伦理实践

在现代工程时代，工程共同体集体行动的伦理实践出现了历史性跃迁。我国与国外都有许多值得称道的典范工程，它们是工程共同体集体行动伦理实践的典范之作，为当代工程共同体集体行动的理论建构提供了历史资源与实证基础。

一、工程共同体集体行动伦理实践的历史跃迁

随着时代的发展，工程共同体集体行动的伦理实践呈现出由低级到高级、由简单到复杂的历史性跃迁。早期的工程共同体集体行动是简单的手

工劳动和体力劳动，职业的分化和科学技术的突飞猛进，使工程共同体集体行动日益复杂。从工程活动中使用的工具来看，工程共同体集体行动经历了从手工工具、机械工具到自动化、智能化设备的变革。跨地区工程的出现，使共同体成员可能身处不同的地区做工程。工程共同体集体行动最初是为了改造自然以造福人类，随着科技和社会的发展进步，人、社会、地球等都拓展为工程共同体集体行动的对象。工程共同体集体行动的领域不断扩大，呈现为不断递进的结构，当前正向全球化和一体化的方向延展，工程共同体集体行动的组织化、建制化程度也在不断提高。

表 2-1　工程共同体集体行动伦理实践的历史跃迁

	工程共同体人员组成	工程共同体集体行动伦理实践的特征
古代到近代	以官吏、工匠为主	被动性、经验性、手工劳动和体力劳动、相对简单、较封闭
近代以来	投资者、决策者、工程师、管理者、技术工人等	主动性、科技含量高、日益复杂、开放性

如表 2-1，古代工程规模较小，零散地分布于经济较发达的地区，工程共同体集体行动是强制性、被动的，主要依靠工匠的经验。工业革命以前，尽管西方国家在力学、天文学、数学方面取得了很大的成就，但工程仍是以工匠技艺、经验为基础的传统工程。工业革命实现了从工场手工业时代向工厂制时代的飞跃，机器化操作替代了人工操作，并由此进入近代工程阶段。此后，工程中蕴含的科学技术原理被揭示和普遍运用，工程更广泛地出现在日常生活的各个领域，并集成了高科技，组织方式从零散走向集约。机电工程、水利工程、冶金工程、化学工程、生物工程、海洋工程等多种工程门类也相继诞生，工程共同体集体行动的主动性提高。如今的工程不只是服务于具体的工程目标和可计算经济效益的技术操作，而是对人类的前途和地球的命运做出一次次突破。经过三次科技革命，科学、技术和工程呈现出一体化与互动渗透的发展态势，并且工程活动已经跨学科、跨行业甚至是跨国家，其参与面、规模远远大于以往，涉及领域的深

度和广度空前，从基础设施建设到依托于汇聚技术的高复杂度的工程、大数据工程，当代工程也日益体现着巨型性的特征。

近代以前，工程共同体集体行动是一种比较原始的集体行动，采用化整为零的方式，常常是分散的一个个作坊式地运作，由负责工程的官员把任务下达到劳动者个体，每个个体完成任务后再进行汇聚，形成工程。工程实施集体是受权力强制组合而不是人们自愿加入的。行动动机来自统治者及其下属负责工程的官吏，而大多数普通劳动者只能被迫听命，没有意志自由去思考和选择，普通劳动者的工程行为是由作为集权者的执行官来控制的。有关文献资料对历史上工程共同体集体行动的动机没有特别记载（动机基本都来自统治者巩固统治的需要），对早期工程共同体集体行动的过程、后果及其伦理机制有所涉及。上文对这些方面进行了若干分析。

二、现代工程共同体集体行动的伦理实践

现代许多值得称道的范例工程都是工程共同体集体行动伦理实践的成果，亦在一定程度上展现了现代工程共同体集体行动的伦理实践样态，并为当代工程共同体集体行动的理论建构提供了历史资源与实证基础。

新中国的航天工程是我国现当代工程共同体集体行动伦理实践的典型范例之一。中华人民共和国成立以后，党中央高度重视、关心和支持"两弹一星"等航天工程的创建和发展。中华人民共和国成立之初，我国国家安全受到帝国主义威胁，为了保卫国家安全、打破外国的核讹诈、核垄断，党的第一代中央领导集体做出了发展航天工程的战略决策，这也是一项伦理决策。在组织领导方面，我国航天工程事业的发展离不开党中央、国务院、中央军委的高度重视和集中统一领导，集结和配置全国的人力、物力资源，为工程研制提供了资金、人才、政策等的保障。在我国科技、经济基础落后的情况下，钱三强、王淦昌、邓稼先、钱学森、朱光亚、陈芳允、周光召、于敏等一大批科学家和工程共同体在全国人民和数千个单位的大力支持下完成了"两弹一星"这项意义非凡的伟大工程。制定和坚持独立自主、自力更生的发展道路，制定合理的发展战略与规划并按规划落实，每一步都走得扎实有力：从《1956—1967年科学技术发展远景规划

纲要》《地地导弹发展规划》、"新三星一箭一论证"的规划到月球探测计划，不断在已有成果的基础上推进。为了获得准确的数据，工程共同体常常需要经过多次反复演算；为了观察和记录试验效果，他们常常不顾核辐射的危险来到核爆炸试验的现场。按照系统工程的原理实施科学管理，采用设计师系统、行政指挥系统两条指挥线的管理方式，严格执行研制程序，严格做好质量管理、控制与监督①，体现了工程制度伦理、工程过程伦理和工程责任伦理思想。参与"两弹一星"工程的工程共同体还展现出了热爱祖国、无私奉献、自力更生、艰苦奋斗、大力协同、勇于登攀的"两弹一星"伦理精神。

载人航天工程：20 世纪 80 年代，党的第二代中央领导集体将发展载人航天事业纳入发展高技术的"863"计划，此后第三代中央领导集体做出实施载人航天工程的重大战略决策。该工程对于我国综合国力的提升、促进我国科技和经济进步、更好地利用空间环境资源和航天人才的培养都有着举足轻重的意义，我国也拥有了研制该工程的经济和科技基础，在《国家中长期科学和技术发展规划纲要（2006—2020 年）》中把发展空天技术列入重点发展的技术之一，因而这项决策是伦理决策。载人航天工程是由数千个承研承制单位参与的规模浩大的集体行动，包括载人飞船、运载火箭、航天员、测控通信网、发射场、着陆场及有效载荷等七大系统，有大量的科研人员和工程技术人员参与，涉及许许多多的元器件、原材料、配套设备，任何一个环节都关系着工程的成败。仅就载人飞船而言，由于飞船进入太空后，处在一个微重力、高真空和较强空间辐射的环境中，为了确保航天员的安全，要创造一个尽可能接近地球表面生活、工作的环境，要求飞船达到医学和工效学要求，研制的要求相当高。我国载人航天工程的成功得益于工程伦理精神的引领和相关工程伦理机制的顺利运作。首先，责任伦理机制。各个工程共同体从领导到基层，树立高度的质量意识，并实施严格的质量控制，层层把关，实行明确的质量责任制和全

---

① 谭邦治．"两弹一星"事业中航天型号工程的组织管理经验与思考［EB/OL］. http：//www. ldyx. org/index. php？m = content&c = index&a = show&catid = 833&id = 7520，2013 － 09 － 12.

过程质量控制，对应急预案也做得很充分。其次，制度保障和制度伦理机制。表彰和奖励对高质量做出贡献的人员，处分和惩罚出现质量问题的人员及团队。制定了《加强工程安全性、可靠性工作的若干规定》、《工程正样与无人飞行试验阶段产品质量管理要求》以及《首次载人飞行放行准则》等质量控制文件和法规，并认真落实。设计、生产、试验都按照标准化的各项规定开展工作，做到有章可循、有证可查。① 最后，工程伦理精神的引领。载人航天工程共同体为国奉献、勇于登攀、严谨求实、团结协作，形成了特别能吃苦、特别能战斗、特别能攻关、特别能奉献的载人航天精神。在载人航天精神的引领和鼓舞下，我国仅用 13 年的时间就成为第三个掌握载人航天技术的国家，实现了中华民族的飞天梦想。自 1999 年"神舟一号"飞船飞行试验成功以来，全国总工会表彰了一批在神舟号飞船飞行试验中做出突出贡献的先进集体和先进个人，中国航天科技集团公司四川航天工业总公司 692 厂、中国科学院空间科学与应用总体部、中国航天科工集团公司 204 研究所、中国电子科技集团公司第二十二研究所、长春光机与物理研究所等集体曾荣获"全国五一劳动奖状"。这些荣誉是对我国载人航天工程共同体及其集体行动的充分肯定和有力激励。

可以说，现当代我国工程共同体集体行动伦理实践成就的取得，很大程度上得益于我国社会主义制度的优越性。就国外而言，也有许多现代工程共同体集体行动伦理实践的典型范例。

就西方国家而言，英、法两国 20 世纪 80 年代修建的英吉利海峡隧道工程，早在 19 世纪初，工程设想就被提出，但由于英国担心军事安全而被搁置；20 世纪 60 年代也建设了一段时间，但因后来遇到财政问题而中止。后来，英国加入了欧洲共同体，和平与发展成为时代的主题，修建隧道可能威胁国家安全的顾虑消除了。在这样的时代背景下，英法政府建设高速铁路网不仅能够有效地减少汽车运输对环境的破坏，还能带动两岸经济的发展，因此，这个工程决策不仅是政治决策，而且是伦理决策。从 1958 年至 1987 年，工程技术人员进行了近 30 年的地质勘探工作，对海底地形和

---

① 胡世祥. 我国载人航天工程质量建设的总体思考和实践 [J]. 中国航天，2003
（7）：3 - 8.

地貌有了较深入的了解，为工程实施奠定了有力的基础。工程共同体历经7年的辛勤劳动，每个环节都兢兢业业、一丝不苟，成员之间密切配合，体现了高度的责任感和敬业精神；在运作方面，采用 BOT（build - operate - transfer）模式。该工程有许多的利益相关者，包括英、法两国及它们政府的有关部门，70 多万个股东，数百家贷款银行，很多建筑公司和供货商，处理和协调各方面的关系比工程技术问题本身更加复杂①，在工程推进中遭遇各种困难。但在工程总目标的引导下，工程共同体之间、工程共同体和各利益相关者之间努力协作，求大同、存小异，克服了一个又一个难题，最终取得了成功。

另外值得关注的是美国旧金山金门大桥工程。金门海峡具有复杂的自然地理条件，工程共同体在了解其基本地理特征、吸取以往悬索桥建设的宝贵经验的基础上积极听取公众意见，反复斟酌和修正设计方案，调整施工的技术和方法，实现了在海湾入海口建成当时世界上最长悬索桥的创举。从决策上看，该工程顺应了旧金山地区对外交流的需要，有利于改善交通，加速当地经济发展。在工程实施过程中体现了工程制度伦理机制：制定了严格的工期计划表，开创性地应用了平行工序法，并安装安全网，强制施工工人戴安全帽作业，实施相当严格的安全管理制度。它还是公众参与工程的典范，不仅大桥的管理机构设立信息办事处专门听取公众意见，工程设计方案也根据公众的意见做出变更和完善。在大桥投入运营之后也高度重视维护保养，将日常养护与事件后养护并重，在今天仍发挥着重要的作用。没有工程伦理精神，这项作为"世界七大工程奇迹"之一的伟大工程是不可能建成的。

以上列举的工程是现代工程共同体集体行动伦理实践的范例。现当代还有许多问题工程，这些问题工程是工程共同体集体行动的反面教材，很多也是由于工程共同体集体行动的伦理偏失造成的。正因当代工程共同体集体行动面临着一系列的伦理困境和伦理问题，才带来了大量的问题工程。下一章将对当代工程共同体集体行动的伦理困境进行探讨。

---

① 吴之明. 英吉利海峡隧道工程的经验教训与 21 世纪工程——台湾海峡隧道构想 [J]. 科学导报，1997（2）：12 - 16.

第三章

当代工程共同体集体行动的伦理困境

当代工程共同体集体行动一方面改变了人对自然的依赖关系，众多工程产品的问世也改变了人们衣食住行的生活方式、思维方式与交往方式，另一方面亦产生了多重伦理问题，使工程共同体集体行动具有多重伦理困境。就其集体行动的动机而言，常常处于义利冲突的伦理境遇之中；就其集体行动的过程而言，存在着设计—实施过程的多重伦理失范；就其集体行动的后果而言，在工程与自然、工程与人等伦理关系方面产生了一系列的伦理失调。

第一节　工程共同体集体行动动机的义利冲突境遇

工程共同体集体行动的动机相对于其实现过程和后果而言具有先在性。那么如何考察工程共同体集体行动的动机呢？正如恩格斯所指出的，"历史是这样创造的：最终的结果是从许多单个的意志的互相冲突中产生出来的"①。而完成工程项目过程中工程共同体集体行动的动机不仅要考察其单个成员的动机，更要考察其成员与工程共同体动机相互作用以及与工程项目相关的其他的工程共同体动机之间相互作用而形成的集体行动的动机。如前所述，工程共同体首先是一个利益共同体。恩格斯指出："没有共同的利益，也就不会有统一的目的，更谈不上统一的行动。"② 与之相关，参与工程项目的成员也是为了实现各自的利益聚集为工程共同体。动机的形成源于需要，指向目的。出于造福于民的需要，形成善的工程共同

---

① 马克思恩格斯选集（第4卷）［M］．北京：人民出版社，1995：697.
② 马克思恩格斯选集（第1卷）［M］．北京：人民出版社，1995：490.

体集体行动的动机，指向做出善的工程产品的目的。

一般来说，个体行为动机具有内在性，不过，其行为动机会通过个体的言行表达出来。与个体的动机形成是仅仅基于个体意志不同，工程共同体集体行动的动机集成了其工程共同体全体成员的意志，这种意志主要体现在工程的决策过程中。而决策作为工程共同体集体行动链前端的"顶层设计"①，其伦理价值取向会以工程集体行动的决策方案形式表现出来。因而工程共同体集体行动的动机方面的伦理问题——义利冲突的境遇主要通过工程决策集体行动体现出来。

一、工程集体行动决策的伦理缺失

在当代作为工程共同体集体行动链前端的"顶层设计"——工程集体行动的决策过程中，伦理缺位的现象较为普遍。首先，不少工程决策者把工程集体行动的决策仅仅当作经济决策或行政决策，工程决策过程中重"利"（即重经济效益、重政绩），轻"义"（即轻生态效应、伦理效应）；其次，伦理精神和伦理风险意识淡漠，进而在义利的博弈中，往往只考虑眼前利益、短期效应、小集团利益，忽视长远利益、人—自然—社会长期的生态—环境效应和全局利益，常常以经济决策、行政决策代替伦理决策和生态考量。这样的决策，其后果严重。

工程集体行动决策伦理缺失的突出表现之一就是城市建设规划集体行动决策伦理缺失，主要表现为缺少整体意识和长远眼光，追求政绩工程。其后果便是盲目拆迁和重复建设的现象严重，许多城市如同大工地，

---

① 顶层设计（Top‑level Design）的本义是一个工程学概念，指明确总目标后，站在一个战略的制高点，自上而下层层设计的"系统谋划"。它是以系统论的方法，从全局出发，统筹考虑各层次和各要素，在最高层次上寻求问题的解决之道。因而顶层设计所关注的问题，主要是具有全局性、战略性影响的领域，它首先是一种宏观战略设计。顶层设计作为理论与实践的整体建构，既强调顶层的决定性，也重视系统内各环节之间有机互动与密切衔接的细节，以及良好的可操作性。只有如此，所有的层次、子系统和环节才能围绕总目标，产生预期的整体效应。这里工程共同体集体行动的顶层设计，既包括管理层面"决策"的"顶层设计"，也包括技术的总体规划层面的"顶层设计"。

挖土机、围挡随处可见，短命建筑很多，道路长年被开肠破肚，城市人被建筑噪声、建筑扬尘、建筑垃圾笼罩着。不仅如此，政府盲目拆迁的决策，不仅使拆除重建成本不断攀升，而且使得土地价格成倍增长。与此同时，承载着城市记忆的老建筑却未能得到妥善的保护和维修，任凭风吹日晒走向生命的终结，甚至在城市化的热潮中被直接拆除。不少城市陷入了频繁的建设、翻修、拆除与重建的怪圈，城市的人文气息被显著削弱，而被商业气息、施工场景所环绕。这些现象的存在不仅与决策程序不规范、相关制度不健全有关，而且与工程及城市规划集体行动决策伦理缺失密切关联。

政府主导的工程集体行动的决策伦理缺失还表现为，受行政化体制的影响，工程集体行动决策很容易演变为行政决策，甚至以行政决策代替工程集体行动决策。比如，印度在设计修建德里大坝决策时，并没有认真地研究过大坝可能对生态环境的影响，印苏外交的政治需要又把这一危险推上了不可回头的地步。于是，建坝成了一场政府以民众生命和财产安全为"赌注"的"赌博"。①

由此可见，工程集体行动决策或者城市规划决策的伦理缺失，不仅不能带来预期的经济收益、行政效益，反而造成巨大的资金浪费和经济损失，更带来严重的社会伦理问题和生态伦理问题。

二、工程共同体决策过程中的利益博弈和义利价值冲突

当今工程类型和样式、工程实现方式更加多元，工程决策共同体集体决策呈现复杂、多样的态势，加上各种伦理价值观相互激荡和碰撞，因而在工程共同体决策过程中面临着诸多的利益博弈和义利价值冲突。这是传统社会无法比拟的。因为传统社会的工程集体行动决策在规模、技术含量、影响力等方面都较小，伦理价值观相对单一，并具有相对稳定性。只要工程决策主体理解和把握了特定的伦理境遇及其伦理规范，进行权衡和

---

① 牟溥. 埃及阿斯旺大坝对环境的影响日益严重 [EB/OL]. http://blog.sina.com. cn/s/blog_ 6dad51d80100pmzs. html，2011 – 03 – 10.

考虑，做出伦理判断和决策相对比较容易。然而，在当今工程类型和样式及其实现方式更加多元的条件下，工程集体行动决策成员的主要构成是参与其决策的政府官员、企业家共同体、工程师共同体，由此组成了工程集体行动决策共同体。就政府主导决策的工程集体行动而言，基本是大型的公共工程（具有公益性）；由企业出资和运营的工程集体行动大多由企业家主导决策，工程师共同体则为决策提供专业论证和技术支持，此外，利益相关者、公众作为大型工程决策的参与者也可视为决策共同体的一部分。工程集体行动的决策共同体作为一个异质的结构，其内部发生着利益博弈和权力博弈，并产生义利价值冲突，哪一种力量在工程决策中发挥主导作用，就在博弈中占有优势，掌握更多的话语权。

政府投资的工程及其集体行动一般是政府发起，政府财政性资金占有较大的份额，其他资金来源还有发行国债或地方财政债券的收入、证券市场和资本市场的融资等。政府完成工程集体行动决策需要协调相关部门，调配相应资源。在实际决策时，工程集体行动决策由政府相应的部门、机构进行组织、分析和论证，但这些部门之间可能沟通不畅、资源不能充分共享，存在重复劳动和资源浪费的情况。各部门、机构大都只从自身部门或机构的利益出发，不能从全局利益考虑，不利于决策的顺利进行，也不利于后期工程的有序展开。当然，也存在着决策权力过于集中，某一两个主要官员的意见就对决策起主导性作用，让共同决策形同虚设的情况。在地方性公共工程集体行动决策共同体中，作为决策和审批角色的政府决策共同体处于主导性地位。首先，公共工程的实施都以增进公众福祉为旨归，但政府决策共同体也面临多重利益冲突。其中最为突出的莫过于政府决策共同体政绩与公众福祉的价值冲突的伦理境遇，如果不能兼顾两者，即出现了注重前者而忽视后者的状况，就会背离了工程公平公正的伦理诉求。而许多"政绩工程"往往如此。其次，政府决策共同体在项目审批中还需要关注各个企业的竞争，力争平衡这些企业的利益，避免它们在竞争中几败俱伤。其结果也会影响公众福祉的实现。进而，导致公众产生不满情绪，甚至引发群体性事件。

还有一些工程集体行动决策由企业作出，企业既是投资者又是决策者。在企业家主导的工程集体行动决策中，一切以利润为中心，工程逐利的经济色彩浓厚。在谋利冲动的推动下，工程决策考虑较多的是工程上马和运行带来的利益回报，工程集体行动决策以"成本—效率"为主要视角，对于工程师提出的安全、环保、人本等伦理要求，如果会增加工程集体行动成本就可能被舍弃或置之不理。

无论是政府主导工程集体行动决策还是企业主导工程集体行动决策，政府或是企业管理决策层都会聘请工程师给出技术上的意见与建议，而工程师能否根据工程项目的要求对相关工程集体行动的决策提出相关建议，还会受政府或者企业的决策的影响。

由于作为承担一定项目的工程共同体是具有一定的权力和责任关系的等级组织结构，在这一等级链中，不同角色在集体行动的决策中，其地位和权力存在着一定的差异。正如布迪厄所言，"作为各种力量位置之间客观关系的结构，场域是这些位置的占据者（用集体或个人的方式）所寻求的各种策略的根本基础和引导力量。场域中位置的占据者用这些策略来保证或改善他们在场域中的位置，并强加一种对他们自身的产物最为有利的等级化原则。而行动者的策略又取决于他们在场域中的位置，即特定资本的分配"①。在工程集体行动决策过程中，工程决策共同体内部存在着利益和权力的博弈。作为担负着技术设计的工程师与进行技术管理的管理者对于相关工程集体行动的决策具有不同的作用：工程师主要从技术的角度提出相关的议案，而管理者则更多地从经济效益方面提出相关的议案。那么工程集体行动究竟应该以哪种决策模式为依据？哈里斯等人区分了工程决策的两种典型模式：恰当的工程决策（proper engineering decision，PED）和恰当的管理决策（proper management decision，PMD）。从 PED 和 PMD 这两种工程集体决策的模式可知，工程师共同体、工程管理者共同体都有各自的职业范式和工程伦理职业准则。1986 年美国"挑战者"号航天飞机的悲剧正是一个生动的案例。项目指挥艾伦·麦克唐纳（Allen MacDonald）和封闭圈专家罗杰·博伊斯乔利（Roger Boisjoly）在发射前一天曾就

---

① ［法］皮埃尔·布迪厄. 实践与反思：反思社会学导引［M］. 李猛，李康，译. 北京：中央编译出版社，1998：139.

这一问题向 NASA 报告，强调 O 形圈在低温下发生破裂的危险，反对仓促发射，高级副总裁杰拉尔德·梅森（Gerald Mason）也听取了汇报。但梅森却以"收起你那工程师的姿态，拿出经营的气概"结束了这场争执。同属工程集体行动决策者共同体的工程师共同体、工程管理者共同体对低温下是否发射的意见完全不同，最终没能达成共识，而是以管理者共同体的意见占上风为结局，工程师共同体关于不发射的主张未被采纳，结果引发了巨大的灾难——导致了"挑战者"号航天飞机机毁人亡的惨剧。此外，现代工程共同体大多被设计为一个制度严密的科层制体系，内部遵循着一种严密的等级制度，以保证工程共同体高效运作。在这种自上而下的等级层次结构中，遵循一种特定权力的使用和服从关系。其中工程投资者、高级管理者因掌握资本和权力处于工程共同体层级系统的最上层，因而在工程集体行动决策中起主导作用，而中层和下层人员在工程集体行动决策中，则处于执行层，须服从上层决策者的决策。至于相关专家或者工程师的意见只能作为一种参考，或者为决策层服务。如果他们察觉到决策者的工程集体行动决策存在技术上的风险或是会对公众的安全、健康、福祉构成威胁时，其所提出的相关意见或者建议常常得不到采纳，还可能会被批评或者调离岗位甚至被解聘。假如对此意见曝光，他们更要承受巨大的压力和风险。因而，工程师共同体常常处于伦理的两难境遇，是忠诚于工程集体行动决策的决策者，还是坚持维护公众的安全、健康、福祉的职业伦理规范，在两者不可兼得时，让有良知的工程师们备受煎熬。

在倡导"公众理解工程"和公众参与重大工程决策的背景下，工程集体行动的决策共同体在进行决策过程中，需听取公众的意见。由于工程集体行动的决策共同体所掌握的资源、信息、专业知识都远远超过公众，相对于公众来说，工程决策共同体是强势群体，在双方博弈中占据绝对优势。究竟是真正地实施公众参与了，还是仅仅在形式上做了公众参与，简单地发布告示、象征性地发放问卷，实质上依然是决策者说了算，这只有决策共同体最清楚。目前公众参与工程决策实践的规范化和刚性化程度还较弱，比如没有明确规定参与决策的公众的来源和比例，不少决策未能在社会公示和听证之前通过媒体向公众宣传有关信息，也就为决策共同体留下了进行安排操纵的空间。工程决策共同体中的工程技术专家可以利用自己的专业知识、政府官员可以利用权力"引导"公众，或在一定意义上使公众参与的努力无效。比如，某楼盘建设前就设计方案征集公众意见，但是征集归征集，征集完了就把公众建议放在一旁，开工建设时还是按照开发商的意图实施。

第二节　工程共同体集体行动过程的多重伦理失范

工程共同体集体行动是工程共同体"各个因素之间有内在联系的、持续性的创造活动"①，是由工程共同体集体行动动机的形成、工程共同体集体行动的决策、设计、实施、验收、运营、维护等前后相继的环节所构成的连续体，具有阶段性与连续性相统一的特点。正是位于不同工程阶段的工程共同体彼此互动和协同运作，使得工程共同体集体行动的集体性、组织性等特征更加鲜明。"前后相继的行动之间的关系既有内在性，又具有外在性，关系的内在性要求我们关注行动间的历史联系，关系的外在性则使我们可以从现实的背景出发考察行动。"②

工程共同体的集体行动，实际上就是工程共同体集体"做工程"。由于工程共同体集体行动的实现过程包括工程设计、工程实施、工程验收、工程维护等环节，其伦理失范主要表现在以下几个方面。

一、工程共同体集体行动设计③的伦理及其风险意识淡漠

工程设计是工程集体行动的关键环节。它是将工程决策和规划付诸实施的首要环节。好的工程建立在好的设计基础之上，而坏的工程可能在设

---

① 闫顺利. 哲学过程论［J］. 北方论丛，1996（3）：48 – 54.
② 杨国荣. 人类行动与实践智慧［M］. 北京：读书·生活·新知三联书店，2013：84 – 85.
③ 这里的设计，既包括技术的总体规划层面的"顶层设计"，也包括工程设计共同体具体的技术设计行为。

计阶段就埋下隐患。有统计资料显示，设计阶段影响工程费用的程度为88%①。工程共同体设计行动的伦理误区主要表现为：奢侈浪费之风与低俗化设计，工程设计的人本理念、生态伦理意识淡薄，未充分考虑到模型化、理想化的工程设计的伦理风险。

古代没有职业的设计师和制度化的设计机构，比如设计都江堰的李冰承担着设计者的角色，但他的实际职务是官员。更多的情形是，工匠承担着工程设计的角色。随着工业化大生产的出现，工程设计走上了专业化、制度化之路，设计工作也是集体化和机构化的。现代工程在设计阶段，工程共同体的主要成员为投资者、工程管理者、工程设计师，他们构成了工程设计共同体，常以工程设计单位的形式存在。设计共同体要按照决策方案细化工程各方面的设计，包括可行性研究、招标设计、技术设计等诸多方面，并将设计任务交付给工程实施者执行。

现代人们通常认为，人愈能理性地认识世界、了解自己，就愈能按照自己的欲望和要求来塑造历史、创造未来。然而，实际情况却事与愿违，"这个世界不但没有愈来愈受我们所控制，反倒是失去控制，成为一个失控的世界"②。由于工程都有一定的工期要求，因而为了符合合同规定、不耽误工期，许多设计单位所做的设计未能激发和提高工程的设计者的创造力，工程的设计者只是被动地"为设计而设计"、为工程的实施和完成而设计，难以体现出设计其智慧。因而其设计中的伦理问题具体表现为以下几个方面。

首先，在消费社会的社会经济环境中，奢侈浪费之风与低俗化倾向在工程设计中不同程度地存在。城市建设追求高大上，占地面积大、层数高、建筑和装潢材料采用造价昂贵的，设计单位成为开发商大肆敛财的唯利是图的同谋。在奢华之风的影响下，一些地方政府不顾市民实际需要和地方财政实力，以打造会展中心、机场、大型剧院、体育场馆等"城市名片"为名，盲目追求设计的标新立异、"超大超高"。设计的奢侈浪费迎合了投资者、开发商的口味，也满足了人们追求享受的心理，却在工程共同体集体行动链上为浪费自然资源和人力资源、破坏生态环境、抬高工程造

①　许凯. 工程设计的伦理审视［D］. 成都：西南交通大学，2007：36.
②　［英］吉登斯. 失控的世界［M］. 周红云，译. 南昌：江西人民出版社，2001：7.

价埋下了伏笔，公共利益受到损害。"购物街的规划者通过设计和仿效群体行为的情境，从而证明了顾客希望在他们购物的地方感觉到一种归属感的重要性。"① 在这样一种被精心设计的购物环境中，消费能力强的购物者能够心情愉悦地购物和消费，不论他们是不是真正地需要这些物品。受到商业主义的利益驱动，设计伦理屈从于金钱和货币，催生了一些不计成本、只求档次，不求好用、只求好看，不求持久、只求时效的设计。美国著名设计理论家帕帕耐克在《为真实的世界设计》一书中认为，无视社会对设计的真实需要，为了刺激消费和商业营利而不择手段地凭借设计来制造商业噱头，这样的设计是虚伪的设计。"消费设计的话语在实践中表现为服务于企业利润最大化的目标，而本质上却是资本权力的强势运作。"②20 世纪五六十年代，美国通用汽车公司的设计理念是"有计划的废止制"。该制度规定周期性地对通用汽车的风格样式、使用性能等进行有计划的废止，不断推出新的设计，利用消费者追求新鲜和攀比的心理，吸引消费者进入新的消费，为企业带来了巨大的经济收益。由于产品很快被淘汰和废止，资源浪费相当严重，也驱使着消费者持续消费、卷入消费的循环链条之中，即使有的消费并非必需。这一设计理念后来受到反思和批判。当前，家电等产品的附加功能超出消费者的需要，呈现功能冗余、被迫使用的状态，多功能集于一身自然价格不菲，许多产品快速地更新换代，消费者还没来得及使用就淘汰了，造成巨大的资源浪费，智能手机就是一个典型的例子。工程设计的功能越多，次品率、出错率也越高，不仅增加维修成本，还让消费者平添烦恼。另一个极端是工程设计的低俗化、劣质化。资本逐利的本性使得工程投资者、管理者以工程收益最大化为目标，在工程设计中考虑竭尽全力地降低成本，忽视有关技术规范和技术标准，以低俗化、劣质化的设计去引领后期工程实施，为后来工程事故的酿成埋下隐患。

其次，工程设计的人本理念淡漠，人的安全、健康、平等等基本权利

① ［美］艾伦·杜宁. 多少算够：消费社会与地球的未来［M］. 毕聿，译. 长春：吉林人民出版社，1997：95.

② 周博. 现代设计伦理思想史［M］. 北京：北京大学出版社，2014：268.

未得到充分关注。建设工程设计要建立在实地勘察勘测的基础上。建设工程可能破坏当地居民的日常联系，铁路、高速公路建设常常跨越乡村，将原本是一个村的空间和地域分割开来，村民往日的亲密联系被打破。一些铁路、公路被设计和建在距离村民家非常近的地方，车辆行驶带来的尘土、震动、噪声威胁着这些村民的正常生活。分析其原因，还是在工程勘测、设计中自然因素、技术因素被考虑得较多，比如，技术可行、地质条件适宜等，而以人为本的理念淡漠，甚至缺失，因而未考虑工程可能造成村民生存质量的降低和利益受到侵害。

尤其在与风险共舞的时代，安全显得更加重要，因为风险和安全是相互依存、彼此博弈的关系，绝不能因为工程风险的客观存在而忽视安全。美国"9·11"事件中倒塌的世界贸易中心大楼存在着设计缺陷，遭到恐怖袭击时人员逃生困难。依照1945年纽约市建筑条例要求设计的方案，出租面积较小，相应地，经济收益较低。为了保证经济收益而修改设计方案，新方案没有对楼梯井围建土石方或混凝土结构进行设计，后来新方案被当时纽约市政府通过。依此方案建成的世界贸易中心大楼，当遇到突袭的紧急情况，消防人员没有通道进入高层，着火点以上楼层的人没有逃生通道，增加大人员伤亡人数①。就我国而言，煤矿事故、地铁事故、电梯事故高发，不仅是作业人员或使用者安全意识的问题，而且与安全设计、安全措施、相关制度不到位有关。

一些工程设计所针对的消费群体为富人、身体健全的人，而未考虑相对弱势人群的需求，影响公平、平等等伦理诉求的实现。温纳以一个典型事例阐述了工程设计者及其所创造的工程产品对社会公平公正的负面影响："每个在美国高速公路上行驶过并且习惯于天桥通常高度的人，都可能会对纽约长岛公园大道上的天桥感到有点奇怪。这里许多过路天桥格外低，桥洞高度只有9英尺（1英尺≈0.30米）。可能连那些偶然注意到这种奇特结构的人也不会觉得它们有什么特殊含义……然而，实际情况是，长岛这200来座天桥如此之低是有其特殊原因的。它们是被某个试图获得

---

① ［美］查尔斯·E.哈里斯，等.工程伦理：概念和案例［M］.丛杭青，等译.北京：北京理工大学出版社，2006：13.

某种特定社会效果的人有意设计和建造的。罗伯特·摩西（Robert Moses），这位 20 世纪 20 至 70 年代纽约的公路、公园、桥梁和其他公共设施的大建造商，为了阻止公共汽车驶上公园大道而将那些天桥建成那样……这些理由反映了摩西的社会阶级偏见和种族歧视。拥有小汽车的'上层'白人和'舒适的中产阶级'，可以自由使用公园大道进行消遣和通勤。而通常使用公共交通的穷人和黑人却被阻挡在公园大道之外，因为公共汽车有 12 英尺高，会碰撞到路上的天桥。这样的结果限制了弱势种族和低收入群体进入琼斯海滩，这是摩西建造的一个备受欢迎的公园。"① 尽管上述事例中只提到工程设计者摩西，他是工程活动个体，他的设计缺失对弱势群体的伦理关怀和伦理责任，但毋庸置疑，没有投资者的资金、没有决策者的拍板、没有施工队伍按设计方案实施建造，即没有工程施工共同体的集体行动，就不会有摩西低桥和它所带来的有关工程的社会公平公正问题的讨论。"设计变成了一种对社会进行分割、排斥的武器，大量好的物品和服务，似乎与这个社会中的大多数老百姓无关。"②

再次，模型化、理想化的工程设计的伦理风险。"如果我从入口着手，那么这就是一个混沌的关于整体的表象，经过更贴近的规定之后，我就会在分析中达到越来越简单的概念；从表象中的具体达到越来越稀薄的抽象，直到我达到一些最简单的规定。"③ 工程设计也常常采用"最简单的规定"的模型化的方法，以保证制造的可行和便利，然而，因为模型不反映现实的复杂性，于是产生了把已存在的东西变成尚未存在的东西的力量。"使用简化模型反而会使程序复杂化，因为模型引出一个需要考虑的新因素，即模型与现实（被模型化现象）之间的关系。对这一新关系的模型化又会进一步使情况复杂化。没有办法可以通过模型化来测试模型。"④ 模型方法的理想化特征舍弃了一些偶然的、暂时的因素，使技术指标呈现出不

---

① 吴国盛. 技术哲学经典读本［M］. 上海：上海交通大学出版社，2008：186 – 187.

② Jeremy Myerson. Designing for Public Good ［J］. Design Week, 1990 (27)：13.

③ 马克思恩格斯选集（第 2 卷）［M］. 北京：人民出版社，1995：103.

④ ［美］卡尔·米切姆. 工程与哲学——历史的、哲学的和批判的视角［M］. 王前，等译校. 北京：人民出版社，2013：145.

确定性，其中的社会伦理因素也常常被忽略，因而伦理风险也随之而来。

最后，目前大多工程采用的是承包制，在工程设计中，更多考虑的是成本计算，注重经济利益，轻视甚至忽视可能产生的伦理负效应。就建设工程而言，业主在工程建设阶段是工程发包方、建设方和项目所有者，设计单位、施工单位、材料供应商等是工程承包方，监理单位是相对独立的第三方，这三方共同参与集体行动。在小型工程项目中，业主常常就是工程的投资者；但在大型工程项目中，投资者大都是政府，业主不参加投资或只参与少量投资，只负责整个工程的建设。业主的目标是顺利完成工程建设、实现整个生命周期的综合效益，业主还必须协调工程各相关方的关系和利益平衡。业主和承包单位之间构成委托代理关系，依据是工程承包合同；业主与工程监理之间基于监理合同也构成委托代理关系，工程监理单位受业主的委托来监督承包方的行为，在工程建设过程中对工程进行管理和监督。监理与承包商之间是一种监督与被监督的关系。在建设工程设计时，设计共同体要直接与工程业主、监理单位、施工单位打交道。设计共同体既要对业主忠诚和负责、对监理方诚实，根据业主的诉求完成设计任务，比如勘察、选址、布局、提供设计报告、设计图纸等，又要为施工方提供技术支持，并考虑工程使用者和受影响人的利益，因而责任重大。激烈的市场竞争，加上竞争机制的不完善，使得某些设计单位在招标竞争中不择手段，极力压低合同价款以期获得设计资格，但在获得工程设计资格后，为了利润又最大限度地降低成本，常常以牺牲工程质量和安全性为代价，这也是工程事故频发的原因之一。一旦包括设计共同体在内的工程承包方和监理单位为追求自身利润最大化而产生寻租行为，他们的合谋会严重影响工程的进展和质量。

作为独立企业的建设工程设计单位，可能会为了降低成本去接受物资供应方和施工方的贿赂，采用品质较次的技术工艺；或是为了赢得更多工程项目设计的机会，要求承担设计的工程师草草完成设计任务，不去仔细推敲、不精益求精；或是为了赶时间，在设计报告还不成熟时就催促工程师提交方案。虽然工程师在工程设计中发挥着重要作用，然而在设计过程中工程师常常面临责任冲突和两难选择：在工程设计标准的选择上，可能存在着技术标准、经济标准与环境标准之间的冲突。例如，工程师大都较为严谨，倾向于那些安全系数更高、风险较小的设计方案，严格遵循设计标准和工程规范要求，而雇主则偏向于安全系数略低，但能节约开支、获得经济效益的设计方案，甚至要求工程师违反设计标准和工程规范要求而为。于是工程师在忠诚于雇主和履行职业责任、维护公众利益之间存在冲突。事实上，工程师是依据那些不是由他本人制定的规则和标准进行设计和制造的，工程设计方案的最终决定权往往不在工程师手中，管理者才是工程决策和工程设计最后的仲裁者和决策者。①② 于是，工程设计的技术标准、环境标准很可能被置于次要地位而被逐利的要求所笼罩，这也增加了工程事故的概率。

二、工程共同体集体行动实施过程的伦理失范

工程共同体集体行动实施过程（简称"工程实施阶段"）关系到其集体行动链上一环节的蓝图能否顺利地实现，也直接与下一环节消费者的使用相连接，是承上启下的关键环节。因为只有通过前者向后者的转化，工程行动才从"思"之域进入真正的"做"和"行"，进而生成有形的工程产品。随着工程集体行动进程的逐步推进，工程决策、设计环节的伦理问题可能在工程实施阶段被叠加、放大而被带到集体行动链下游的使用阶段造成伦理问题升级，前期的伦理风险也可能进一步增大。

古代工程实施的主体是工匠和役夫，他们在工程管理者的指挥下实施工程。随着时代的进步、工程复杂程度的提高，工程实施过程也日益专业化、组织化。在工程实施阶段，管理层和实施层的人员进入工作高峰，管理者、工程实施监督者、工程技术人员、工人构成工程实施共同体。工程实施阶段的伦理失范主要表现在以下几个方面。

---

① ［法］R. 舍普，等. 技术帝国［M］. 刘莉，译. 北京：生活·读书·新知三联书店，1999：39.

② 张恒力. 工程师伦理问题研究［M］. 北京：中国社会科学出版社，2013：99 - 100.

（一）工程的招投标监管不力，伦理失范屡屡发生

招投标具有公开透明的优点，是市场经济条件下被普遍采用的方式，因而建设工程行业中的工程勘察、设计、施工、监理、物资和设备采购等领域也广泛采用招投标，这样有利于招标者以同样的价格选到相对优质投标企业，以保证工程质量。然而，现实情况却是，许多招投标的工程在利益博弈中，有规不依，监督不力。

作为投标方，为获得工程项目的施工权或物资供应权，常常是多个投标单位之间展开激烈竞争。在利益博弈中，由于其伦理意识淡薄，加之监管者伦理责任感淡漠，监管不力，致使工程投标行为伦理失范现象屡屡发生，其中包括①：①"围标"与"陪标"严重存在：围标人联合多个承包商哄抬报价，或是同一承包商挂靠多家施工企业进行围标，从中谋得非法收益。一些竞争力不强的企业可能在一定利益驱动下选择陪标以求生存。②虚假投标：资质较差的施工单位为了提高中标机会，想方设法挂靠于多家资质较高的施工企业，提供多份雷同或不同的投标书，在中标之后再以高资质企业的名义承担工程施工任务。③投标者中标之后再擅自转包和违法分包，从中收取管理费，最后真正承担施工的单位很可能是无资质的包工队。层层分包就意味着层层攫取利益，转包、分包次数越多，几经转手盘剥，获利的余地愈来愈有限。最后承担施工的包工队也要赚钱，因此不得不偷工减料、降低标准，严重影响工程质量。

作为工程招标方不按照法定程序开标、评标和定标；有些主管部门、决策者干预招投标、内定中标方；在评标过程中，评标专家受利益驱使，评标有失公正。有时工程招标方为了规避招标，将工程直接发包；若无法规避招标，就尽量采用邀请招标；有时甚至故意造成两次招标失败，以便采用邀请招标或者免于招标。

此外，还有投标单位和招标单位暗地串通，弄虚作假。有的投标单位公然向工程招标主管人行贿。由此，不仅可提高中标的概率，而且拿到工

---

① 付晓灵，张子刚．工程招投标中的伦理及经济分析［J］．工程建设与设计，2003（10）：41－44.

程后，各种事项处理起来更加畅通，一些烦琐的程序可以省去，能及时掌握有关内部信息。这么多好处驱使着人们想方设法地钻营，打通相关环节、打点"关键人物"，建立"利益共同体"，为后续的"发展"铺路。因工程招投标腐败而倒下的官员，通常的受贿"路线图"是：工程企业想方设法与官员建立感情和关系，让官员收下巨额钱财，有项目待建时，受贿的官员会主动联系"关系密切"的工程企业参与投标，与企业合谋采用"围标""串标"等手段排挤竞争对手，企业成功中标后再给官员好处费、利益分成。建设工程实施的投招标环节的腐败折射出工程腐败的冰山一角，践踏了政府的公信力和官员公正廉洁的形象，让"民生工程""惠民工程"等口号备受质疑。

以建设工程为例，其工程实施共同体常以完成工程实施的单位的形式存在，这些单位包括业主、施工单位（或施工承包商）、工程供应商、工程监理单位（或部门）等，其中以项目施工单位（或施工承包商）（简称"工程施工单位"）为主体。在工程实施阶段，工程施工单位直接与工程业主、工程监理单位、工程设计单位等打交道。工程施工单位、工程监理单位都接受工程业主的委托承担各自的任务。工程施工单位既要对工程业主负责，根据工程业主的要求做好工程实施任务，也要对工程监理方诚实，接受工程监理方的监督。工程实施共同体的各方根本目标是一致的，那就是工程的顺利完成。但各方又有各自的不同利益和目标，工程业主在工程完工通过验收后才能结清工程款，才能将工程推入市场化和消费阶段，工程施工单位在完成工程后才能拿到工程款，工程监理在完成工程后拿到其监理费，各方构成一种既合作又竞争的关系，形成了各方既通力合作又相互提防的格局，他们各方为了实现各自的目的和利益而进行联合及协作，同时又要保持自己的竞争优势，力求让合作伙伴为我所用；既要顾及实施共同体内合作伙伴的利益，又要防止合作伙伴从中渔利。然而，现实的工程实施过程中，由于监管漏洞，在经济利益和金钱欲望的驱使下，承包商可能违反承包合同，以次充好，从中谋得超额利润；工程监理单位往往利用其信息优势追求自身利益最大化，而将工程监理合同和业主的利益抛在脑后；工程监理单位也可能选择和承包商合谋以蒙蔽工程业主，让工程业主承担经济损失和工程质量的风险。

建设工程施工单位为了中标，常常以低于成本的价格报价，还接受一些附加条款，如垫资施工、标后让利等；在建设过程中，施工单位往往会购买劣质建设材料、不按要求设计、安全措施投入不足，为节约成本而偷工减料、粗制滥造，违背施工规律，严重违反工艺、工序标准；加上建设单位质量管理混乱，工作不到位，监督形同虚设，最终酿成重大质量安全事故。在工程实施过程中，建设单位（即业主、招标单位）常常提出高于设计标准的要求，又追求施工进度和速度，施工单位为节约成本也不断赶工期。对于施工中发生的变更及其带来的工程造价的改变，建设单位不及时签证确认，承包单位已完成的增加工程量就不能及时得到支付，造成拖欠工程款现象越演越烈。还有，施工单位不按期检测机械设备的完好和能否安全使用，许多过了使用寿命的设备还在服役，心存侥幸。

（二）工程集体行动实施过程中有章不循、有德不遵

工程伦理规范规定了哪些行为可为、哪些不可为，这是工程集体行动实施的道德底线。在康德看来，"行为全部道德价值的本质性东西取决于如下一点：道德法则直接地决定意志"①。只有人们从内心持有对道德法则的敬重，才会献身于道德法则，做出道德行动，履行道德义务。工程实施共同体成员大都通过工程伦理培训，对于工程伦理规范具有了一定的认知，但是在利益博弈中，面对利益的诱惑，有章不循、有德不遵的伦理失范现象仍大量存在。1997 年，我国建设部建筑业司建设总精神文明建设办公室出台了《建筑业从业人员职业道德规范》，规定了建筑业监督管理人员职业道德规范和企业职工职业道德规范，后者涉及项目经理、工程技术人员、管理人员、施工作业人员和后勤服务人员职业道德规范，还列出了"八要八不准"的建筑业职工文明守则。其中，不准偷工减料、不准违章作业都作为"八不准"明确写入了建筑业职工文明守则中。尽管有明确规定，工程实施共同体都清楚哪些可为、哪些不可为，但是我们看到实际的工程实施过程中偷工减料、打"擦边球"、违章作业这样危害工程质量和

---

① ［德］康德. 实践理性批判［M］. 韩水法，译. 北京：商务印书馆，1999：77.

安全的做法依然存在，建设领域的豆腐渣工程、楼脆脆事件接二连三地被曝光。《食品生产加工企业质量安全监督管理实施细则（试行）》规定，食品必须符合国家法律、行政法规和国家标准、行业标准的质量安全规定，满足保障身体健康、生命安全的要求。尽管对食品生产加工工程的基本要求做了明确规定，从食品生产许可、食品质量安全检验、食品质量安全监督到法律责任都有详细规定，相关企业也明白不执行规定的可能后果，可是还有不少食品企业为了盈利甘于冒险，置消费者的生命安全和身体健康于不顾。在市场经济大潮中和金钱的诱惑下，越来越多的商人无视道德底线，生产加工食品时添加各种添加剂以从中牟取暴利。类似情况在保健品、化妆品等行业也都存在。

以建设工程施工为例，建设工程施工共同体违背工程建设的客观规律，因抢工期或为节约开支而不严格执行工程规范和工程伦理规范，违反承包合同时有发生。例如，献礼工程、政绩工程都对工程竣工时间有较明确的规定，由于工期吃紧，为了在规定时间内完工，工程共同体不得不在工程设计、施工等环节降低标准，以次充好、偷工减料，不严格遵守刚性的工程规范和工程伦理规范。对于承包合同上的有关内容，施工承包方可能只是部分地、有选择地执行，对相当一部分合同内容视而不见，比如随意修改工程设计图又不做仔细论证。当工程技术人员提出质疑时，工程管理者常常以其权力进行压制。

只有工程的每个环节都精益求精才能确保工程的质量，而某一个细节的粗制滥造就可能影响整个工程质量。而上述工程在实施过程中，许多环节都降低标准、任意妄为，势必给整个工程带来的严重后果。

不仅如此，在上述的建设工程中，监理单位职业伦理责任感淡漠，有的没能及时发现问题或是没能有效地责令施工共同体及时整改；有的监理被工程承包方贿赂，在利益的诱惑面前不再发挥其独立的监督功能，对施工共同体的伦理失范行为睁一只眼闭一只眼，有时甚至两者联合起来蒙蔽工程业主、谋取小团体的经济利益，让工程业主承担损失。

还有，施工单位采用瘦身钢筋、不合格水泥等劣质建材，直接给工程质量埋下隐患。据报道，将钢筋拉细一毫米可多赚近千元，瘦身钢筋的加工厂还支付施工单位好处费。为了利润，黑心的施工单位可能购买这样变"脆"的钢筋作为建材，它的抗震性差，豆腐渣高楼出现就更频繁。

（三）工程验收的防线形同虚设

工程产品经过施工阶段完成了其实物形态，还得通过验收，才可以正式运营或使用。因为工程产品的实物形态还不是"现实"形态的工程，只有当工程产品进入人们生活，被消费和使用，实物形态的工程才成为"现实"的工程。工程产品因使用和消费而实现其使用价值，工程产品的使用和消费才是工程共同体集体行动的最终目的。工程共同体集体行动的完整的生命"只有经过使用者的使用，经过使用者把自己生活世界的质料'填入'制造者所提供的'框架'之后才能实现"①。因而可以说，工程运营和使用过程彰显着工程的生命力，没有使用，工程产品只是一堆死气沉沉的摆设，工程无异于虚无。工程"是它们在使用中所是的东西，是它们在与使用者相联系的过程中所是的东西，没有离开关系和相关情境的所谓的'单一'技术或工具之类的任何事物"②。

由此可见，工程验收是工程消费、使用之前的最后一道防线，验收不合格的工程不得投放市场，必须整改合格才能启用。根据《建设项目（工程）竣工验收办法》《房屋建筑工程和市政基础设施工程竣工验收暂行规定》等文件的规定，新建、扩建、改建的基本建设项目（工程）和技术改造项目在完成后，依据设计任务书、施工图、设备技术说明书、现行施工技术验收规范以及主管部门（公司）有关文件等，由开发建设单位会同设计、施工、设备供应单位及工程质量监督部门，对工程是否符合规划设计要求以及建筑施工和设备安装质量进行全面检验。在我国，验收不合格的工程很少。然而，即使通过了验收，劣质工程仍然时常被曝光。劣质工程的存在，不仅缘于工程前期的设计、实施存在缺陷，而且到了验收环节依然没有发现问题或是发现了问题仍然"放行"，工程验收的防线形同虚设，进而导致不合格工程蒙混过关。这在建设工程领域表现得尤为突出。

---

① 舒红跃. 技术与生活世界［M］. 北京：中国社会科学出版社，2006：47.

② Don Ihde. Instrumental Realism：The Interface between philosophy of Science and Philosophy of Teehnology［M］. Indiana University Press，1991：73.

事实表明，工程验收和运营环节作为工程共同体集体行动重要环节，亦面临着多重伦理问题。这些伦理问题的产生既可能与之前的工程共同体集体行动环节（工程决策与计划、工程设计、工程实施等）的问题的延续和放大有关，又与该阶段新的伦理问题的出现有关。

首先，验收过程和结果常常注入了"水分"，让未达标的工程也能通过验收。通常是由建设单位来组织竣工验收小组。一般由建设单位法人代表或其委托人担任验收组组长，至少有一名工程技术人员担任验收组副组长，建设单位上级主管部门、建设单位项目负责人和现场管理人员、勘察、设计、施工、监理单位代表，与项目无直接关系的技术负责人或质量负责人参加。可见，建设单位对参加验收的人员有选择权，可以指定熟人参与验收，或通过送礼、打招呼等方式让参加验收的人员"手下留情"。如果某些工程是通过串标方式或非招标方式拿下的，那施工单位和建设单位之前就存在着利益共谋，双方都希望验收顺利，从而皆大欢喜。之前施工单位和建设单位没有利益合谋的，在验收之前施工单位可以设法贿赂建设单位，一旦建设单位接受贿赂，验收通过的把握就增加了。当验收小组发现工程存在质量问题，或没达到有关设计要求、技术标准时，可能实事求是地记录、反馈给施工单位，要求整改。也可能在利益的诱惑下违背道德、篡改数据、修改结论。验收人员在外部利益诱惑、上级行政指令下，工程良心退隐、责任意识弱化，这样的验收就成了走形式，是对建设单位和将来使用者的欺骗。

其次，就验收方式而言，我国房屋质量的验收一般采用政府备案验收制，开发商备齐相关文件提交给政府备案后，便可向业主交房。这种由开发商主导的房屋质量验收机制，往往是"走过场"，常常出现房屋质量纠纷。① 监理公司由开发商直接聘请，也影响监理的独立性。政府监管机构是商品房验收的最后一关，在主体结构、主要使用功能等关键方面政府监管机构能认真把关，保证房屋主体安全和可用，但是政府监管部门因人手、经费等原因只能抽检，很难真正做到监管到位。

---

① 邹婷玉，翁晔．开发商主导房屋质量验收难免"走过场"［N］．经济参考报，2012－12－07.

可见，在工程验收环节放宽标准或者走形式放行的做法使得工程验收的防线形同虚设，从而给工程产品的安全使用和正常运行埋下了巨大的隐患。工程共同体因此而心存侥幸，在工程设计、实施环节打折扣，希望在验收时"做些工作"就能过关，形成恶性循环，对工程质量直接构成巨大威胁。

（四）工程维护和保养中道德的失守

由于工程产品投入运营后，会出现磨损、消耗、老化、故障，因而维护和保养就显得非常重要。工程产品都要按固定周期接受维保，包括清洁、润滑、调整、维修等诸多方面。维护和保养不仅是为了确保工程高效运行，延长产品使用寿命，让产品可持续地为人服务，也是出于对使用者和消费者安全保护的考虑。工程维护和保养环节的纰漏会导致重大的损失，有必要对此进行伦理审视。

以电梯为例，电梯技术经过150多年的发展已是成熟的技术，安全系数较高。目前电梯已广泛运用于大型商场、超市、火车站、地铁站等公共场所，然而频发的电梯事故却让人们惊恐不安。一般来说，如果电梯能正常维保的话，其安全性是有保障的。有关调查统计显示，在众多导致电梯安全隐患的因素中，因日常维护保养和使用不当引发的隐患和事故高达60%。[①] 究其原因，首先与维保公司电梯维保工作不到位直接相关。为了争取维保业务，维保公司常常以低价承接电梯维保任务，然而，这样的低价实际上很难按操作标准和规范维持对电梯进行维保的运营。为了获取利润，维保公司常常不按操作标准和规范对电梯进行维保。其次，有些电梯维保人员缺乏基本的职业道德责任感，未能对电梯存在的隐患及时补救和解决，甚至不按规范操作犯低级错误。最后，管理不够规范。其一，不少电梯已经进入报废期、"衰老期"，但仍在超期服役，安全隐患严重，而当用户在完全不知情的情况下，继续乘坐电梯，就可能出现乘客被困在电梯甚至更危险的情况；其二，零部件达到规定使用年限后未及时更换、升级；其三，按规定，电梯制动器应该用固体润滑油，但不少维保单位及其

---

① 孙善臣．谁是电梯事故的"元凶"［N］．中国政府采购报，2013 - 05 - 31．

人员使用液体润滑油，因而产生安全隐患。

近年来游乐场安全事故、城市轨道交通事故和隐患频频发生，也与工程质量验收不严格、设备维护和保养不力有着直接关联。"有关行政机关及其工作人员对不达质量标准的游乐场设备设施不严格把关，甚至是在拿了厂家的好处后故意放行。""游乐场里的所谓设备检测都只停留在企业的自检和备案阶段，第三方检测和监督存在漏洞。"① 2017 年 12 月 11 日，西日本铁路公司东海道·山阳新干线"希望 34 号"由博多出发开往东京，列车员在 13 号车附近闻到异味并听到地板下面有奇怪声响，随后列车继续行驶 3 小时后才在名古屋车站停车。经查后发现 13 号车齿轮箱附近漏油，车体部件出现裂缝，咬合部分发生变色。日本运输安全委员会经调查认定此为重大事故征候。西日本铁路公司在记者会上称，新干线底部车架为中空钢材，裂缝由下至上长达 14 厘米，只有 3 厘米保持连接，几乎处于彻底断裂的边缘。日本运输安全委员会委员长中桥河博认为，一般而言，裂缝是多次行驶造成的，不可能是一次行驶就从零发展到 14 厘米，但检修维护过程中没发现裂缝，有必要对此作出深刻检讨。

第三节　工程共同体集体行动后果的多重伦理关系失调

如前所述，工程共同体集体行动不仅变革着人与自然的伦理关系，而且重构了人与人的伦理关系。与此同时，由于工程共同体集体行动的动机处于义利冲突的伦理境遇之中、其集体行动的过程存在多重伦理失范，因而其集体行动的后果是工程与自然、工程与人等一系列的伦理关系失调。

一、工程共同体集体行动引发生态环境伦理困境凸显

工程活动是人的本质力量的对象化，它自诞生之日起就开始了与自然

---

① 任雪，杜晓. 游乐场事故拷问人群密集场所安全监管［N］. 法制日报，2010 -
　07 - 06.

资源和自然环境之间互动的历史。农业社会，尽管人类工程活动对自然生态的影响不断增加，但是总体上并没有超越环境的承载力，人和自然处于关系和谐的状态。随着资本主义时代的到来，生产力的快速发展推动人类社会进入了现代工程阶段。在工业社会资本逻辑运演下的工程活动，因和资本、经济相联姻，工程成就的取得是以牺牲自然、征服自然为代价的。最终，自然生态系统的失衡危及人类的生存和发展的空间，造成了人与自然之间伦理关系的紧张和危机。

如果将工程与环境视为两个系统，那么这两个系统之间并非毫无关联，而是存在着相互依存的紧密联系——工程作为一个开放系统，它不断地与环境系统进行着物质、能量和信息交换，如此，工程才能存在和发展。其一，工程的原材料许多都来自环境系统中的各类物质资源，如生态资源、生物资源、矿产资源等。其二，工程系统的正常运行必须依赖于一定的环境空间，在一定意义上，工程的过程就是空间生产的过程。其三，从工程系统的输出来看，工程产品和排放物（"三废"）最终都要进入环境，环境构成了容纳工程产品和副产品的场所。工程活动的本质在于改造自然，而"改造自然"首先要对作为整体的自然进行"肢解"和"割裂"，接着从已被"裁剪"的自然物中选取对人有用的部分作原材料，再利用技术之剑的力量创造出承载着人的期望的"人工物"（如大坝、楼房、汽车）。

工程共同体集体行动打断了自然链条，把人的意志、愿望嵌入自然世界中，从而，从作为工程产品的"人造物"本身已经很难发现其与原生自然生态系统的内在关联，而毋宁说二者处于工程共同体集体行动链条的两极而分殊显著。首先，工程共同体集体行动是以"人工开物"代替"天工开物"、以人工秩序取代自然秩序、变"自在之物"为"为我之物"的过程，此过程会带来一系列的生态环境伦理问题。该问题在农业社会并未表现出来，因为那时社会的生产力水平低下、人们改造自然的能力很有限，人们以敬畏的态度对待自然，工程是顺应自然的"自在"工程。然而近代以来，随着资本主义经济的发展和人的主体地位的增强，工程共同体集体行动对自然环境的侵害和摧残日益深重，致使"工程发展—环境危机"悖论凸显。工程作为人对自然界能动作用的方式，必然要以人对自然规律的认识为基础，受自然规律的支配。工程活动虽然不能改变自然规律，但却能够改变"自然界的惯常行程"，而工程对自然界的这种"惯常行程"的干预和改变，正全方位地逼近自然的稳态弹性阈限，阻碍了人与自然之间的协调演进，也使工程与自然之间的矛盾更加尖锐。很多学者对现代工程技术的逆生态效应进行了深刻的揭示。美国学者哈代认为，"现代工业社会里不断增加的环境恶化，其主要因素既不是人口也不是财富，而是由技术变化引起的单位产量对环境影响的不断增长"①。后现代学者鲍曼曾指出，人类通过技术和工程手段"对自然的征服带来的更多的是废物（连人类自身也成了废弃物）而非人类幸福；工业扩张最显赫的成功之处在于使风险成倍翻番：气候调节所不可或缺的雨林的消失、危害社会的城市丛林的建立、大气层的过度升温、水源的污染、食物和空气的毒化、新的改良型病毒的传播等等"②。工程共同体集体行动带来的环境伦理负效应具体表现在三个方面：一是对自然资源无节制地开发利用，造成自然资源总量急剧下降。二是打破区域生态节律，导致生态失衡、生态恶化。三是工程过程中产生大量的废物和副产品而致的环境污染。长期以来，为了推进经济的快速增长，自然界总是被人们既当作一个水龙头，又当作一个污水池，工程共同体集体行动也不例外。然而现实是，"这个水龙头里的水是有可能被放干的，这个污水池也是有可能被塞满的"③，与人共处的不再是生意盎然的自然界，反之，迎接人们的是"寂静的春天"。我国著名技术哲学家陈昌曙教授认为，生态环境问题的产生，从根本上说是人类实践造成的，或者说是源于自然界的人工化。其次，"工程可以被称作一项社会试验，因为它们的产出通常是不确定的；可能的结果甚至不会被知晓，甚至

---

① ［美］哈代. 科学、技术和环境 ［M］. 唐建文，译. 北京：科学普及出版社，1984：143.
② ［英］齐格蒙特·鲍曼. 现代性与矛盾性 ［M］. 邵迎生，译. 北京：商务印书馆，2003：410 - 411.
③ ［美］詹姆斯·奥康纳. 自然的理由 ［M］. 唐正东，等译. 南京：南京大学出版社，2003：295 - 296.

看起来良好的项目也会带来（期望不到的严重的）风险"①。这种风险的一个方面就是对自然的破坏，工程的大肆进犯促逼着自然日渐退化，即工程越进步、越强势，自然环境就越遭到蹂躏、越退化。一个现实的例子是阿斯旺大坝。阿斯旺大坝在1970年建成，大坝的建成使灌溉面积扩大，有40万公顷的沙漠变成了良田，埃及的农业产值得到大幅度提高。然而，阿斯旺大坝打破了沿河生态节律，在控制了尼罗河千百年来周而复始泛滥的同时，也使两岸的农田失去了天然的肥源。随着时间的推移，阿斯旺大坝使沿岸流域的生态环境持续恶化：沿河流域耕地肥力持续下降；尼罗河两岸土壤盐碱化；库区及水库下游的尼罗河水水质恶化；水生植物及藻类到处蔓延，侵入主河道，阻碍了灌渠的有效运行；尼罗河下游的河床被严重侵蚀，尼罗河出海口附近的海岸线显著后退。

西方自近代工业革命以来，经济增长的发动机不知停歇，以一个个工程为单位的工业体系逐渐建立并日趋完善，然而经济增长却是以自然资源的耗竭和生态环境的破坏为代价，使作为"人的无机的身体的自然界"苟延残喘、生命力衰竭。自然生态系统被开采、被切割、被污染，已经处在崩溃的边缘。全球变暖、臭氧层耗损以及生态多样性的锐减这三大问题，是现代人所面临的人与自然关系失调的最严酷的现实——直接威胁着人类的生存与发展。正如恩格斯曾指出的，尽管人"能在自然界上打下他们的意志的印记"，"通过他所作出的改变来使自然界为自己的目的服务，来支配自然界"，但是，"我们不要过分陶醉于我们对自然界的胜利。对于每一次这样的胜利，自然界都报复了我们。每一次胜利，在第一步都确实取得了我们预期的结果，但是在第二步和第三步却有了完全不同的、出乎预料的影响，常常把第一个结果又取消了"②。就我国而言，中华人民共和国成立初期我国确立了优先发展重工业的工业化道路，这是后发型国家的赶超型发展战略，虽然通过自上而下的方式在较短的时间内开启了工业化进程，但是由于在发展过程中忽视对生态环境带来的负面影响，未能吸取西

① M. A. Hersh. Environmental ethics for engineers ［J］. Engineering Science and Education Journal, 2009, 9（1）: 13–19.

② 马克思恩格斯全集（第20卷）［M］. 北京：人民出版社，1971：519.

方发达国家在发展过程中的教训，使人与自然的伦理关系陷入危机。进入21世纪后，印尼出现的海啸、世界范围内出现的"禽流感"、2013年我国中东部持续阴霾事件等，都是大自然带给我们的一次次的警告，因为"每一个企图强制摧毁自然界的尝试，都只会在自然界受到摧毁时，更加严重地陷入自然界的强制中"①。正如美国著名技术学家芒福德所指出的，"我们的时代正在由一种不得不借助工具和武器的发明去实现对自然的支配的人类的原始状态，转变为一种完全不同的新的人类境况。在这种新的境况下，人类不仅已经完全控制了自然，而且也把自己从他的有机的栖息地彻底地分离开来了"②。

二、工程共同体集体行动导致人与人之间伦理关系的紧张③

首先，工程共同体集体行动中的腐败现象影响了工程产品的质量，进而导致工程共同体与工程使用者之间伦理关系的紧张。如前所述，工程项目共同体集体行动关涉参与项目的众多的工程共同体，这些共同体既相对独立，又处于工程共同体集体行动链条上的不同环节，彼此之间存在着错综复杂的关联。在工程共同体集体行动的每一个阶段，由于义利冲突，一些共同体成员经不住利益的诱惑就会在不同程度上存在发生腐败行为的可能性，其中，又以作为工程共同体集体行动的领导者利用职权违规干预工程的情况最为突出。

其腐败表现之一：作为工程共同体集体行动的领导者的地方党政领导、工程建设单位领导、行业主管或监管部门主管滥用权力、违规操作，对工程共同体集体行动进行不当干预，从中收受好处。纵然这些领导干部未必是工程共同体成员，但他们的腐败行为阻碍了工程共同体集体行动的

---

① ［德］霍克海默，阿多诺. 启蒙辩证法［M］. 洪佩郁，译. 重庆：重庆出版社，1990：11.

② MITHCHAM C. Philosophy and Technology ［M］. New York：The Free Press，1983：77.

③ 这里的人与人之间伦理关系主要包括工程产品的使用者与工程共同体之间的伦理关系，以及工程产品使用者之间的伦理关系。

正常运行，工程共同体集体行动的轨迹被扭曲、被人为操控，出现了许多不当竞争，工程质量难以保证。因为官员腐败容易导致公共权力与普遍财富走向异化，造成权力公共性的瓦解、财富普遍性的丧失，公共权力沦为服务于个人欲望的工具。腐败作为权力滥用和异化的一种极端表现形式，使官员群体不能发挥道德示范作用，"服务的英雄主义"沦落为"阿谀的英雄主义"，也意味着该群体在整个社会中道德信用的丧失。大型工程的利益相关者和工程环节众多，信息不对称性突出，工程领域的制度缺陷、权力高度集中、权力行使随意性过大、权力行使监督不力给工程腐败提供了可能性和可乘之机。行政权力具有一种无限延伸的冲动，"行政权力的运动是自上而下的放射状结构，且每经过一层中介其放射都要扩大一定的范围；而各级权力行使者又常常产生扩大权力的本能冲动"①。在公共权力委托—代理关系的视角之下，腐败是作为理性经济人的政府官员在特定制度环境下，利用公共权力获取未经委托人（广大人民）同意的个人私利的行为，是委托—代理关系失灵的结果。层级金字塔的不断扩大带来不同层级之间委托—代理组织链条的延长，也意味着组织内部信息不对称的扩大，外部监督更加困难。如此，官僚有更多机会滥用其不断扩大的资源配置、决策等权力，中饱私囊、为所欲为。当公共权力持有者受个人或小集团意欲、偏好的影响，为了满足个人或小集团的利益，背离了公共权力应有的公共性、普遍性，就会造成公共权力的异化，进而使工程产品质量无法达到预期的承诺，工程产品使用者的利益受损，导致工程产品的使用者与工程共同体之间的伦理关系紧张。

其腐败表现之二：工程共同体自身陷入行贿索贿的旋涡。对于工程共同体自身而言，一个工程项目的经费预算是固定的，将大量资金用于钻营、打点"关键人物"，工程共同体投入于工程本身的经费便无法得到保障，唯有降低标准、以次充好才能省钱，如此，工程质量就大打折扣，工程使用者的生命安全、健康和福利被置于一旁。以建设工程为例，设计单位、建设单位、施工单位、监理单位，以及与工程建设相关联的材料与设

---

① 张国庆. 行政管理学概论［M］. 北京：北京大学出版社，1999：45.

备供应商都可能为了自身利益而彼此之间蓄意串通，形成非法的利益链，危害工程共同体集体行动的正常开展，威胁工程质量，导致工程产品的使用者与工程共同体之间的伦理关系紧张。

其次，制造"平庸的恶"的工程共同体及其成员与工程使用者之间伦理关系的紧张。"恶的平庸"这一概念是汉娜·阿伦特在分析纳粹组织运作时提出的，是用来指称那些行为结果极恶但无直接作恶动机的道德主体行为，是为权力或习惯所左右缺乏自我反思及自我决断的人所导致的恶。①这种恶与我们平常所理解的恶不同：其行为并非被一种邪恶的动机所支配，而是由于服从官僚组织体系中自上而下的命令——作为国家机器齿轮和"自上而下命令"的行为链上的一环，而产生的恶的放矢。"平庸的恶"的制造者大多是工程共同体基层人员，他们承担着较为具体的工作，在依据工具理性安排的自上而下的科层制等级层次结构和前后相继的复杂行为链条中，行为和结果之间距离遥远，存在着自由意志被官僚制组织机构和权力体系抑制、伦理道德退隐的危险。工程共同体基层人员中像罗杰·博伊斯乔利这样坚持自己意见的只是少数，在官僚制组织机器面前，大多数人判断善恶是非的能力退隐了，他们只是在不假思索地执行。参与纳粹屠杀犹太人行动的技术专家，在第二次世界大战中参与对战俘和难民进行人体实验的医生，制造的工程产品危害消费者安全、健康的工程共同体成员，都是制造"平庸的恶"的空心人。"恶的平庸性"，就是体现在这种恶之中的"无思性"。他们"处于他人可以号令的范围之中。不是他自己存在；他人从它身上把存在拿去了"，"任何一个他人都能代表这些他人"②。工程师、工人等工程共同体成员的伦理自主性长期地受到传统体制与文化的影响，自主伦理判断弱化，以服从和执行上级指令为主。由制造"恶的平庸"的工程共同体成员实施的工程共同体集体行动势必带来恶的结局，而工程使用者成为首当其冲的受害者。

---

① 王珏. 组织伦理：现代性文明的道德哲学悖论及其转向 [M]. 北京：中国社会科学出版社，2008：5. 这里的道德主体是个体。

② [德] 海德格尔. 存在与时间 [M]. 陈嘉映，王庆节，译. 北京：读书·生活·新知三联书店，2006：147.

在工程生产者和使用者相分离的现实背景下，工程产品在使用者那里主要呈现的是使用价值，而在生产者那里主要呈现的则是商业或交换价值。工程的手段性和目的性、使用价值和交换价值相分离。当作为工程生产者、创造者的工程共同体未将造福人类、珍爱生命和追求卓越的伦理要求作为工程共同体集体行动的最高宗旨时，其集体行动必然会损害工程使用者的正当权益，使自身与工程使用者的伦理关系紧张，工程使用者对工程共同体的诚信产生极度怀疑。以建设工程为例，作为工程建造的主体，工程共同体很可能为了谋求更多的经济利益而偷工减料、降低质量标准、赶工期，工程质量堪忧，"楼脆脆""桥歪歪"随时可能出现。一旦工程事故、工程灾难发生，工程共同体与工程受害者（因工程而生命、健康或利益受损的工程使用者）之间的伦理关系趋于极度紧张和对立。这些问题的出现，让工程使用者对原初设计是否造福人类产生怀疑，对工程共同体的工程行为产生怀疑。一些已有的制度对于规制工程共同体集体行动具有重要的作用，但在操作层面，却未能得到有效的执行，现实依然令人担忧。

无论是上述哪种情况，深受问题工程产品伤害的使用者及其亲友都承受着巨大的身心痛苦，很多伤害是难以康复和无法挽回的，许多工程受害者把工程共同体告上法庭或在媒体上曝光，双方的紧张关系不可调和。

最后，工程使用者之间的伦理冲突。工程使用者的现实需要成为工程共同体集体行动的动力，因而工程使用者是工程、工程共同体集体行动最基本和最直接的利益相关者。与一项工程发生利益关系的工程使用者有很多种，不同类型工程使用者的利益诉求会有差异，工程产品的有限性与工程使用者大量需求之间矛盾的客观存在，以及工程使用者（消费者）从工程中获得利益、享受福利的不平衡，也会导致工程使用者之间的伦理关系的紧张。

一是在工程产品供不应求的情况下，工程使用者之间存在竞争和博弈，要依循一定的规则（如先到先得）方能使用工程产品，伦理冲突随之产生。受到工程物承载能力的限制，剧场、博物馆都设有最大人流量，火车、电梯等设有最大承载人数，公路、桥梁等设有最大车流量。在高峰时段，工程可能无法同时满足众多使用者的需要，而需要排队、等候才能使用，节假日期间出行不易，火车票、飞机票等必须提前订好，这在一定程度上体现了工程使用者之间的伦理关系紧张。

二是工程使用者从工程中获得利益、享受福利的不平衡，也使得工程使用者之间的伦理关系趋于紧张。例如，通信运营商对行业内群体通信消费采取保护和优惠的政策，而对集团外的消费者推行另外的套餐和收费标准，造成业内和业外人士这两类消费者群体伦理关系的紧张。事实上，这与工程决策伦理的失当有关，在决策时没有考虑到工程使用者（消费者）之间的利益平衡，而可能走向了实体个人主义①的藩篱；再加上现有不合理的制度还在推行，让工程使用者之间伦理关系的紧张难以在短时间内得到缓和。再如，工程活动引起的移民安置、补偿问题，主要表现在：不同类型工程之间（比如水利工程、电力工程、交通工程）的移民安置补偿标准不同；补偿标准低于实际损失；对同一项工程的不同阶段、不同批次的移民采用不同的补偿标准。还有，工程移民可以比普通人优先使用工程吗？

三是现今，工程共同体集体行动已经直接渗透到社会财富的生产、分配以及权力博弈中，它使得当今社会的利益产生动因、分配格局发生了重大的变化。相关利益集团是工程产品的直接受益者，但承担其代价的却可能是其他人或整个社会，工程使用者之间伦理关系的紧张在更大的尺度呈现。先进的工程产品（如高端的家用电器、医疗设备）因其稀缺性只能供富人享用，而穷人却被排除在外，如此，工程共同体集体行动是否间接地推动了贫富阶层之间鸿沟的扩大，是否在更大的范围内，促进了贫富不均由国家尺度扩大到国际尺度？以信息工程为例，信息高速公路带来了"数字鸿沟"问题，造成了新的不平等。它与原有的社会不平等相叠加，成为今天许多社会问题的根源。许多西方发达国家通过垄断高新技术致使国家

---

① 樊浩教授认为，因"实体个人主义"具有实体内部的伦理性而具有较强的"伪装性"，长期逃逸于道德哲学反思与批判的触角之外，是一种"隐匿"的个人主义，难以被发现和准确地把握。"实体个人主义"的现实运作，即为了最大限度地获取集团自身的利益而大肆破坏自然、他人、他国等他者的恶行，已经给人类带来了历史上最为严峻的文明灾难，生态危机、侵略战争、恐怖活动等就是其带来的灾难性后果。因而，我们必须认真对待和严肃反思"实体个人主义"。

之间的不平等、不公正加剧。在基因工程、纳米工程等新兴工程向发展中国家的迁移中，我们也遇到类似问题。

　　此外，工程共同体集体行动不仅造成了人与自然伦理关系的紧张、工程共同体与工程使用者之间的伦理紧张、工程使用者之间的伦理冲突，也导致人与自身伦理关系的失谐。比如，城市交通工程的迅猛发展，不仅导致交通拥堵、环境污染日益严重，大量时间浪费在途中，更使人们的心理压力空前增大，进而使己—我伦理关系空前紧张。恰如哈贝马斯在《合法化危机》中所指出的那样，现代人类面临的生态危机，包括外部自然生态的危机和内部自然生态的危机两个方面，前者导致自然生态平衡的破坏，后者导致人类学和人格系统的破坏。人对待外部自然的态度同人与自身的关系是紧密相连的：当人们对外在自然的敬畏之情丧失之后，人的内部自然也将不可避免地发生"异化"和分裂。当人们不再对自然怀有敬畏的感情，而将其视为征服、利用和占有的对象时，人的内部自然发生了不幸的"异化"——理性与感性的、抽象和个别的、知觉和思维的、直觉和分析的分裂。① 莫里斯·伯曼也曾指出，人们的"生活似乎越来越趋于熵化、经济和技术的混乱以及生态灾难，最终导致精神上的肢解和分裂"②。

　　上述工程共同体集体行动的这些伦理困境，有其产生的多重原因，只有深入探索其产生的原因所在，我们才能使工程共同体集体行动走出其伦理困境。

---

① 刘蓓．生态批评：寻求人类"内部自然"的"回归" [J]．成都大学学报（社科版），2003（2）：21 – 24.

② ［美］大卫·格里芬．后现代科学——科学魅力的再现 [M]．马季方，译．北京：中央编译出版社，2004：178 – 179.

第四章

工程共同体集体行动伦理困境的成因

当代工程共同体集体行动之所以呈现上一章所述的多重伦理困境，有其深刻的原因。因为"行动的理由常常呈现为一个系统"①，工程共同体集体行动伦理困境的成因也相当复杂，其中包括工程共同体集体行动的伦理精神式微、工程共同体集体行动的制度伦理匮乏和工程共同体集体行动伦理责任的消解等。只有通过解析这些伦理问题生成的原因及其症结所在，才能寻找出其伦理困境产生的路径。

第一节　工程共同体集体行动的伦理精神式微

如前所述，工程共同体集体行动存在其动机的义利冲突境遇、其过程的多重伦理失范、其后果的多重伦理关系失调等。工程共同体集体行动之所以在动机—实施过程—实施后果中出现诸多的伦理问题，最根本的原因是工程伦理精神的式微。如第一章所述，工程伦理精神为实现"善"的工程共同体集体行动和"善的工程"提供了意识和意志、个体和组织的双重引领，它是作为观念维度的伦理机制。没有工程伦理精神的引领，工程共同体只是个体或"单一物"的"集合"，难以成为真正的"普遍物"，更无法成为伦理性的实体。工程共同体集体行动的伦理精神以造福人类为根本宗旨、以珍爱生命为伦理底线、以追求卓越为崇高旨趣，它统摄着工程共同体集体行动的顶层设计和动机，并贯穿于工程共同体集体行动的全过程。因为工程共同体不仅是工程活动主体，而且是工程—伦理主体，这就

---

① 杨国荣. 人类行动与实践智慧 [M]. 北京：生活·读书·新知三联书店，2013：101.

要求对工程共同体集体行动需从"能做什么"向"能做—应做什么"转变。① 而工程伦理精神的式微意味着工程伦理精神的调控机制被利益博弈机制所取代。在市场经济条件下，这种利益博弈机制又被资本逻辑的逐利价值观所操控，这不仅影响着人们的经济活动，还影响着人们的精神世界和生活世界——道德价值被祛魅，功利主义价值观凸显，逐利成为人们的一种生活追求。正如罗素所说，"工业化的兴起导致人们在某种程度上强调了功利（主义）"②。受其影响，工程共同体及其集体行动的伦理精神式微，不仅使工程共同体难以凝聚为一个伦理实体，可能成为一盘散沙，其中的工程活动个体、亚群体以自身利益为本位，内部出现价值冲突，而且作为一个组织在进行价值选择时，也必然采取"利益优先"的原则。与此相关，工程伦理精神的式微使得"集体行动动机—集体行动实现过程—集体行动后果"伦理责任链断裂，具体还表现为以下两个方面。

一、功利主义价值观凸显

如前所述，工程共同体亦是利益的共同体，与此同时，工程共同体集体行动涉及多重利益关系。正如美国社会学家雷文（Kurt Lewin）所说，"无论我们注重群体生活的什么部分，不管我们是考虑国家和国际的政策，还是经济生活……种族或宗教组织……工厂或劳资关系……我们都可以发现一个复杂的利益冲突网"③。工程共同体及其集体行动按照一定的伦理原则与规范关注利益的调节与分配，无可厚非。因为工程共同体集体行动作为直接的物质生产活动，比如，公共服务工程、商业工程等，需要资金投入，否则难以运行。然而，在市场经济条件下，由于工程伦理精神的式微，功利主义价值观凸显，不论是工程共同体集体行动动机、实现过程，

---

① 陈爱华. 现代科技三重逻辑的道德哲学解读［J］. 东南大学学报（哲学社会科学版），2014（1）：18－24. 陈爱华指出科技活动主体具有双重角色，科技共同体正向科技—伦理实体转变。

② ［英］罗素. 西方的智慧［M］. 崔权醴，等译. 北京：文化艺术出版社，1997：571.

③ 张玉堂. 利益论——关于利益冲突与协调问题的研究［M］. 武汉：武汉大学出版社，2001：38.

还是结果都在不同程度上受到这种功利主义价值观的影响。尤其是工程共同体集体行动面临着道德与利益冲突的二难选择，工程共同体常常将自身的利益放在首位。无论是工程投资者、施工方，还是工程管理者无不关注自身的利益。这不仅体现在工程最初的论证、决策阶段，而且还体现在工程共同体集体行动的后续环节中。

因为在市场经济的条件下，这种功利主义价值观凸显了资本逻辑特点。就资本逻辑而言，它注重积累、扩张、增长，以成本最低和效益最大为原则，无休止地追逐利润和积累财富。"资本的逻辑把满足人的要求的生活资料作为商品来生产。资本的逻辑把包含人格在内的一切东西贬低为追求利润的手段，同时在生产过程中又尽量削减费用。"① 在资本逻辑的支配下，人、社会、自然的自在和谐状态被打破，把"一切都变成有用的体系"，自然界难以展露"诗意的微笑"、人也只是成为资本牟利的工具，公共善和社会公共生活遭到破坏②，人们的精神世界变得贫瘠，意义和价值失落，并影响着人们的价值观。

在上述功利主义价值观的影响下，工程共同体集体行动的过程中往往会急功近利，将道德放在次要位置，甚至为了追逐自身利益，轻视甚至忽视的自身应尽的伦理使命与伦理责任。就如沃尔金所尖锐指出的，"尽管我们有那么多的哲学、人道、礼仪和崇高的原则，我们现在却只有一种浮华的欺人的外表，没有道德的荣誉，没有智慧的理性和没有幸福的欢乐"③。不同的工程共同体可能为了争夺各种利益而撞得头破血流，难以使工程共同体集体行动顺利进行。正如 Polanyi 所说，"在道德上倒置的人，非但在哲学上以物质目的取代了道德目标，在行动上更是在纯粹唯物主义

---

① ［日］岩佐茂. 环境的思想［M］. 韩立新，等译. 北京：中央编译出版社，1997：169.

② 龚天平. 资本的伦理效应［J］. 北京大学学报（哲学社会科学版），2014（1）：58－67.

③ ［俄］维·彼·沃尔金. 十八世纪法国社会思想的发展［M］. 杨穆，金颖，译. 北京：商务印书馆，1983：233.

的目的框架里面，倾注了他那毫无归属感的道德热情之全部力量"①。当工程共同体集体行动演变为一种经济的逐利行为时，就不可能体现以造福人类为根本宗旨、以珍爱生命为伦理底线、以追求卓越为崇高旨趣的工程伦理精神。丰田生产方式的创始人大野耐一就这样认为，对于"提倡创造利润的工业工程……除非工业工程带来成本下降和利润增加，否则我会认为它是毫无意义的"②。这样的工程共同体及其集体行动只是为利润而疯狂，沦为"逐利的怪兽"，不断膨胀的欲求难以收敛。工程共同体集体行动常常只是为了谋求小集团利益甚至个人利益，一切以利润为中心，从成本与收益关系的角度来考量工程共同体集体行动，使工程的评价标准单一化。因而，这种评价方式在工程招标、施工、验收和维护等各个环节中普遍存在，导致工程共同体集体行动的目标及工程产品与造福人类、珍爱生命和追求卓越相悖。

工程共同体集体行动中凸显的功利主义价值观主要表现在以下几方面：

（一）重"功利"轻"人本"

工程共同体集体行动的决策过程中的决策者和具体实施过程中的实施者往往看重经济利益，却很少考虑工程的利益相关者和广大公众的利益和诉求，这样做出的工程往往对人民生命安全与健康构成威胁。在投标环节，为了中标，生产设备不做必要的更新和调整、以低价购买不合格的设备来减少预算等行为时有发生。生产过程中忽视对工人生命安全和身体健康的保护，在质量安全方面的投入不足，工人不仅被工程产品职业病困扰，而且生命安全保障措施缺失。工程产品投入使用后，又可能破坏消费者的身心健康，比如室内装修污染物超标、使用非法建筑材料等成为业主健康的杀手。由于重"功利"轻"人本"，工程的实际结果与造福人类的目标背道而驰。就我国煤矿工程而言，矿难事件时常发生。事实上，许多

---

① POLANYI M. The Logic of Liberty［M］. Chicago：The University of Chicago Press，1951：106.

② ［美］欧阳莹之. 工程学：无尽的前沿［M］. 李啸虎，吴新忠，闫宏秀，译. 上海：上海科技教育出版社，2008：329.

矿难的发生并非因为工程技术上的不可突破，而是由于工程共同体企业、工程决策者人本意识淡漠，置他人的安全于不顾，进而略去安全设计及其配套措施，这样就埋下了事故和灾难的祸根。在这些工程决策者、管理者看来，与工人的生命相比，成本的节约，进而使收益增加更为重要。这与《论金属》德文版前言中的一段话——"采矿必然是一个神圣的和极幸福的生活方面，矿工能问心无愧地献身于采矿，此外还能事奉上帝，并与其他虔诚的基督徒们一起达到幸福"① 构成了鲜明的对比。再就城市规划而言，不少做相关城市规划的人员不研究城市区位和历史文化传统，不仔细查阅资料，现场调查马马虎虎，不考虑环境容量、不重视城乡关系、不关心人民利益，而是谁出钱就按谁的意图规划。还有，房地产开发商随意地提高小区的建筑容积率，导致绿地空间被压缩、室内日照和采光减少，业主权益受侵害。

（二）重"效率"轻"公平"

尽管追求效率是工程活动的重要维度，但兼顾公平是工程决策和实施中的"应然"价值选择。然而，在上述重"功利"轻"人本"理念的影响下，追求效率往往就忽视了公平。如上一章所述，在工程集体行动中"效率"与"公平"的悖论主要表现为只重视部分人的利益，而弱势群体的价值诉求、生命安全却常常被搁置或忽视。罗尔斯曾提出："每一位社会成员都享有以正义为基础的神圣不可侵犯的权利。……甚至全社会的利益也不能践踏这一权利。"② 然而，目前相当多的工程投资者、管理者仍认为，工程集体行动实施要有效率，工程集体行动的目标就是追求经济收益，而公平、公正则被搁置，甚至不在他们考虑之列。作为工程集体行动的决策者往往是强势群体，而工程集体行动的具体实施者和工程产品的使用者则是弱势群体，他们往往被排除在决策的过程之外，其相关的利益不能有效地在决策中得到反映。上述各类工程事故频发的一个深刻的原因，就在于在工程决策和评价机制上，公众和弱势群体话语权微弱，进而使

---

① ［德］冈特·绍伊博尔德. 海德格尔分析新时代的技术［M］. 宋祖良，译. 北京：中国社会科学出版社，1993：22 – 23.

② RAWLS J. A Theory of Justice［M］. Cambridge：Harvard University Press，1971：3.

"效率""公平"失衡。

(三) 利用自身优势，获取不当利益

重"效率"轻"公平"不仅表现在决策过程中，还表现在工程实施过程中，尤其是招投标过程中变相地表现为，工程共同体利用自身优势获取不当利益：首先，(建筑) 工程共同体利用自身优良资质转包工程而获取不当利益。一个建筑工程共同体企业会因为一直以来优良的信誉和工作绩效而在某一领域或行业中得到认同。但是，如果企业利用这种社会认可为自身谋取不当利益，那么不仅影响工程共同体之间的伦理关系，即造成对同行的其他工程共同体 (企业) 的不公平，而且会影响到整个工程集体行动及工程行业的健康发展并破坏正常的社会伦理秩序。如上一章所提及的招投标利益博弈的义利冲突，某些建筑工程共同体企业利用自己的优良资质通过投标或其他途径获得建筑工程的设计、建造资格，之后又将其转包给较低资质甚至无资质的个人或组织去设计和建造，自己不用动手却能坐收渔利的现象。许多承包单位将项目层层转包出去，制造了一个个偷工减料、以次充好的"豆腐渣工程"——"某施工企业中标或接到工程，收取一定的管理费后，再分配给分公司或项目班子，像剥玉米那样再次分包。经数层剥皮后，最后一层的包工头就只能靠降低施工成本、偷工减料、以次充好来赚钱了"①。工程几经转手，工程造价便逐级降低，这势必给工程质量带来影响，更严重的是，给国家和人民的生命、财产造成巨大的损失。其次，工程招投标过程中利用信息的不对称获取不当收益。所谓"信息不对称"是指一方在某一方面拥有私有信息，这些信息只有当事人自己了解，而对其他人来说则是一个黑箱。如招标方知道工程项目的标底、原始资料、项目的资金筹集情况、评标委员会的成员、潜在的投标人信息等，投标方对以上信息并不了解，而这些信息对中标非常关键。又如投标方的施工经验、技术水平、资金实力、信用等级等信息只有投标方自己清楚，招标方却不了解。投标方与投标方之间对于工程相关信息的掌握、各自的硬实力也存在着不对称性。在此情形下，投标方为了中标，招标方为

---

① 吴杭民. 有层层转包，必有"豆腐渣"工程 [N]. 工人日报，2011-11-10.

了满足个人或组织的利益，拉关系、走后门、贿赂相关负责人等违背伦理的败德行为就会发生。最后，工程共同体领导层利用权力，工程师以自己的专业技能为自己或组织谋取不当利益。工程共同体领导层利用职位赋予的权力为自己与组织谋取利益并不困难，权力与资本相勾结，以权谋私、以权谋利的工程腐败行为，依然是官员腐败的重灾区。震惊全国的重庆綦江彩虹桥垮塌事件，造成事故的一个重要原因就是当地政府领导人收受贿赂，干预正常的招标程序，致使施工质量大打折扣。工程共同体及其成员，则可以通过专业知识和技能为自己或组织谋取利益。现代技术已不仅如哈贝马斯所说的是"作为意识形态"存在，而是作为一种对社会日常生活具有支配性作用的权力存在。① 那些拥有这种特殊技术并掌握权力的人，事实上在掌控和主宰着人类的命运，工程师便是这样的一类具有话语权的专家。当然，如果仅仅只是把自己拥有的专业技能通过正当途径为自己或组织争取利益，这是无可厚非的。但若把这种知识权力运用于谋取私利、破坏公众的福祉，那无疑是一种作恶。

（四）工程承包商的自利倾向

与工程共同体利用自身优势获取不当利益直接相关，工程的某些承包商在竞争中不择手段，过分压低价款以期获得工程，在获得工程后，为了自身的利益和工程利润又不择手段地降低成本，这成为引发工程事故的主要原因之一。承包商对工程三大目标的优先逻辑一般是成本—进度—质量。② 承包商的职责是按合同规定实施工程，获得合同规定的价款，而工程项目的最终效益和他们并无直接关系。承包商责任的阶段性和有限性，导致许多工程存在缺陷，合同期内质量过关，但责任期结束后问题百出。为了争取更大的收益（利润），工程承包商较多地考虑自己成本的最低化，极力地降低成本消耗，只顾合同期内不出问题，而较少考虑项目整体的长远利益，当遇到风险或干扰时，首先想到的也往往是采取措施减少自己的损失。

---

① 高兆明. 生活世界视域中的现代技术——一个本体论的理解 [J]. 哲学研究，2007 (11)：102 – 108.

② 陆彦. 工程项目组织理论 [M]. 南京：东南大学出版社，2013：152.

二、工程共同体集体行动过程的伦理失序

工程共同体集体行动的工程伦理精神式微导致功利主义价值观凸显，使工程共同体集体行动过程中，工程共同体内部和外部伦理关系之间产生价值冲突，导致其伦理失序。

所谓伦理秩序是伦理关系的结构性存在，"客观的伦理实体既是各种相对应的具体的伦理关系的实体，又是由这些伦理关系所形成的社会的伦理秩序的复合体"①。我国传统社会是按照身份和在伦理坐标中的位置确定伦理秩序的。在依据血缘而建立的五伦关系中，涉及传统社会的所有伦理关系，每个人都处在伦理关系纵横交错的网络节点上，要求每个人安伦尽份、各尽其职，做好分内的事，就是合乎伦理秩序。如第一章所述，工程共同体亦是伦理实体。诸多工程共同体在集体行动的过程中构建着工程伦理秩序。工程共同体内部的伦理秩序，既指内部人员的伦理关系、工程共同体组织结构，又指工程共同体的精神凝聚状况，关系到工程共同体的凝聚力、团结性、创新力和责任实现能力，它是一种客观性、普遍性的存在。工程共同体外部的伦理秩序，是内在秩序通过工程共同体行为表现于外部的伦理秩序，是工程共同体与他人、与其他组织、与社会、与自然环境的伦理关系。工程共同体的内在伦理秩序和外在伦理秩序是彼此联系、互相促进、相辅相成的：内在的凝聚力、团结性、创新力决定工程共同体的社会作用和社会功能的实现，而工程共同体社会角色的合法性、社会功能等，又直接影响其内部伦理秩序的合理性和共同体责任的实现程度。工程共同体内部关系融洽，共同体凝聚力强、团结性高、责任意识强，富有创新性，那么工程共同体内部的伦理秩序就是和谐、健康、良性的。工程共同体恰当地处理与外部的关系，将自身与他人、与其他组织、与社会、与自然环境有机地联系起来，达到共生共存、共兴共荣的状态，就是工程共同体外部伦理秩序的和谐。而工程共同体集体行动的工程伦理精神式微不仅破坏工程共同体集体行动伦理秩序，而且会造成社会经济秩序的混

---

① 樊浩. 伦理精神的价值生态［M］. 北京：中国社会科学出版社，2001：162.

乱，影响社会和谐。工程共同体集体行动过程中，其共同体内部和外部伦理关系都存在着价值冲突，导致的伦理失序主要表现在以下两个方面：

（一）工程共同体内部伦理失序

工程共同体内部伦理失序的原因与工程伦理精神式微，进而其内在的伦理关系价值冲突密切相关。就工程共同体而言，虽然作为一个整体，在其目标、能力、意识认同和责任等方面拥有许多共同的规范约束，但由于工程共同体中异质的利益群体和成员角色、地位、影响力存在着差异，利益诉求、权力和职业分工不尽相同，既存在着信任与协作、领导与服从类型的关系，也存在着不信任与各行其是、摩擦与矛盾类型的关系，进而影响工程共同体集体行动。工程共同体成员来自不同的企业或不同的职能部门，他们各自有与工程总目标和整体利益不一致甚至相矛盾的个体目标和个体经济利益，各参与单位之间也存在相互矛盾的群体目标和群体利益。于是，在工程共同体明确表达的目标之外，又存在着许多"部分人群"目标或"个人"目标，而后者和工程共同体整体目标可能是协调一致的关系，也可能是矛盾冲突的关系。

因为工程共同体内部成员因角色、分工、个性等方面的不同而存在着利益、报酬的悬殊，利益的差异决定了工程共同体内部价值取向的多元化。由于工程共同体中存在多元的利益诉求和各异的价值取向，工程共同体内部亚群体与成员在集体行动时会出现相互掣肘的局面，相互信任减弱，削弱工程共同体这一伦理实体的向心力，使工程共同体集体行动难以形成理想、高效的"合力"。

工程共同体内部的价值冲突具体表现如下：工程共同体内诸群体之间的价值冲突，工程共同体中某个亚群体与工程共同体整体之间的价值冲突，工程共同体中个体与个体之间的价值冲突，个体与工程共同体整体之间的价值冲突。这些价值冲突导致工程共同体内部伦理失序。

首先，工程共同体内部异质群体之间的价值冲突主要是不同角色和地位的成员殊异的利益和价值取向带来的价值冲突。由于工程活动中不同的利益群体存在着地位和影响力的差异，各异质的亚群体之间就存在着信息与权力的不对称和价值取向差异的问题。如果把工程共同体划分为工程

师、工程技术员、投资者、管理者、工人等群体，那么，笔者认为，工程
共同体内诸群体可分为三个层次：投资者和管理者是最高层，工程师和工
程技术员是中间层，工人是最低层。政府与企业家一般是工程项目的投资
者，他们掌握着权力和大量资金，决定工程能否启动；管理者是工程活动
的指挥者和协调者，统筹安排人力、物力和财力，决定着人员、资金、信
息、物质资源的流向。投资者和管理者握有很大的权力，常常作为工程决
策者，直接影响工程实施、工程进度和工程质量。工程师和工程技术员具
有精深的专业知识和熟练的专业技能，特别是总工程师和掌握核心技术的
工程技术专家，他们在工程集体行动中处于技术领导者的地位，工程决策
和评估要征求他们的意见，因而享有很高的职业声望，同时获得的报酬比
较高。工人是工程方案的最终落实者，假如没有工人就没有工程。但是，
工人位于工程共同体层级系统的底层，地位最低、收入最少、工作环境最
恶劣，还是工程风险的直接承担者，有时候甚至生命安全都得不到保障。
工程师主要负责设计、策划，他们比较看重工程的质量和功用；投资者决
定工程的规模、工期等，他们更看重工程的经济收益，不能做亏本的生
意；管理者负责处理和协调工程活动中的各种利益关系、人事关系，追求
较大的企业规模，以保障工程的顺利实施；工人则是工程操作环节的具体
执行者，他们更关心工资收入、工作环境和个人的长远发展。最常见的是
工程师与管理者（经理）、工人与投资者之间的价值冲突。

　　就工程师与管理者之间的价值冲突而言，在工程决策时，投资方和管
理者往往会看重工程的经济效益，而忽视工程的长远影响和公众利益，工
程师则更看重后者。美国公共管理专家杰卡尔认为，管理者往往是不会认
真地考虑伦理问题的，除非其能够转化为影响公司利益的因素。[①]美国管理
学家雷林（J. Raelin）在《文化冲突：管理者与职业人员》（*The Clash of
Cultures*：*Managers and Professionals*）（1985）中说："因为教育背景、社会
环境、价值观、职业利益、工作习惯和见解的不同，管理层与职业层存在

---

① JACKALL R. Moral Mazes. The world of Corporate Managers ［M］. New York：Oxford U-
niversity Press，1988：105 – 107.

着天然的冲突。"① 德国技术哲学家伦克指出，尽管工程与商业都把经济效益放在重要的位置，但二者也具有显著的差异：工程的价值是技术可行性、产品的质量、安全性、功能等，而商业的价值是营利性、可市场性、时机、投资能力。② 在工程共同体等级系统中，管理者位于上级，工程师被管理者领导。在管理者看来，作为下属的工程师应尊重和听从上级，促进工程共同体企业的福利，而福利主要以经济指标来衡量。不少工程师认为管理者很少考虑道德因素，不理解和尊重工程师的职业正直，只是将工程师视为执行命令的工具。由于职位、角色的差异，管理者考虑的因素更多，并不按照职业标准去分析问题，更关注成本、收益、社会影响、公司声誉等。雷林比较详细地分析了工程师与经理之间的价值冲突和观念分歧。③ ①工程师经常在忠诚上体验到冲突。工程师既要对工程质量负责，把公众的健康、安全和福祉置于重要地位，即坚持高标准的工程质量要求，又要对雇主负责，从而具有双重忠诚。于是，工程师经常在忠诚上体验到冲突。②许多管理者并非工程师，他们不具有工程专业技术，因此，他们之间的交流通常是困难的。工程师有时抱怨，他们不得不使用过分简化的语言向管理者解释技术问题，而管理者却难以真正理解工程问题。③很多非管理者的工程师热衷于未来的管理层的位置，处于这种位置上，经济报酬和威望都会更好些。于是，工程师与管理者之间的价值冲突、管理者对工程师坚持道德立场的不支持可能直接导致集体行动的悲剧。1986 年美国"挑战者"号航天飞机的悲剧正是一个生动的案例。

与其他群体相比，工人群体在工程共同体中处于弱势地位。工程共同体中工人的主要特点是：①不占有生产资料，靠自己的劳动获得收入；②通常来说，工人是在"工程现场"负责直接操作、实施的劳动者，他们是工程的直接实现者，他们的工作地点是工地、矿井、工厂流水线等工程

---

① ［美］查尔斯·E. 哈里斯，等. 工程伦理：概念和案例［M］. 丛杭青，等译. 北京：北京理工大学出版社，2006：144.

② 李世新. 工程伦理学概论［M］. 北京：中国社会科学出版社，2008：174.

③ ［美］查尔斯·E. 哈里斯，等. 工程伦理：概念和案例［M］. 丛杭青，等译. 北京：北京理工大学出版社，2006：144.

"现场"，而不是管理活动所在的办公室。① 在工程共同体中，投资者为工人创造了就业机会，也依赖工人使工程实现，创造工程产品；投资者的经济利益来自工人的劳动，其尽量限制工人的收入以提高自身的利润；管理者从整体上负责工程共同体集体行动的具体实施，他们在考虑问题时常常忽视工人的诉求，只对投资者负责。从而工人与投资者、工人和管理者之间的利益冲突和价值冲突也普遍存在。工人的人格和隐私有时得不到尊重，有时受到不公正、不平等的待遇，缺乏劳动保护和安全感，甚至健康权、生命权被践踏。鲁德运动充分地反映了这种冲突。马克思通过剖析资本主义生产过程发现，"工人同自己的劳动产品的关系就是同一个异己的对象的关系"，"工人把自己的生命投入对象；但现在这个生命已不再属于他而属于对象了"②。按照马克思的观点，工人与资本家之间的斗争是随着资本主义生产关系的诞生而开始的：资本家最大限度地剥夺工人的剩余劳动，而工人则利用一切机会迫使资本家满足自身的利益要求。工人们在协同的工作中需要通过尊重伙伴来获得安全感③，因此，他们彼此之间是互为主体的平权关系。这种发源于工程活动的平等互助观念转化为集体的情感纽带后，就会依据本团体的伦理标尺对抗文化上的等级观念和制度上的分层结构，进而自觉地形成维护自身权益的职业群体组织。④ 在西方发达国家，工会是工人群体维护自身合法权益的重要力量。但是，只要工程实践的资本逻辑不改变，工程共同体中工人与投资者和管理者之间的利益冲突和价值冲突就会长期存在。

其次，工程共同体中某个亚群体与工程共同体整体之间的价值冲突。这种情况以作为工程决策主体的掌握资源和权力的投资者和管理者，与工

---

① 李伯聪. 工程共同体中的工人——"工程共同体"研究之一 [J]. 自然辩证法通讯，2005（5）：64-68.

② 马克思. 1844 年经济学哲学手稿 [M]. 刘丕坤，译. 北京：人民出版社，1985：48.

③ [美] 罗尔斯. 正义论 [M]. 何宏怀，等译. 北京：中国社会科学出版社，1988：338.

④ 王斌. 工程伦理的身体向度与现代科技的权力经纬 [J]. 自然辩证法研究，2010（6）：54-58.

程共同体整体之间的价值冲突最为典型。工程共同体主张社会整体的利益高于内部小集团的利益，工程伦理责任的道德关怀对象应是全人类的利益，个人和小集团的利益应服从全人类与社会的整体利益。但工程决策者则往往强调自身小集团的利益，他们在进行决策时，往往将公众利益置于次要的位置甚至忽视之。若工程决策主体的道德义务感缺失，使得其行为与应遵循的相关道德规范相悖，进而导致工程共同体作为"整个的个体"集体行动陷入伦理困境。工程的一次性使人们更容易出现短期行为，只考虑眼前的、当前阶段的局部利益，不顾工程共同体整体和工程全局的利益。投资者追求盈利，他们投资工程就是为了利润，对工人、公众的生命与健康、工程质量不够重视，这样，工程共同体内部伦理失序在所难免，进而影响工程集体行动及其产品质量。

最后，工程共同体中个体与个体之间的价值冲突、个体与工程共同体整体之间的价值冲突。就工程共同体中个体与个体之间的价值冲突而言，个体利益的多样性和价值诉求的多元化，导致个体与个体之间较难形成统一的道德"凝聚力"，于是作为统一的整体进行共同的工程实践行动不遵循相关的道德规范，这是个体在工程世界中所面临的道德生活"悲剧"。工程共同体集体行动所面对和建构的工程世界是一个道德价值多元化的世界。就宏观社会背景而言，现代社会的人们处于一种价值断裂的生活世界图景之中。一方面，全球化和一体化的社会发展趋势要求建立价值的统一性和普世性，以便从更广阔的范围去考量人们的行为，把人的共同价值作为规定个体道德的一种依据。另一方面，现代性的发展使人脱离了传统的共同体而成为一个个孤立的个体。相比于传统社会结构的同质性，现代社会结构的特点是"异质性"和"分化性"。这主要表现在两个方面："一是政治、经济和文化等社会生活的基本领域，完成了从'领域合一'向'领域分离'的转向；二是个人的'私人生活'从'公共生活'中分离出来，获得了独立自主的存在空间。"① 社会结构的变化带来了"道德分化"：人与人之间基本的价值共识被消解，"价值个体主义"以及由此所导

---

① 贺来."道德共识"与现代社会的命运［J］. 哲学研究，2001（5）：24－30.

致的道德相对主义泛滥。就微观个体而言，虽然都是人，但由于各自的成长环境不同、教育背景不同，即使都属于工程共同体内的同质群体（比如工程师共同体、管理层、投资方），他们的价值观也可能存在着差异，进而影响集体行动。再就个体与工程共同体整体之间的价值冲突而言，个体与工程共同体之间不仅存在着相互依存、密切联系的统一关系，也存在着相互排斥、彼此背离的对立关系。一方面，个体可能为了自我的利益实现和自由发展，排斥甚至抗拒着集体的外在压力，如强势的决策个体排斥众人意见而一意孤行地做出不当的决策；另一方面，由于工程共同体有着自身的利益目标和价值取向，而且这种目标和取向是超个人的、宏观的，这就必然与工程共同体内某些个体的微观的利益目标和价值取向相冲突，为了集体的利益和价值目标，集体会排斥，甚至压制否定个人，比如决策中出现的"团体思维"①。

可见，工程共同体内部利益分殊和价值取向冲突破坏工程共同体伦理实体的凝聚，使其集体行动的向心力减弱，导致工程共同体内部伦理失序，影响其集体行动的顺利进行。因而，各类问题工程的出现在所难免。

（二）工程共同体外部伦理失序

工程共同体外部伦理失序主要表现为，工程共同体集体行动未达到工程共同体与他人、与其他组织、与社会、与自然环境的共兴共荣。

长期以来，人们一直对个人与集体关系中的"个体个人主义"保持高度的文化警惕并进行道德哲学的反思和批判。以工程活动为例，认为工程共同体集体行动伦理困境和道德难题的发生离不开"个体"与"个体"利益的冲突与对立，其价值根源在于"个体个人主义"。人类自我意识的觉醒以及由此生成的个人主义对于历史的进步曾起到过积极的促进作用，但是个人主义却造成集体的"内部分裂"。在当今现实性的功利社会中，"原子化"的个人之间是互为目的与手段的契约式物质关系，"个体性"与

---

① 团体思维理论创始人欧文·贾尼斯（Irving Janis）认为，团体思维倾向是指团体以牺牲批判性思维为代价来达到一致的态度和倾向。贾尼斯指出，领导者应该采取建设性措施来抵制团体思维，为此，应树立正确的权力观和团结观，创造良好的决策氛围，让决策成员能够自由发表自己看法，而避免一味地讲"和气"。

"个人主义"的过度膨胀使工程活动个体形成多元化的"善"与"善""价值"与"价值"之间的矛盾和冲突的道德生活的悲剧。个体道德生活的"悲剧"能够通过道德哲学的努力，实现个体向集体的推进与集体向实体的跃迁，使得工程共同体中的个体能够在保障自身利益的前提下形成价值共识和共同的伦理信念，重返工程共同体实体的精神家园，成为道德的存在。然而，工程共同体这种"善"的"伦理的实体"，往往容易由于道德责任的集体无意识而沦为"不道德的个体"，处于伦理评价和道德规则的范围之外。从理论上看，因"实体个人主义"具有实体内部的伦理性而具有较强的"伪装性"，长期逃逸于道德哲学反思与批判的触角之外，是一种"隐匿的"个人主义，难以被发现和准确地把握。"实体个人主义"的现实运作，即为了最大限度地获取集团自身的利益而大肆破坏自然、他人、他国等他者的恶行，已经给人类带来了历史上最为严峻的文明灾难，生态危机、侵略战争、恐怖活动等就是其带来的灾难性后果。因而，"实体个人主义"应当成为今天必须认真对待和严肃反思的个人主义形态。

很多学者都论述了集体或实体存在着走向个人主义的内在可能。路易·迪蒙发现："整体主义成分以极隐晦的、几乎偷偷摸摸的方式从属于个体主义成分。"①当一个人为家庭或国家而行动时，对于"内部"其行为是利他的，但对于"外部"其行为是利己的。盲目的集体主义片面强调集体的绝对性并将它发展到极致，这时"集体主义本质上与个人主义实无二致，集体主义则为较高层次的个人主义"②。美国伦理学家莱茵霍尔德·尼布尔详尽地分析了民族主义是如何蜕变为个人主义的。他一针见血地指出，"民族的自私是公认的"。"民族是一种肉体性的统一，与其说是由理智维系起来的，倒不如说是由势力和情绪维系起来的。既然没有自我批评就没有合乎伦理的行动，没有超越自我的理性能力便没有自我批评，那么

---

① [法] 路易·迪蒙. 论个体主义 [M]. 谷方，译. 上海：上海人民出版社，2003：107.

② [德] 布鲁格. 西洋哲学辞典 [M]. 项退结，编译. 台北：先知出版社，1977：89.

很自然，民族的态度几乎不可能合乎伦理。"① 涂尔干也曾揭示国家个人主义，"某些坚信世界国家或世界性的信仰形式，也非常接近于自我中心主义的个人主义。由此产生的结果，将损害既有的道德法则，而不能创造出其他具有更高价值的法则，所以，许多心灵才会坚决拒斥这些倾向，尽管他们也意识到这些倾向从某种角度上说也是合乎逻辑和不可避免的"。奥尔森在《集体行动的逻辑》一书中曾提出这样一个问题："多数有组织的压力集团总是明确在为自身利益而奋斗，而不是为其他集团的利益，在这种情况下把集团行动归因于道德准则就不是很合理。"② 也就是说，在道德生活中，如果一个集团仅追求自身集体利益的最大化，那么，与单个行为主体一样，这个集团的行为无疑是自私和不道德的。

可见，人们的伦理认识和觉悟有待突破和推进，不仅要承认个体行为有可能是不道德的，而且要把道德审视的目光投向伦理实体——伦理实体的行为并非天然的就是合乎道德的。生态危机、文明霸权、商业领域的假冒伪劣产品、食品安全等事件足以发人深省！樊浩教授对"伦理的实体与不道德的个体"的"伦理—道德悖论"做了精要的归纳，他指出，"人类中心主义、实体中心主义，本质上是放大了的个人主义，这种个人主义的特质是：对内是'伦理的'为对外的不道德甚至极端不道德，提供价值辩护和文化庇护"③。实体个人主义在道德哲学上是伦理—道德悖论的结果。

从上一章的分析中可以看到，工程共同体集体行动已给自然生态系统、人类社会、个体的精神世界造成了一系列的伦理负效应。作为整个个体的工程共同体，其本身的道德价值取向是由其行为的道德价值取向来体现的。合理应对工程共同体集体行动难题应当充分重视和严肃对待实体个人主义问题。许多广为人知的工程悲剧，其酿造者并不是工程活动个体，而是作为"整个的个体"的工程共同体实体。工程共同体的重要组织形式

---

① ［美］莱茵霍尔德·尼布尔. 道德的人与不道德的社会［M］. 蒋庆，等译. 贵阳：贵州人民出版社，1998：68，71.

② ［美］曼瑟尔·奥尔森. 集体行动的逻辑［M］. 陈郁，等译. 上海：生活·读书·新知三联书店上海分店，上海人民出版社，1995：78.

③ 樊浩. 伦理—经济生态：一种道德哲学范式的转换［J］. 江苏社会科学，2005（4）：103－111.

是公司（企业），伦理感的飘零和道德感的祛魅，是这一群体伦理境遇和道德气质的重要特征。① 为了完成工程，工程共同体成员与工程共同体之间实际上处在一种契约关系中，工程共同体企业成为"经济实体"，其作为"社会公器"的意识式微——企业与国家和社会的密切关联被市场所遮蔽和切断，组织良心退隐，"伦理的实体—不道德的个体"的伦理—道德悖论尤为突出。更为严重的是，这种集体行动的伦理—道德悖论不仅严重破坏了工程伦理秩序和社会风气，"而且它对内部关系的伦理假象，极易钝化和麻木社会的伦理道德感受力，造成广泛存在的社会性伪善"②。当脱离了作为人的"类"的本真状态的引领，一旦作为伦理实体的工程共同体任意释放本能的"冲动"，牟取自身经济、物质利益，便会在工程领域内发生互相争夺资源、不顾别的"实体"之恶行。当工程共同体披着"伦理"和"道德"的外衣无所顾忌地谋求自身的利益，既没有工程伦理准则的约束又失却集体内在的道德反省机制，其集体行动实际上成为"不道德的"集体行动，以致酿成工程世界中的一幕幕悲剧。作为一个共同体，工程共同体集体行动应在一个更大范围内去寻找它的合理性和普遍性，即在与其他共同体相处的过程中，不能只着眼于自身的特殊目的，更要看到自身与其他共同体的普遍需要与公共本质，并以这种普遍需要与公共本质作为自身行为的标准，通过扬弃自身的特殊性和主观性、超越自身的狭隘和局限，使自身融入一个更大的实体之中，这样，集体行动才是道德的，工程共同体本身才具有道德。

第二节　工程共同体集体行动的制度伦理匮乏

作为统摄工程共同体集体行动在其价值观层面的伦理精神的式微，代之而起的便是资本逻辑逐利价值观的操控。资本逻辑逐利价值观的操控，

---

① 樊浩. 当前中国诸社会群体伦理道德的价值共识与文化冲突 [J]. 哲学研究，2010 (1)：3 - 12.

② 樊浩. 伦理之"公"及其存在形态 [J]. 伦理学研究，2013 (5)：1 - 8.

使功利主义价值观凸显，进而使工程共同体集体行动过程的伦理失序。而这在制度层面使得工程共同体集体行动制度伦理匮乏，主要表现为，组织制度和结构设计中的伦理责任缺位或者说供给不足，以及现有制度伦理的责任追究乏力。因为伦理秩序在伦理关系中表现为内在秩序、外在秩序和规范要求三种结构①，而制度作为一种规范要求，则是伦理秩序的维度之一。工程共同体集体行动作为有组织的集体行动，其有序地运行离不开制度安排和供给。如在第二章中分析了中外许多成功的大型工程案例，尽管工程项目不同，参与运作的工程共同体不同，但是其中都蕴含了工程制度伦理的机制及其运作，进而在一定程度上对于这些工程的成功起到了保障作用。如果说伦理的真谛是作为普遍物而存在的，制度也具有普遍性，那么制度伦理无疑也是一种普遍物。制度伦理对工程共同体中不同的个体具有同等的制约，不为个体偏好所左右，将共同体成员纳入到相对统一的道德秩序中来。目前，我国的市场经济制度建设还很不完善，现实生活中存在着各种背离制度伦理的诱惑，当前工程共同体集体行动制度伦理匮乏包括组织制度和结构设计中的伦理责任缺位，以及现有制度伦理的责任追究乏力，亦是工程共同体集体行动陷入伦理困境的原因之一。

一、组织制度和结构设计中的伦理责任缺位

组织制度和结构设计中的伦理责任缺位易造成工程共同体内部伦理责任的飘移和消散。现代许多工程共同体是依据工具理性被设计为一个制度科层制组织：在该组织机构中，有一种严密而有秩序的上下级制度，在这种制度中存在着一种上级对下级的指挥和监督关系；按系统的劳动分工确定机构和人员的任务领域，执行这些任务需要上层发号施令，并明确权责的划分。关于科层制的理论是由德国著名社会学家马克斯·韦伯创立的。科层制是由训练有素的专业人员依照既定规则持续运作从而保证组织的高效目标。科层制组织内部的权威和等级关系很明确，就像一座金字塔，塔

① 高兆明. 现代性视域中的伦理秩序［J］. 南京师大学报（社会科学版），2003 （6）：5-13.

尖是组织权威的最高处，组织的一系列命令自上而下地传递和执行。组织通过制度设计将行为分解和精确化，每个人只要按照规则要求按部就班地去做，就能够实现组织目标。韦伯指出，工具理性"通过对外界事物的情况和其他人的举止的期待，并利用这种期待作为'条件'或者作为'手段'，以期实现自己合乎理性所争取和考虑的作为成果的目的"①。在依据工具理性安排的工程共同体自上而下的等级层次结构中，具有一种特定的权力的使用和服从关系，每一个人都与所在的职位相匹配，履行确定性的责任。无论多么复杂和不可思议的任务，只要进入组织这台严密运行的精致机器，在理论上都是能够完成的——过去、现在和将来都已经被安排得妥妥当当，人们只要严格按照给定的规则和上级指示行事就万事大吉了。在谈到"理性的私人运用"，即"一个人在委托给他的公民岗位或职务上对其理性的运用"时，康德指出："在为了共同财富的利益而运转的许多事情上需要某种机制，共同体的一些成员必须通过这种机制来消极地管理自己，以便政府可以通过一种人为的一致把他们引向公共目的，或者至少防止他们破坏这些目的。这样一个机制一定不允许争辩；而人们必须服从。……如果一个服役的军官在接受他的上级交给他的命令时竟然高声争辩这个命令的合适性或效用，那就非常有害了；他必须服从。"② 在这样的制度设计中，绝对的服从、明确的义务、严格的纪律取代了人的完整的责任，纪律成为唯一的责任③，"惟有组织内的规则被作为正当性的源泉和保证，现在这已经变成了最高的美德，从而否定个人良知的权威性"④，组织成员的道德自主性被剥夺、伦理（道德）评价中立化⑤，只以组织的要求来定义自己行为的合理性——与组织保持高度一致就是荣誉，服从就是一种德行。阿伦特把这样角色化的人称为投身者，他们"是剧目中的一分

---

① ［德］韦伯. 经济与社会（上）［M］. 林荣远，译. 北京：商务印书馆，1997：56.
② 冯婷. 通向"恶的平庸性"之路［J］. 社会，2012（1）：68-87.
③ ［英］齐格蒙特·鲍曼. 生活在碎片之中：论后现代道德［M］. 郁建兴，等译. 上海：学林出版社，2002：304.
④ ［英］齐格蒙特·鲍曼. 现代性与大屠杀［M］. 杨渝东，等译. 南京：译林出版社，2002：30.
⑤ 这里"伦理""道德"具有同样的意义。

子，必须扮演他的那个角色……他依赖于旁观者的议论，因而他不是自发自足的，他不是根据理性的内在的声音而行为的，而是根据观众们希望他表现的那样去举动"①。"在当今时代，人们是像沙粒一样被搅和在一起的。……任何一个人都不是必不可少的。他不是他自己，他除了是一排插销中的一根插销以外，除了是有着一般有用性的物体之外，不具有什么真正的个性。"② 个体行为的正当性与合理性仅源自组织规则的规定，"官僚制使人的个性受到扭曲，使官僚制条件下的每一个人都变成阴郁、灰暗、屈从于规章制度的'组织人'"③。如果还存在少许的疑问或者良心的不安，就像韦伯说过的，就将这种责任交付给你的上级吧，这是一种上级无法也不应该拒绝和转移的责任。

正因为如此，伦理责任就在组织成员之间、行为个体和直接上级之间、行为者隶属的组织与上级组织之间进行转移。当被追究伦理责任之时，上层决策者可以推托下级执行不力，执行者也可以借口奉命行事，即行为者总是会为自己的行为找到合理的理由而进行伦理责任的推诿。无论多么恶劣的行为，伦理责任或是在上下级的互相推诿中被减轻，或是无法确定伦理责任的承担者，可以说程序理性化的组织制度和结构设计，使组织内部责任出现飘移和消散。

较为常见的情况是，工程共同体中的许多制度只关注工程的技术或经济方面，而缺乏伦理考量，这样的制度设计伦理责任缺位。许多工程腐败现象与制度设计的伦理责任缺位有关。上一章论及的工程共同体集体行动中的权钱交易、暗箱操作、行贿受贿等情况容易滋生。特别是建筑工程领域，许多工程被层层转包到无资质的包工头手中，成为劣质工程的罪魁祸首，但这一本身违法的现象却长时间存在而未能得到遏制，与组织制度和结构设计中的伦理责任缺位，没有制度伦理的约束密切相关。政府对建筑

---

① ARENDT H. Lecture on Kant's Political Philosophy. edited by Ronald Beiner［M］. Chicago：The University of Chicago Press，1982：55.

② ［德］卡尔·雅斯贝斯. 时代的精神状况［M］. 王德峰，译. 上海：上海译文出版社，1997：42-43.

③ 张康之. 寻找公共行政的伦理视角［M］. 北京：中国人民大学出版社，2002：81.

工程行业安全生产的监督管理制度较薄弱，监督管理形式主要是印发文件和通知、突击检查，常态性的监督管理措施较缺乏，建筑工程企业就有机可乘，在安全生产方面打折扣。进城加入建筑工程建设大军的农民工，他们的医疗、养老等制度不健全，有时甚至工资被拖欠也无处申诉，不得已采取罢工、破坏施工场地等方式表达抗议，如此，工程进度和工程质量都会受到影响。

尤其值得关注的是在生物医学工程方面，有些国家只是道德上要求不能研制克隆人，但是没有将禁止克隆人写入法律，如果研制了克隆人，只是触犯道德，不会受到严厉的法律或相关制度伦理的制裁。这样，从事这一领域研究的相关的工程共同体及其成员就很可能置道德于不顾去研制克隆人。

还有，工程伦理的组织建制与规范体系建设都还有待完善，工程共同体集体行动缺失应急制度、预警制度，更没有形成相关伦理规范，会增加工程事故的发生概率。

此外，如上一章中所提到的失误的工程决策与工程论证缺失程序正义有关。正常的工程决策程序是先论证再分析结果、得出工程能否实施的结论。然而在行政决策代替伦理决策和资本逻辑的逐利倾向的影响下，违反工程决策程序的情形也时有发生，即先下结论然后论证。决策者为了工程能上马，邀请相关专家进行论证只是为了做到在形式上的"合法"。被邀请的专家被要求或暗示常常只能顺决策者的意思做出论证，已经成为决策者的同谋。专家的学科代表性不够全面，得出的结论只代表某一领域的观点。公众参与工程决策实践的规范化和刚性化程度还较弱，比如没有明确规定参与决策的公众的来源和比例，也为在决策程序形式上走过场提供了可乘之机。

二、现有制度伦理的责任追究乏力

目前我国已有的由国家层面上的立法关涉工程领域的法律有《中华人民共和国建筑法》《中华人民共和国招标投标法》《中华人民共和国安全生产法》《中华人民共和国城乡规划法》《中华人民共和国合同法》《中华人

民共和国劳动合同法》；由政府部门制定的工程领域的法规，如规定、准则、守则、条例、办法、政策声明等有《建设工程质量管理条例》《建设工程安全生产管理条例》《建设工程勘察设计管理条例》等；生物医学工程领域的有《涉及人体的生物医学研究伦理审查办法（试行）》（卫生部，1998年，2007年）、《人类遗传资源管理暂行办法》（科技部、卫生部，1998年）、《人胚胎干细胞研究伦理指导原则》（科技部、卫生部，2003年）。这些工程法律法规为工程共同体集体行动的正当性提供了保证。比如，《建设工程质量管理条例》将建筑法在质量管理方面进一步具体化，并且具有较强的可操作性。《建设工程质量管理条例》明确提出"谁设计谁负责、谁施工谁负责"的质量责任思想，加大了质量管理的处罚力度，有利于规范参与各方的质量行为、分解质量责任。不过，已有的法规条款也存在不完善的地方，比如一些条款的内容在语言表述上过于抽象、笼统，在具体执行时难以准确把握；或是行政色彩过浓，可执行性较差。比如，建筑法中仅将监理制度限定在施工阶段，而不是全过程参与，在操作中大多以质量监理为主，对于投资、进度方面的监理则不够重视。再如，招标投标法也对建筑工程监理的实施范围有所界定，但在实际的工作过程中却出现许多行为失范的情况。现行招标投标法的惩罚力度过轻、行政监督部门模糊，不能有效地规范工程招投标行为，招投标环节的腐败依然严重。非法转包和违法分包是引发工程质量和安全事故的万恶之源，相关法律已明确禁止，如《中华人民共和国建筑法》第二十八条规定："禁止承包单位将其承包的全部建筑工程转包给他人，禁止承包单位将其承包的全部建筑工程肢解以后以分包的名义分别转包给他人。"但在现实工程中，这些现象却仍然存在。公开招投标制度本是防治工程腐败的一剂良药，但招投标程序、招标结果公示等制度缺乏有效的监督，责任缺位，风险也无人承担，反而可能成为滋生工程腐败现象的温床。我国电梯安全监管主要依据的是现行的《特种设备安全监察条例》，该法规对电梯设计、制造、安装、维保、使用、检测等环节都有相关规定和要求。然而电梯故障或事故发生后，往往出现原因界定困难、责任主体不明晰等问题。不按有关环境标准进行生产和评估，这样的工程产品进入市场，必将带来生态环境的隐患。不按有关质量标准和操作规程开展工程集体行动，会对消费者甚至整个社会带来可怕的后果。在建设工程领域，安全生产制度、招标投标制度、建设监理制度等都已经制定，然而实际操作时却将制度置于一旁，权钱交易、暗箱操作，制度与执行"两张皮"等现象依然存在。

第三节　工程共同体集体行动的伦理责任消解

工程共同体集体行动产生诸多的伦理困境不仅与其价值观层面的工程伦理精神的式微和制度层面的工程制度伦理匮乏相关，而且与其执行层面工程伦理责任消解密切相关。这里的工程伦理责任消解主要表现为，工程共同体集体行动链的分工导致的集体行动诸环节伦理责任链的断裂与悬置、"有组织的不负责任"、工程共同体伦理责任意识淡薄。

一、集体行动诸环节伦理责任链的断裂与悬置

工程伦理精神的式微导致集体行动诸环节——"集体行动动机—集体行动实现过程—集体行动后果"伦理责任链的断裂。很多问题工程的出现，直接与此密切相关。

工程共同体集体行动的动机直接与其集体行动的落实相关联。当工程共同体集体行动的动机为善时（以造福人类、服务社会为目标），也可能产生恶的实际后果。"目的是一种普遍的东西，而实行是一种个别的东西，所以在意识看来，行为从本质说总不能不包含着目的与实行这两者的不协调、不对应。"① 第一，当工程共同体集体行动的动机为善时，若集体行动的实现过程背离伦理，那么作为工程共同体"各个因素之间有内在联系的、持续性的创造活动"② 的工程共同体集体行动，其后果很难是善的。例如，工程决策以经济利益至上；工程设计缺乏人本理念、生态伦理意

---

① ［德］黑格尔. 精神现象学（下卷）［M］. 贺麟，王玖兴，译. 北京：商务印书馆，1979：104.

② 闫顺利. 哲学过程论［J］. 北方论丛，1996（3）：48 – 54.

识，造价高昂、工程产品实用性不强；工程实施时伦理责任意识淡薄；工程验收未严格把关，让不达标的工程产品进入市场，无一不是导致问题工程的关节。如果工程共同体集体行动过程的多个环节都发生了"走样"，那问题因累积而愈加严重。第二，组织中介机制带来的集体行动目标与后果的分离。在工程共同体集体行动中，众多个人的目的和行动彼此交织，汇聚在集体的共同目标之下，而个人行为所产生的结果，"总是像魔术师的小学徒那样，念过咒语后，竟发现那些被他自己变幻出来的精灵已不再听从其使唤：人们同样目瞪口呆于历史洪流的改向与变迁——他们组成了它，却无法支配它"①。埃利亚斯认为，从一个较长远的时期看，所有被纳入短期目的中的社会工具和公共机构，都不是按照那个本来意愿着的目标或方向运行的。约翰·拉赫斯把现代武器生产过程的特征视为大规模地引入行动中介和中介人，"我们从自己的行为中感觉到的距离跟我们对行为的无知成正比；反过来，我们的无知在很大程度上是我们自身与我们的行为之间的中介链条的长度的衡量尺度……当对情境的认识消隐时，行动就变成没有结果的动作。随着结果从视野中消失，人们就能够参与到最恐怖的行动中去"②。人们所置身的现代性组织机构的设置、运作方式，在科学技术的支持下，使"恶"通过组织分工与合作的行为长链及组织中介机制得以传递与放大。此外，现代组织具有目标替代特征，在工程共同体集体行动过程中，在这种"目标—手段"置换的链条下，原有目标中的价值取向易被遮蔽、置换和抛弃，于是整个组织的行动链丢失了灵魂，行为者自身的道德意识与道德意志也悄然隐退与消失。③ 失却了道德准绳的行为主体就处在作恶的待发点上，行动方向一旦错误，集体行动也必将踏上恶的历程。鲍曼曾指出，在我们这个现代的、工业技术熟练的社会中，人的行为能够在有距离的情况下生效，而且这个距离随着科学、技术和官僚体系

① ［德］诺贝特·埃利亚斯. 个体的社会［M］. 翟三江，陆兴华，译. 南京：译林出版社，2003：74.

② ［英］齐格蒙特·鲍曼. 现代性与大屠杀［M］. 杨渝东，等译. 南京：译林出版社，2002：253.

③ 王珏. 组织伦理：现代性文明的道德哲学悖论及其转向［M］. 北京：中国社会科学出版社，2008：8.

的发展而不断扩大。在这样的社会中，人们行为的后果远远地超越了道德视野的"消失点"。鲍曼对社会组织在道德上的中性化进行了研究：所有的社会组织会削弱制造断裂与消除约束的影响或者道德行为。这种后果是通过一系列互为补充的安排得到的：①组织中介机制延伸了行动与它的结果之间的距离，直至超过道德冲动能够触及的范围。行动者因一连串的中介者传递而被放在"代理的地位"，并与意图明了的动机和行动的最终结果相隔离，他们就很少能有做出选择的那一刻，难以关注他们行动的结果。②从道德行为的一类潜在的对象，即潜在的"脸"中，将某些"他者"排除。③将行动的其他人类目标分解为具有功能上特殊品质的聚合体，并保持隔离的状态以致没有机会再组合那张脸，并使每个行动安排的任务都不受道德的评价。在这些安排下，组织不鼓励非道德的行动；它不倡导恶，也不鼓励善，除了它的自我激励外。它仅仅使得社会行动无善无恶——从技术的（目标指向或者程序的）而不是道德的价值来评价。①

在前工业社会，技术产品的制作发明相对简单，当工程技术产品产生消极后果时，追究责任比较容易，如中国古代"物勒工名"的制度保证了责任承担和工程质量。而当代工程是以组织化的工程共同体完成的，"物勒工名"的责任制度难以适用，"组织作为一种完成各种目标的机制，也是导致现实生活诸多困境的缘起"②，组织行动的伦理责任难题亦是导致集体行动难题的因素。根据伦理和道德概念的分殊，伦理责任重在集体的道德责任。这里，我们对伦理责任和道德责任不作专门区分。

工程活动是工程共同体有组织、有秩序、有控制的集体行动，工程目标需要工程共同体内部各个子共同体及成员间的分工合作才能完成。工程共同体并不如家庭、民族这类自然伦理实体那样具有天然的合理性。作为现代组织存在形式的工程共同体，"可以被描述为一台使得道德责任飘忽不定的机器；责任不专门属于任何一个人，因为每个人对于最后结果的贡

---

① ［英］齐格蒙特·鲍曼. 现代性与大屠杀［M］. 杨渝东，等译. 南京：译林出版社，2002：278-282.

② ［美］W. 理查德·斯格特. 组织理论［M］. 黄洋，等译. 北京：华夏出版社，2002：6.

献实在是太微不足道或者太片面了，以至于不能被刻意地归入一个因果功能的解释。责任的分解与在结构层次上剩余物消散产生的结果，就是阿伦特所辛辣地描述的'无人的统治'；而在个体的层次上，这使得行动者，这个道德的主体，在面对任务和程序规则的双重力量时无话可讲，无可置辩"①。集体负责客观上造成集体行动中责任人的"虚位"，即理论上存在责任人而实际情况却是"责任人缺场"。无论是工程决策、工程设计，还是工程实施，任务大多被分解为若干子任务，责任也因而被分解，从理论上看似乎参与集体行动的每个人都有责任，实际上责任常被消解于无形。"集体负责制"与"分级负责制"的结合消解了责任。②

二、"有组织的不负责任"

现代有些工程集体行动工程伦理责任的消解还与有组织的不负责任联系在一起。以伦理风险的视域审视工程共同体集体行动，则工程共同体集体行动是一种充满了伦理风险的集体冒险活动，因为工程共同体、工程利益相关者的所作所为都会对工程后果产生影响。当参与工程集体行动的诸多因素被综合考虑，并进入工程共同体集体行动过程中时，责任主体就变得模糊起来。"这时的责任承担就必须以一定的'普遍连带'的原则来进行，也即某个或某几个责任主体对特定技术责任的承担并不必然导致其他主体对这一责任的豁免。"③ 同时，由于工程的不确定性及其风险的结构性等特征，势必会造成主体责任的悬置及"有组织的不负责任"的现实。

前面提到的工程活动造成的环境破坏、高铁事故、食品安全问题等都是工程共同体集体行动"有组织的不负责任"的具体案例。这种"有组织的不负责任"是结构性和制度性的，是现代工业生产方式的伴生物，"科技风险则肯定源于人们的重大决策，当然这些决策往往并不是由无数个体

---

① ［英］齐格蒙特·鲍曼. 现代性与大屠杀［M］. 杨渝参，等译. 南京：译林出版社，2002：280.

② 陈万求，刘春晖. 重大工程决策的伦理审视［J］. 伦理学研究，2014（5）：94 - 97.

③ 孙萍，杜宝贵. 技术责任问题研究述评［J］. 科技管理，2003（8）：25 - 28.

草率做出的，而是由整个专家组织、经济集团或政治派别权衡利弊后所做出的"①。这就是说，当风险来临时，每一行为主体为了自己的切身利益，总是想方设法逃避责任——政策制定者、企业和专家结成的联盟共同制造了当代社会中的风险，然后又建立一套话语系统来推卸责任。现代的各种组织制度和专家系统就是这样安排和设置的，他们一方面利用风险定义的多样性及风险知识的话语霸权为自己的所作所为开脱责任，同时借助于现代制度复杂的机构设置、层叠的职能分工以风险转移的办法来转嫁或逃避责任，从而达成了一种"隐蔽的共谋"。"迷宫式的公共机构都是这样安排的，即恰恰是那些必须承担责任的人可以获准离职以便摆脱责任。"② 贝克认为"有组织的不负责任"就是风险判定中最突出的方面，这种状态也说明了在风险社会中工程风险规避的一种特殊责任机制——无法为工程风险所带来的后果找到明确的责任人。"第一次现代化所提出的用以明确责任和分摊费用的一切方法手段，如今在风险全球化的情况下将会导致完全相反的结果，即人们可以向一个又一个主管机构求助并要求它们负责，而这些机构则会为自己开脱，并说'我们与此毫无关系'，或者'我们在这个过程中只是一个次要的参与者'。在这种过程中，是根本无法查明谁该负责的。"③

三、工程共同体伦理责任意识淡薄

以上两个方面与工程共同体集体行动的组织化行为模式有着密切的关联，而伦理责任意识淡薄则直接是工程共同体本身的问题。这种伦理责任意识淡薄表现为缺乏安全重于泰山的职业伦理精神和严格执行现场作业安全操作规程的职业底线伦理意识等。这些问题在工程共同体集体行动的各

---

① ［德］乌尔里希·贝克. 从工业社会到风险社会（上篇）——关于人类生存、社会结构和生态启蒙等问题的思考［J］. 王武龙，译. 马克思主义与现实，2003（3）：26–45.

② ［德］乌尔里希·贝克，约翰内斯·威尔姆斯. 自由与资本主义［M］. 路国林，译. 杭州：浙江人民出版社，2001：143.

③ ［德］乌尔里希·贝克，约翰内斯·威尔姆斯. 自由与资本主义［M］. 路国林，译. 杭州：浙江人民出版社，2001：143.

个环节都有。比如,工程实施企业内部管理疏漏,工程作业现场人员配置不当、操作程序不全等不胜枚举。

首先,安全重于泰山是工程实施的职业伦理精神,作业现场要有精通业务的技师、具体操作的工人,还要有管理人员指挥、协调。只有这样,才能在遇到突发情况或者技术难题时,可以现场解决。若是作业现场只有负责具体操作的工人,一旦遇到突发情况,他们难以应付,甚至还会威胁到现场人员的人身安全。中石油"11·13"爆炸事故就是一个典型的反面案例。

其次,严格执行现场作业安全操作规程是参与工程共同体集体行动成员的职业底线伦理意识。作业之前需检查作业设备是否完好,材料供应是否及时到位,有无隐患,一旦存在故障、隐患就应暂停操作,及时上报。检查无误之后才能开始作业。但是,现在有的工程在作业现场甚至常常省略前面的检查环节,作业人员存在侥幸心理,安全第一的职业伦理意识淡薄。有些工程施工图纸未经审查就开始施工,以及边设计边施工等情况都给施工质量和整个工程质量埋下了隐患。

再次,培训基层操作人员,提高其业务素质和岗位伦理责任意识是工程共同体的基本伦理职责。然而,由于现在的工程共同体对基层操作人员培训不到位,这些人员业务素质不扎实,岗位伦理责任意识淡漠,成为工程事故的直接源头。对于现场实施和操作中出现的隐患不能及时发现和准确识别,或是事故发生了不知如何处理,延误了控制事态的时机,让事故变得更严重、更加难以控制。工程施工单位严格执行设计图纸和施工规范,并不意味着施工单位机械地执行,即使发现设计图纸中的一些问题还是无怀疑地施工。因为有些设计失误只有在施工时才会暴露出来,因而施工人员首先发现。责任感和大局意识缺失的施工人员可能在发现设计方案的问题时就此放过,这样不闻不问、事不关己的态度就会给工程的顺利进行带来隐患。有的施工队未受过系统培训,有的工人无证上岗,无疑是在拿工人自身安全和整个工程质量做赌注。而情况与之类似的煤矿、施工企业还不少。

最后,伦理责任意识淡薄还表现在监督不到位。第一,工程实施企业内部监督不力,没跟踪好工程实施过程。中石油"11·13"爆炸事故发生后,若是该企业处理及时,就可避免污水未经处理就排入松花江。第二,建设工程监理责任不到位，监理不力。工程监理受建设方（业主）的委托，对其在建工程项目的资金、进度、技术等进行监督，并把好质量关。在注册监理师数量远远不能满足工程需要的前提下，监理企业为了自身利益最大化而派驻低素质监理人员。① 监理人员不熟悉施工规范，对施工过程放任自流，姑息工程施工中存在的隐患；现场巡视和检查走过场，未能真正落实有关合同的要求。有的监理人员现场工程量不经核实就不负责任地签证，还有的签证让承包商填写，给承包商以少报多、高估冒算的可乘之机，导致工程造价虚高。

通过对工程共同体集体行动伦理困境的成因的解析，了解了生成的原因及其症结所在：①最根本的是工程共同体集体行动伦理精神的式微，其中包括功利主义价值观凸显、工程共同体集体行动过程的伦理失序；②工程共同体集体行动的制度伦理匮乏，其中包括组织制度和结构设计中的伦理责任缺位、现有制度伦理的责任追究乏力；③工程共同体集体行动伦理责任的消解，其中包括集体行动诸环节伦理责任链的断裂与悬置、"有组织的不负责任"、工程共同体伦理责任意识淡薄等。上述三个方面的原因不是孤立的，而是相互关联、相互影响的。作为价值观层面的工程伦理精神对制度层面的工程制度伦理和执行层面的工程伦理责任具有统摄作用；制度层面的工程制度伦理则可以强化和保障工程伦理精神的贯彻实施，进而推进执行层面的工程伦理责任；而执行层面的工程伦理责任也体现工程伦理精神对制度层面的工程制度伦理的建构及其影响力的深度与广度。因此，工程伦理精神的式微势必影响制度层面的工程制度伦理的建构与执行力，而工程伦理精神的式微和工程制度伦理匮乏势必影响执行层面的工程伦理责任。

为了走出上述工程共同体集体行动的伦理困境，我们必须在价值观层面重塑工程共同体集体行动的伦理精神，并重建相关的工程共同体集体行动的伦理机制，即以制度伦理机制规范工程共同体集体行动过程，在执行层面以伦理责任机制追踪工程共同体集体行动。

---

① 刘晓君，郭涛. 基于博弈论的工程监理行业问题研究［J］. 科技进步与对策，2012（18）：100－105.

第五章

工程共同体集体行动的伦理精神的重塑

由上一章分析可知，当代工程共同体集体行动之所以在动机—实施过程—实施后果中出现伦理问题和伦理困境，最根本的原因是工程伦理精神的式微。这使得工程共同体可能因缺乏凝聚力而成为一盘散沙，出现利益分殊、价值冲突而面临集体行动的困境。因此，只有重塑工程共同体集体行动的伦理精神，并以之统摄和贯穿工程共同体集体行动，才能超越工程共同体集体行动的多重伦理困境。因为人贵于禽兽之处在于人不仅具有生物学意义上的生命，而且建构了一个意义世界，以超越其动物性，确证人存在的崇高价值。"政治激情高昂的时代已结束，由伦理精神指导行动的时期已经来临。"[1] 历史上许多成功的典范工程也彰显了工程伦理精神。伦理是以"实践—精神"的方式把握世界的，伦理既是向实践生成的精神，又是在去恶扬善精神引领下的实践。[2]

重塑工程共同体集体行动的伦理精神，首先须弄清工程共同体集体行动伦理精神的内涵[3]，进而以此工程伦理精神统摄工程共同体集体行动的顶层设计和引领工程共同体成员的集体行动动机。

---

① ［法］阿兰·图海纳. 我们能否共同生存？［M］. 狄玉明，李平沤，译. 北京：商务印书馆，2003：409.

② 陈爱华. 社会主义核心价值体系的伦理维度［J］. 南京政治学院学报，2009（5）：39–43.

③ 工程伦理精神尽管在前几章中有所关涉，但是其内涵未被进一步论述。本章试图着重对其内涵进行阐释。

第一节　工程共同体集体行动伦理精神的内涵

如前所述，工程共同体集体行动的伦理精神为实现"善"的工程共同体集体行动和"善的工程"提供了意识和意志、个体和组织的双重引领，如果工程伦理精神既成为"工程共同体的道德自我意识"，又成为"现实工程共同体集体行动"，这样，工程共同体就能超越其"单一物"的"集合"成为集体行动的伦理实体。正如黑格尔所说，"普遍的东西要想成为一个行动，它就必须把自己集结起来，形成个体性那样的单一性，并且将一个个别的自我意识安置于领导地位；因为普遍的意志，只有在一个单一性的自我之中，才是一种现实的意志"①。而工程共同体作为一种现实普遍的意志，是一种抽象的普遍性，它"本身不是什么别的，只不过是一个自己确立自己的点，或普遍意志的个体性"②。工程共同体自为地存在着，一方面它排除别的个体，另一方面它本身是一个特殊意志，从而与普遍意志对立。作为特定意志的、自为存在的现实工程共同体，在展开集体行动的过程中往往看重其眼前的利益，其伦理精神往往被遮蔽或式微。如第三章所述，工程共同体集体行动在动机—实施过程—实施后果中陷入伦理困境，出现多重工程伦理问题。因而，我们亟须重塑工程共同体集体行动的伦理精神，即以造福人类为根本宗旨，以珍爱生命为伦理底线，以追求卓越为崇高旨趣，以之统摄工程共同体集体行动并贯穿其动机—实施的全过程。

一、以造福人类为根本宗旨

造福人类作为工程共同体集体行动的伦理精神的根本宗旨，体现了工

---

① ［德］黑格尔. 精神现象学（下卷）［M］. 贺麟，王玖兴，译. 北京：商务印书馆，1979：118.

② ［德］黑格尔. 精神现象学（下卷）［M］. 贺麟，王玖兴，译. 北京：商务印书馆，1979：119.

程共同体为人类创造幸福生活的追求。这里所说的幸福不仅是优越的物质生活、善良的道德品质和行为，而且是人的价值创造以及人在此过程中达到自我完善的精神境。亚里士多德指出："幸福是完善的和自足的，是所有活动的目的。"① 因为就工程的本质而言，工程是人的存在方式和类本性②，工程共同体集体行动以为人类创造幸福生活为"应然"价值旨归，通过创造善的工程，使人生活得更好。正如海德格尔所说，建筑的本质是人的栖居，就是让人"是其所是"地幸福生活于世界之中，让人的身体和心灵得到安顿和庇佑。工程共同体集体行动能够给人们带来舒适、便利、愉悦的生活，从饮食起居、交通出行，到探索地球和宇宙、治疗疾病，工程共同体集体行动的过程便是人追求幸福的过程，这里所说的追求幸福不仅包含了工程蕴含的道德德性即为了"生活得好和做得好"，从而，"它必定是要去做，并且要做得好"③；同时，也蕴含着理智德性——善于"判天地之美，析万物之理，察古人之全"；还蕴含了审美德性——"合德性的活动就必定自身就令人愉悦"④。

工程共同体集体行动不仅以为人类创造幸福生活作为其"应然"的价值指向，而且将其作为"幸福行动"。幸福行动本身就是这一行动的成就。幸福的行动只能是给予性的行动，它考虑的不是利益回报，而是精神提升。"一个幸福的人根本不去考虑是否会获得某种回报，因为幸福行动的给予性本身就已经足够有魅力。"⑤ 造福人类的工程绝不能是劳民伤财、华而不实的工程，它要求工程共同体处理好工程功能、形态和造价的关系。北京奥运会的主场馆鸟巢在建设过程中，对原来的建筑造型做了修改，依据国家"适当控制投资总规模，调整和优化产业结构，坚决遏制部分行业

① ［古希腊］亚里士多德. 尼各马可伦理学［M］. 廖申白，译注. 北京：商务印书馆，2010：19.

② 张秀华. 历史与实践——工程生存论引论［M］. 北京：北京出版集团公司，北京出版社，2011：213.

③ ［古希腊］亚里士多德. 尼各马可伦理学［M］. 廖申白，译注. 北京：商务印书馆，2010：23.

④ ［古希腊］亚里士多德. 尼各马可伦理学［M］. 廖申白，译注. 北京：商务印书馆，2010：24.

⑤ 赵汀阳. 论可能生活［M］. 北京：中国人民大学出版社，2010：149.

和地区盲目投资、低水平重复建设"的政策，取消了最初设计的可开启的屋盖，减少了用钢量，降低了工程造价，让鸟巢更加实用，体现了节约办奥运的理念，蕴含着造福人类的精神。

　　工程要能够真正为人类创造幸福生活，给人们带来普遍福利，就需要作为主体的工程共同体具有一种服务、奉献和献身的精神，一种"不声不响的服务英雄主义"。"服务的英雄主义（Heroismus des Dienstes），——它是这样一种德行，它为普遍而牺牲个别存在，从而使普遍得到特定存在，——它是这样一种人格，它放弃对它自己的占有和享受，它的行为和它的现实性都是为了现存权力（Vorhandene Macht）利益。"① 从黑格尔的论述可以看出，服务天生就是一种德行，其本质在于对伦理普遍性的坚守和固持。尽管黑格尔立足于客观唯心主义立场，但是他的阐述为我们呈现了一幅"服务"的精神图景，为"政府服务""服务型政府"的精神哲学内涵提供了理论资源，为我们思考工程共同体集体行动的服务也提供了有价值的参考，因为在服务中总要有所牺牲，通过服务，普遍就跟特定存在结合起来了。② 服务，是工程共同体出于非功利动机的义务，忠诚于公众的意愿和委托，而非对外在压力和规定的被动服从。

二、以珍爱生命为伦理底线

　　要将造福人类的根本宗旨贯穿于工程共同体集体行动之中，还须以珍爱生命为伦理底线。这样才能真正彰显工程伦理精神。因为珍爱生命是工程共同体集体行动应遵循的最基本的普遍伦理准则，它立足于对生命的敬重，并以此作为工程共同体集体行动不可逾越的行为界限。对于人而言，生命权作为人的一项基本权利，必须得到尊重。这里所说的珍爱生命不仅包括珍爱人的生命，而且包括珍爱动植物的生命和大自然的生态环境等广义上的生命，坚持安全第一、不伤害原则、人和自然生态的可持续原则。

---

① ［德］黑格尔. 精神现象学（下卷）［M］. 贺麟，王玖兴，译. 北京：商务印书馆，1979：52.
② ［德］黑格尔. 精神现象学（下卷）［M］. 贺麟，王玖兴，译. 北京：商务印书馆，1979：52.

与此同时，工程共同体集体行动不能有害于每个工程共同体成员、工程使用者和广大公众的生命安全和身体健康，"不仅是渴望去做全体人们关注的好的或最好的事情，而且渴望他们所有人中，没有人被伤害或遭受痛苦"①，这是一种底线伦理。

首先，工程共同体集体行动应高度重视工程共同体成员的生命安全和健康。工程管理者应心系每个工程共同体成员，尤其是一线工人的生命安全，坚持不伤害原则，为基层工作者创造安全的工作环境，并做好安全生产培训。多投入资金用于改善落后的生产设备，研发和引进先进的制作工艺，整顿作业场所狭小、脏乱的情形，不得克扣、挪用安全专用经费，减少工程安全事故发生的概率。《矿山安全法》规定："矿山企业必须从矿产品销售额中按照国家规定提取安全技术措施专项费用。"工程企业还要做好基层人员的业务培训，安全生产培训是其中的重要方面，不得忽视或省略。工人在上岗之前，必须经过安全生产培训，牢固树立"安全第一"的意识，在上岗之后，提高对现场安全事故识别的能力，在作业之前必须做好安全防护，严格执行工程技术和安全生产的各类规章制度，才能减少安全事故和人员伤亡。如果工程的推进对一线工人的生命安全、身体健康构成威胁，应当果断中止。工程管理者还要做好事故处理紧急预案；要梳理可能导致工程事故的地段、环节，做好警示标识，有针对性地密切关注、加强监控；制定事故应急救援预案并进行演练，当事故发生时减少慌乱，把握时间开展救援。

其次，工程共同体集体行动应关注工程使用者和公众的安全和健康，及时告知工程风险。工程共同体集体行动的结果伴随着正负双重伦理效应，工程风险也是客观存在的，工程使用者和公众有权知晓工程可能给他们的安全和健康带来的负效应。新兴的农业工程、生物工程、医学工程在研发完成投入市场后，经过一段时间的使用，其效果才能得到检验。比如转基因食品、医学美容产品、化妆品、新药问世之后，消费者可能会产生身体上的不良反应甚至危害身体健康、生命安全，应当在产品使用说明中

---

① SLOTE M. Morals from Motives［M］. Oxford：Oxford University Press, 2001：28.

写清楚可能带来的副作用，让消费者心中有数，慎重地做出选择。一味通过广告宣传新产品的优势，而对副作用避而不谈的行为应受到谴责。

再次，进一步的要求是把眼光放长远，工程共同体集体行动不仅要珍爱当代人的生命，而且要考虑到未出生的后代人的生命及其价值，审慎而为。随着城市化的推进，工业园区的建设、商品房的开发占据了大量的生态用地，近期能够带动区域经济发展、缓解城市化的推进带来的住宅需求紧张，但是长远地看，建筑用地对生态用地的取代难以还原，是对后代人生存家园的破坏。克隆人的出现会让子代对自身的伦理身份和生命的意义产生怀疑。

最后，工程共同体集体行动应关爱动植物的生命和大自然生态环境的可持续性。工程共同体应摒弃以当代人为中心、以人类为中心的立场，站在后代人、动植物、生态环境等他者的立场进行"反思平衡"，多创造一些生态工程。从而，不仅要求在工程对自然环境和人类健康构成直接的或者明显的威胁时要重视和采取措施，而且要求当自然环境和人类健康还没有受到直接影响的时候，工程共同体也应该表示充分关注。在工程决策之前，工程共同体应请专业机构进行环境影响评价和生态影响评价，提出减缓不良环境影响的措施，选择最合理的工程方案。在工程实施（建造）过程中，要最大限度地减少可能产生的环境负效应，采用生态技术，推行清洁生产，努力实现绿色工程。工程建成后，做好跟踪和监测，落实环境反馈工作。全过程的责任要求工程共同体自始至终关注和跟踪其集体行动对环境的影响，并根据实际情况及时调整，确保工程与生态环境的协调发展。比如，三峡工程在开工之初就确立了"环境与工程建设同步"的指导原则，制定了一系列促进环境保护管理的规定和文件，奖惩分明，设立长江三峡工程生态与环境监测中心（生态监测技术室），启动生态与环境监测系统，落实施工区环境监测、库区地震监测、地质灾害监测、泥沙冲淤监测、生物监测与保护，努力打造与自然和谐的工程。在技术层面，工程共同体确立"深度生态"的发展方向，构建合乎生态学规律的可循环的工程技术体系，推广低碳技术、循环技术、共生技术等各类环境友好型技术，以实现工程合目的性与合规律性的统一。

三、以追求卓越为崇高旨趣

要将造福人类的根本宗旨贯穿于工程共同体集体行动之中，工程共同体不仅须以珍爱生命为伦理底线，还须以追求卓越为崇高旨趣。这样才能使工程伦理精神不断升华。卓越的字面意思是"超出一般的"，追求卓越是伦理精神的另一种表达，正是在这个意义上，可以说"追求卓越实质上就是追求伦理"①。卓越不仅是工程共同体集体行动所追求的精益求精的崇高旨趣，而且它也是一种道德境界、精神力量。工程共同体以追求卓越为崇高旨趣意味着处理好工程共同体内部和外部的伦理关系，处理好工程的经济利益、社会责任、生态影响的关系，处理好工程的当前效益和长远影响的关系，努力达到以上几个方面的"共赢"。

工程共同体不仅是工程个体的成长环境，而且还应承担起教育和提升工程个体的任务，工程共同体只有不断地追求卓越，才能达到"存在的扩展可能性"②。因为人不仅是与动物相同的自然存在者，而且是一个自为的、创造性的存在者。马克思说："任何领域的发展不可能不否定自己从前的存在形式。"③ 不同于科学以探索和揭示事物的普遍规律为旨归，具有可重复性的特征，工程共同体集体行动是在特定的情境和场域中开展的，因而具有"当时当地性"，其工程产品是独一无二的，具有"唯一性"，因而工程共同体集体行动创新的本质必然要求其具有追求卓越的崇高旨趣。

工程共同体集体行动追求卓越的崇高旨趣还要求工程共同体集体行动具有其工程项目与工程产品的审美之维。这主要表现在设计、营造、运行等工程的整个过程中，渗透着一种对美的追求，以提高工程产品的审美维度。因而参与工程共同体集体行动的工程设计师其工程设计应具有强烈的审美理念、审美情趣；施工人员则是把设计师有关工程美的理念和情趣转化为工程现实的美；管理人员通过对工程共同体集体行动的组织、协调，

---

① FREEMAN E R, GILBERT, D R Jr. Corporate strategy and the search for ethics [M]. NT: Prentice - Hall, 1988: 5.

② 赵汀阳. 论可能生活 [M]. 北京：中国人民大学出版社，2010：43.

③ 马克思恩格斯选集（第4卷）[M]. 北京：人民出版社，1972：169.

让工程共同体集体行动按照美的规律来建造，与此同时，也展现出工程的管理之美，进而体现追求卓越的崇高境界。

求实、求精、求新、达美和自强不息的意志、厚德载物的情怀，无不体现着工程共同体集体行动追求卓越的崇高境界，为人们在工程时代安身立命提供了有力的价值指引。追求卓越的崇高旨趣还要求工程共同体在创新的集体行动中重视将伦理动机、伦理规范的内化及伦理制约，关注工程创新的社会伦理内涵及其影响，对工程发展的直接和潜在伦理后果负责。

第二节　以工程伦理精神统摄
工程共同体集体行动的顶层设计

以工程伦理精神统摄工程共同体集体行动的顶层设计就是指从战略的高度，以系统论的方法，以造福人类为根本宗旨，以珍爱生命为伦理底线，以追求卓越为崇高旨趣统筹考虑全局及各层次的多元要素，从决策层面进行宏观战略谋划和在技术总体规划层面系统设计工程共同体集体行动。

一、优化工程共同体集体行动的伦理决策

古人云："天下之事，谋之贵众。"如前所述，决策作为工程共同体集体行动链前端的"顶层设计"，必须形成和完善"利益相关者"和公众参与工程共同体集体行动决策的伦理机制，明确工程决策的伦理原则。

（一）完善工程共同体集体决策行动的伦理机制

长期以来，许多工程共同体集体行动决策是由政府做出的。事实上，工程共同体中的投资者群体、管理者群体、工程师群体也应该是工程共同体集体行动的决策主体。专家意见对工程决策有着重要影响。这里要着重强调的是，"利益相关者"和广大公众也应作为工程共同体集体行动决策的伦理主体在工程决策中"出场"，让他们的心声被关注、他们中肯的意见得到采纳，以形成和完善"利益相关者"和公众参与工程共同体集体行

动决策的伦理机制。这既是决策民主的体现，也是工程共同体集体行动决策的内在要求。

罗尔斯在《正义论》中提出了著名的"原初状态"和"无知之幕"。从知识的视角来看，"原初状态""无知之幕"都是一种非嵌入编码知识，是具有逻辑起点意义的理想状态。显然，在无知之幕之后的个人是"无差别的个人"。李伯聪借用罗尔斯的"无知之幕"概念提出：在工程决策中应拉开"无知之幕"，让利益相关者出场[①]，通过平等对话与深度沟通，消除工程决策者、管理者、使用者和利益相关者之间的隔阂，取得关于工程方面的共识。

利益相关者理论是在对美、英等国奉行"股东至上"公司治理实践的反思和质疑中逐渐形成的。利益相关者理念与方法对于战略管理、企业组织发展研究、工程项目研究、可持续发展问题研究等都具有重要意义。美国项目管理协会编著的《项目管理知识体系指南》中将其定义为：积极参与项目，或受项目执行和完成所影响的个人或群体。[②] 根据这一界定，除了工程共同体中的工程师、投资者、管理者、工人，政府部门、工程用户（消费者）、社区公众等也是工程的利益相关者。内部利益相关者主要包括项目所有人（或业主方）、管理者、供应商、承包商和分包商等，由工程项目的参与人构成。工程用户、社区公众等是典型的外部利益相关者，即受工程影响的对象。根据利益相关者理论，工程项目是众多契约的集合体，每个契约方都可看作是该工程项目的利益相关者，他们是潜在的受益人或风险承担者，因此每个利益相关者的利益都应该得到保护。这就要求了解工程共同体集体行动利益相关者的期望和需求，掌握工程共同体集体行动对他们的多种影响和他们对工程共同体集体行动的态度，应在工程共同体集体行动决策时把他们纳入进来，发挥他们在决策中的作用。"一个决策是否达到了更高的伦理水准，不应该主要由'局外'的伦理学家来判

---

① 李伯聪. 工程伦理学的若干理论问题——兼论为"实践伦理学"正名［J］. 哲学研究，2006（4）：95－100.

② Project Management Institute. A guide to the project management body of knowledge［M］. Newton Square：Management Institute Inc，2008：32－65.

断，而应该首先由'局内'的利益相关者来判断"①。正如李伯聪所指出的，吸纳利益相关者参与决策过程不仅是一件具有利益意义和必然影响决策"结局"的事情，而且也是一件具有重要的知识意义和伦理意义的事情。② 就利益意义而言，通过员工参与与其利益相关的决策，能够增强他们对职业生活的理解和团队精神，提高工作积极性；公众参与工程决策则可直接表达自身的利益诉求，避免正当利益受到剥夺。就知识意义而言，美国学者里查德·德汶认为，不同的利益相关者有着不同的知识背景，能够带来不同的观点和新的信息，有助于扩大决策的知识基础。③ 就伦理意义而言，也许最后做出的决策选择并非最优的伦理选择，但扩大决策者的范围则有利于达成一个经济、技术、伦理共赢的方案，以推进工程共同体集体行动达到更大的伦理合理性。让利益相关者参与工程共同体集体行动决策，不仅有利于防范工程技术风险，而且有利于增强工程共同体的伦理责任意识。

公众在很多情形下是利益相关者的一部分，但由于公众的认识水平、文化素质、在对话中的地位可能处于相对弱势的位置，因而将公众参与工程决策单独进行讨论。我国学者刘大椿等认为，社会公众参与科技决策是一种科技与社会伦理价值体系之间的缓冲机制。④ 这无疑对工程决策也有意义。著名技术哲学家米切姆指出，现代工程技术决策模式已经历了由"专家意见模式"向"参与模式"的转变。⑤ "如果只是来自专家集团内部的交涉而缺乏市民一方的问题意识的话，那么即便是专家们也会陷入一种

① 李伯聪. 工程伦理学的若干理论问题——兼论为"实践伦理学"正名 [J]. 哲学研究, 2006 (4): 95-100.
② 李伯聪. 工程伦理学的若干理论问题——兼论为"实践伦理学"正名 [J]. 哲学研究, 2006 (4): 95-100.
③ DEVON R. Towards a social ethics of technology: a research prospect [J]. Techne, 2004, 8 (1): 99-115.
④ 刘大椿，等. 在真与善之间: 科技时代的伦理问题与道德抉择 [M]. 北京: 中国社会科学出版社, 2000: 57.
⑤ MITCHAM C. Technology and ethics: from expertise to participation [A]. Mitcham C. Thinking Ethics in Technology: Hennebach Lectures and Papers (1995 - 1996). Golden: Colorado School of Mines Press, 1997: 17-27.

无力的状态，对于整个社会的危险性的警戒意识也会淡薄下来，由此造成的危害，也只能由普通市民来承担。"①

　　当前，我国的公众参与工程决策作为一项常规的制度刚刚起步，已经开展的公众参与活动，还存在着许多问题。要使公众真正参与到工程共同体集体行动决策中去自由表达自己的立场和观点，必须建设一个民主、宽容、和谐的制度文化环境。② 从国外的经验看，工程项目公众参与有着多样化的方式方法，如共识会议（Consensus Conference）、焦点小组、情景工作室、以社区为基础的研究（Community – based research，CBR）、专家咨询委员会、公私合作、市民团体、情景研讨班（Scenario workshops）等。而现阶段的国内工程公众参与实践中，采用较多的两种方式是听证会和专家咨询委员会，而其他方式还较为滞后，有待建设。为此，工程项目公众参与须从以下几个方面努力。首先，政府部门必须采取措施（通过制度和政策）搭建平台、明确程序，保证工程决策的民主参与。其次，专家的态度也必须转变。在公众参与工程共同体集体行动决策之前，专家应通过讲座、解答公众疑问等方式对公众进行相关知识和技能培训，使公众形成正确的工程认知、情感和意志，提升他们对于工程问题的敏感度；在公众参与工程共同体集体行动决策的过程中，专家和公众处于平等的地位，或者是参与过程的调节者和协调者。③ 最后，要提高公民参与工程共同体集体行动决策的意识。这就要提高公民的工程素养，在全社会广泛开展"公众理解工程"的活动，只有充分理解工程，公众才能逐渐从不愿意、不主动参与的状态过渡到愿意参与、主动参与的状态之中。除了加大公民民主参与的宣传和教育，在信息社会，利用网络平台开展公众参与也是一个便捷的渠道。

（二）工程共同体集体决策行动的伦理原则

　　工程共同体集体行动决策的伦理原则能够为工程决策提供较为具体、

---

① ［日］佐佐木毅，［韩］金泰昌. 科学技术与公共性［M］. 吴光辉，译. 北京：人民出版社，2009：111.

② 朱春艳，朱葆伟. 试论工程共同体中的权威与民主［J］. 工程研究——跨学科视野中的工程，2008（00）：59 – 68.

③ 张慧敏. 当代西方民主的技术思想研究［M］. 沈阳：东北大学出版社，2006：91.

明确的道德引导，使决策合乎伦理性。具体而言，包括以人为本的伦理原则、公平公正的伦理原则和预防原则。

第一，以人为本的伦理原则。

从伦理学角度来看，以人为本的理念是一种价值观念。工程共同体集体行动决策的最终目的，说到底是促进人的发展、为人类造福。然而，在市场经济背景下，功利原则往往成为决策的出发点，领导干部"拍脑袋""谋政绩"和"心血来潮"式的决策屡见不鲜，工程决策的"以人为本"的原则受到挑战。工程共同体集体行动决策考虑的主要是经济利益，忽视了人的精神文化生活；生产过程中忽视可能对工人生命安全和身体健康的危害，不仅各种类型的职业病频频出现，而且生命安全保障措施缺失；工程产品投入使用后，对消费者可能造成的身心伤害等负效应很少在决策时被考虑在内。许多工程事故的发生，都与决策中轻视"以人为本"原则有关。德裔美籍哲学家弗洛姆也曾指出："是人，而不是技术，必须成为价值的最终根源；是人的最优发展，而不是生产的最大化，成为所有计划的标准。"① 就决策者的最终目的而言，现代社会的工程共同体集体行动决策必须从经济至上、效益最大化向人的全面发展转变。将以人为本原则落实于工程决策，就是一种决策理念，就要坚持关心人、爱护人和尊重人的"人本"原则，充分考虑工程共同体集体行动的利益相关者和广大公众的利益和诉求，让他们参与决策、平等对话，体现温馨的人文关怀，做到决策的人性化和柔性化。在决策中融入人性的因子，使决策维护人的尊严、尊重人的价值、张扬人的个性，要以不伤害人的生命、安全与健康为出发点，实质上就是与人的各种合理需求相适宜、相和谐的决策。

第二，公平公正的伦理原则。

"公平公正"是反映社会关系合理性的重要范畴，被视为社会建构的第一原理，是保障社会和谐有序运转的"润滑剂"。工程共同体集体行动决策只有遵循公平公正的伦理原则，考虑工程各相关方的立场，协调好各方的利益，才能得到工程利益相关者的支持和拥护，工程才能顺利地实

---

① FROMM E. The Revolution of Hope：Toward a Humanized Technology ［M］. New York：Harper & Row，1968：96.

施。从根本上说，工程决策主要是考虑如何协调与配置各类资源，协调好各个相关利益群体之间的关系，平衡和恰当处理工程所涉及的长远利益和眼前利益。公平公正原则正是关注"如何平衡相互冲突的各种权利，并确保不同利益主体的合理利益要求得到满足"①，因而不仅包括合理的利益分配机制，而且包括利益分配不合理时的相应补偿机制。工程共同体集体行动决策的最终效果是否公正，主要看决策中各利益相关者的态度，也就是说，人们认为某一决策方案与自己的价值目标和利益诉求相符合，则是公正的，否则就是不公正的。工程共同体集体行动会给特定的人群带来福利，也可能会对另一些人群造成利益影响甚至损害。工程共同体集体行动决策必须对利益受损者进行物质补偿和精神补偿，这不仅是工程公平性的要求，也是工程为人类造福的内在应有之意。践行公平公正原则的关键在于塑造决策者的公正精神，一方面让公平公正的伦理要求内化为工程决策主体的德性，另一方面还要外化于行，促进工程与人—自然—社会系统协调发展。具体来说，工程共同体应注意以下几点：其一，信息公开，维护工程利益相关者的知情权，对利益受损者给予补偿。如果工程的实施不得不损害一部分人的权益，这种情况下，要及时与当事人或相关群体取得联系并让他们知晓，将信息公开，通过协商达成各方可接受的补偿方案并落实好，补偿相关利益受损群体的损失。其二，落实利益相关者参与决策的机制，构建有利于各利益相关者表达和倾诉意见的决策程序和对话平台。

第三，预防原则。

预防原则，也可称为预先防范原则，最早出现于 20 世纪 70 年代的联邦德国，1987 年在"保护北海第二次国际会议"上被国际社会采纳。此后，预防原则被写进许多国际性的环保公约、条约与技术政策章程之中，成为制定与保护环境、技术风险有关的政策的重要指导原则之一。哈里斯等人认为，"负责任工程师的一个重要作用就在于实施预防性的伦理：做

---

① 杨通进. 转基因技术的伦理争论：困境与出路 ［J］. 中国人民大学学报，2006 （5）：53 – 59.

出合理的伦理决定，以避免可能产生的更多的严重问题"①。

杨通进将预防原则归为"技术风险时代的决策伦理"，即把对风险的预防放在优先考虑的地位，并要求高风险技术的开发者承担证明其行为不会损害人类生存和生态环境的举证责任。工程伦理是一种预防性伦理②，在工程共同体集体行动决策中遵循预防原则可以有效防范工程风险，使导致工程危机的技术成因消减和弱化，为超越"科林格里奇困境"提供一条新的出路。

落实工程共同体集体行动决策中的预防原则，需要建立与完善伦理准入和伦理评估制度。工程共同体集体行动"决策方案的伦理准入、伦理评估和伦理选优，是伦理决策的最重要阶段，也是实现伦理对工程决策的规约作用的关键环节"③。在决策中，实行伦理准入和伦理评估的一票否决，对于提高工程共同体集体行动决策的伦理水平具有重要意义。

二、完善工程共同体集体行动的伦理设计④

工程共同体集体行动技术总体设计受设计共同体的社会利益驱动，工程设计方案"最终决定归根到底取决于它们与影响设计过程的不同社会集团的利益和信仰之间的'适应性'"⑤。

第一，发挥工程设计共同体的道德想象力与伦理预见性，并自觉开展道德敏感性设计。工程被称作"社会试验"，工程风险与工程如影随形，一旦风险发生即是无法挽回的工程事故。大型工程事故对人—社会—自然系统带来的影响甚至经过几代人都无法消除。这就要求工程设计共同体具有道德想象力与伦理预见性，使设计具有一定前瞻性，在设计阶段反复斟

① ［美］查尔斯·E. 哈里斯，等. 工程伦理：概念和案例［M］. 丛杭青，等译. 北京：北京理工大学出版社，2006：13 – 14.
② ［美］查尔斯·E. 哈里斯，等. 工程伦理：概念和案例［M］. 丛杭青，等译. 北京：北京理工大学出版社，2006：11.
③ 齐艳霞. 工程决策的伦理规约研究［D］. 大连：大连理工大学，2010：130.
④ 这里着重讨论工程共同体集体行动中技术总体规划层面的"顶层设计"。
⑤ ［美］安德鲁·芬伯格. 可选择的现代性［M］. 陆俊，译. 北京：中国社会科学出版社，2003：4，12.

酌和考量，力争将风险水平降到最低。设计师勒曼歇尔正是发挥道德想象力，并以强烈的道德责任感修改设计方案，才能使花旗银行在飓风来袭时幸免于难①。价值敏感性设计最早是于 2002 年在计算机信息技术领域被提出的。"价值敏感性设计是一个有理论基础的技术设计，它是依据人类价值观和行为方式的设计过程。"② 依照这个设计理念，在工程共同体集体行动设计语境中，人的价值观应该嵌入其中，以达到工程技术更好地为人服务的目的。在工程共同体集体行动的全过程中，各个阶段相互影响、交互作用，设计情景和使用情景通过反馈与负反馈机制相连接，设计者就必须在设计时考虑使用者的要求和大众的价值观。③ 弗里德曼等人给出了价值敏感设计中所涉及的价值及示例文献，这些价值大都与伦理道德相关，包括公正、普适性、人类幸福、信任、责任、知情同意、环境可持续等部分。④

第二，回归"为人民服务"的设计主旨，使工程共同体集体行动设计更加人性化、生态化和面向未来。在《为真实世界的设计》中，帕帕耐克提出要为"需要"设计，而不是为"欲求"设计。为享受、炫耀而采取的奢侈化的设计是在为"欲求"设计，这种设计因为高价位、高附加值只会促使富人不断消费以更新新的产品，而普通人却无力承受、难以问津。"最近的很多设计都只是满足一些短暂的欲求，而人们真正的需要却常常被忽视。"设计师的意义不是满足有钱人对名誉、地位、性的追求，而是要为那些被忽视的人的真实需要服务。他明确提出：第一，设计应该为广大人民服务，为第三世界的人民服务，而不只是为少数富人和富裕国家服务；第二，设计不但为健康人服务，还必须为残障人服务；第三，设计应

---

① ［美］查尔斯·E. 哈里斯，等. 工程伦理：概念和案例［M］. 丛杭青，等译. 北京：北京理工大学出版社，2006：234 – 235.

② FRIEDMAN B，KAHN P H Jr，BORNING A. Value Sensitive Design：Theory and Methods［M］. Washington D. C.：University of Washington，2002：1 – 8.

③ 刘宝杰. 技术—伦理并行研究的合法性［J］. 自然辩证法研究，2013（10）：34 – 37.

④ Kenneth Einar Himma，Herman T. Tavani. The Handbook of Information and Computer Ethics［M］. Hoboken：Wiley，2008：18.

该认真地考虑地球的有限资源使用问题，为保护我们居住的地球的有限资源服务。① 事实上，许多古代的工程设计都满足了人们的公共生活的需要，比如古罗马的公共浴场、排水道、公共厕所，现在应该回归"设计为人民服务"的主旨了。

人性化设计，应当是保障人身安全、促进社会公正，让工程产品的使用更加便捷舒适的设计。工程设计共同体的努力方向是：使工程设计与现实条件下的人类群体相贴近和亲和，让工程产品的使用、操作更加轻松、便捷、舒适，做到生理性的"需要—满足"、心理性的"感官—满足"、哲学性的"道义—满足"的统一。比如，如何通过"人性化"设计，使飞机为空乘人员和旅客营造出安全、舒适的"环境"，座椅间距、卫生间的位置、行李架的高度的设计更加适宜。近年来，波音公司最前沿的项目是"飞行员外骨骼系统"的研究。与传统的大飞机驾驶室设计只是一般的"能舒适与活动"的自然负荷设计不同，该系统则根据人的主躯干和股骨头的移动动作设计出一种穿戴式的人机共生的系统，让飞行员工作时更加舒适自如，疲惫感降低。②

工程共同体在工程设计中应通过"权衡"的办法来使期望的目标最大化、使某种不期望的特性最小化。面对人类工程设计、工程过程和工程产品破坏生态环境的恶行，地球发出了呻吟和警告，"在地球上的人类生活中，人类第一次被要求进行自我克制不去做自己有能力做的事：人类被要求不要在经济和技术上继续前进"③。以实践智慧处理好"消耗与节约""当代与未来"的关系，使工程共同体集体行动的设计风格走向理性简约、适度节约和良性可持续。青藏铁路处于世界屋脊的雪域高原，那里生态环境敏感脆弱，地质条件极为复杂，需穿越多年冻土区，沿线滑坡、地震、泥石流等地质灾害时有发生。一旦破坏了那里的生态环境，中国和全球的

---

① 周博. 现代设计伦理思想史 [M]. 北京：北京大学出版社，2014：268.

② 胡思远. 大飞机工程的战略意义、实施瓶颈及改革建议 [J]. 工程研究——跨学科视野中的工程，2010（1）：5–14.

③ [美] 罗尔斯顿. 环境伦理学 [M]. 杨通进，译. 北京：中国社会科学出版社，2000：6.

大气环流、生态平衡都将发生改变，工程共同体集体行动的难度可想而知。工程设计共同体多次实地勘测，反复计算、研究，以"主动降温、冷却地基、保护冻土"的设计思想实现了多年冻土工程设计的"三大转变"，为野生动物设计了专门的迁徙通道，被证明取得了良好的效果，该工程也被称为生态工程。工程设计必须摒弃"黑色"理念，采用"绿色"理念，材料尽量选择可回收、可循环使用、可降解的，推进太阳能、风能等天然能源在工程中的使用，以减少能耗和碳排放，比如利用太阳能和风能为体育馆等大型公共建筑供电、供暖，作为现代交通工具的动力系统，作为手表、手机等的电池。为了更好地降低和消除风险，在设计工程产品时必须考虑到安全出口，主要包括以下内容。①它可以安全地失效；②产品能够被安全地终止；③最起码使用者可以安全地脱离产品。① 不仅从最初的设计构思阶段就考虑最终的回收再利用，而且要针对现有的工程产品展开再利用可能性的研究。在工程设计中，对于无法回收或回收成本过高的材料，在原材料的生产过程中设计人员可以添加降解成分，以使之能够自然分解。工程共同体集体行动设计的最后指向应该是生态工程②，让工程产品也和自然物一样能参与生态系统的新陈代谢和物质循环，有始亦有终，如此，才能远离工具主义、消费主义、极端利己主义等短视性价值取向的影响，走向一种"面向未来"、真正可持续的工程设计。若是一项工程能够像动植物那样从阳光雨露中获取养分和动力，同时不产生对自然界有害的物质，那么它就是生态工程，也必然是有德性的工程。这就要求工程共同体"端正自己的'品行'，负责任地行事，这样才能'引导'我们自己从过去走向未来，即引导人类安全地走下去。"③

---

① MARTIN M W, SCHINZINGER R. Ethics in Engineering ［M］. Boston：McGraw - Hill, 2005：142.

② 郭芝叶，文成伟. 论技术设计的伦理意向性［J］. 自然辩证法研究，2013（9）：35 - 40. 郭芝叶等认为技术设计的最后指向应该是生态技术，这才是技术设计的伦理意向性的最终指向，笔者认同她的观点并认为工程设计的最后指向应该是生态工程.

③ ［美］罗尔斯顿. 哲学走向荒野［M］. 刘耳，叶平，译. 长春：吉林人民出版社，2000：110.

第三，让公众参与工程共同体集体行动设计，这也是价值敏感性设计的题中之义。当代工程共同体集体行动都伴随着风险，风险常常在设计阶段就或隐或显地存在，而在随后的工程共同体集体行动链的工程实施、使用等环节由于内、外部关系更加复杂风险常常叠加、放大。对于风险客观存在的事实，公众应当具有风险的知情同意权，在公众对风险有所认知的基础上，设计共同体须积极听取公众的意见，并有选择地采纳。在悬索桥发展的历史上，建成于 1937 年的旧金山金门大桥在设计上有着开创性的意义，它首次突破了 4000 英尺的技术界限，并创下了许多的第一次，更是公众参与工程设计的典范。① 在政府资金支持不足时，旧金山金门大桥向公众筹集资金，公众对该工程的关注度较高，积极参与工程选址、设计方案的建议、批评和讨论。该工程成功的经验是，明确大型公共工程关乎公众的福祉，规划时在公众中宣传工程建造的想法、设计方案，认真听取公众的意见，并及时变更方案。金门大桥从最初工程方案的宣传到开工建设前后历时 10 余年，其间根据公众的意见多次修改和调整工程设计方案。公众建议采用更为美观的纯悬索结构取代悬臂—悬索混合结构，这一建议得到了采纳和实施，并被证明相当成功，大桥的美学价值也得到了赞誉。信息办事处作为专门部门来负责收集公众意见，成为大桥建设方、管理方和公众之间沟通的平台。

三、以对话达成伦理共识

工程共同体集体行动的顶层设计中对话和达成共识何以可能？我们认为，工程共同体集体行动顶层设计过程中对话的目标是：形成各利益群体普遍可接受的"有质量的共识"，且达成的共识能有效地影响工程决策，使工程共同体集体行动沿着善的轨迹进行。那么，这种对话能够实现吗？在对话中工程共同体集体行动又何以能够达成共识？

利益相关者、公众参与工程共同体集体行动决策的目的是通过商谈、

---

① 徐冬梅，王大明. 旧金山金门大桥建设的技术与管理创新 [J]. 工程研究——跨学科视野中的工程，2015（1）：106–115.

对话与专家达成共识，这里借鉴了西方商议民主思想和哈贝马斯的有关思想。哈贝马斯的商谈伦理学主张，在一个自由开放的公共领域，不受传统习俗与权力话语的约束，针对公共利益和影响人们生活的社会规则进行自由辩论，以形成共识性的意见和规范，尊重、平等、理解、宽容、对话、协商是商谈伦理的关键词。该理论因其乌托邦色彩而受到后人诟病，如认为哈氏的共识是"一条无法企及的地平线"，但这种走出政府与专家话语霸权的思路值得推崇。笔者认为，这种对话与商谈是可能的，达成共识也是可能的。

首先，不仅工程共同体是一种关系性的伦理实体，而且在其创造的工程世界中，所有的工程活动个体都分享着由工程产品所参与构成的共同体验。无论是工程师、用户、普通公众，还是工程管理者、决策者、伦理学家，都分享着工程技术给人们日常生活带来的影响——我们拥有、面对和使用着共同的工程人工物（如建筑、桥梁），工程产品共同的使用经历和相似体验使得工程产品成为人们对话的"聚焦物"①。从而，"工程生活世界"使得对话具有了可能性。其次，理解和对话具有理论上的合理性和现实上的可行性。主体间性哲学理论、"视域融合"、商谈理论为不同主体对话的达成提供了重要的学理基础和理论依据。主体间性强调主体之间的平等性，他们相互尊重、相互理解、平等交流，从而超越了主体和对象的二元对立，走向主体与主体之间的和谐、和解。"有了主体间性，个体之间才能自由交往，个体才能通过与自我进行自由交流而找到自己的认同，也就是说，才可以在没有强制的情况下实现社会化。"②参与工程共同体集体行动决策的利益相关者、公众之间尽管存在着职位、权力的差异，但主体间性要求他们具有平等的地位、权利，意味着其中的每个主体都具有同等的主体地位，不因为职位、权力的分殊而区别对待，能够平等地参与交流，发表意见。"视域融合"概念出自伽达默尔的解释学，本意是指解释

---

① 朱勤．实践有效性视角下的工程伦理学探析［D］．大连：大连理工大学，2011：122 – 123.

② ［德］哈贝马斯．交往行为理论（第1卷）［M］．曹卫东，译．上海：上海人民出版社，2004：375.

者（读者）的当前视域同文本作者过去视域相结合的状态。将这一概念移植到工程集体行动决策的对话中，这种对话是"包含着我们要把他人的见解放入与我们自己整个见解的关系中，或者把我们自己的见解放入他人整个见解的关系中"①。哈贝马斯认为，商谈是解决争端的社会机制。多元复数的工程决策主体之间通过交往和对话能够消除信息不对称，使共同利益在主体间传递，最终达成异质的参与者们的共识。这种共识的优势在于："一方面，它尊重并认可每个个体或族群拥有自己的道德信念，它允许不同的生活方式以及有关好的生活的各种不同的方案可以并存，互不侵扰。另一方面，它又能够使各种不同的理念在一个共同的、客观的道德视点上得到审视，从而为道德观念冲突的解决开辟出一条路。"②在信息社会，利用网络平台开展公众参与是一个便捷的渠道，网络参与不仅能够保证公众的参与面，能够倾听来自不同阶层、具有不同职业背景的公众的意见，而且网络的匿名性也使获取的信息更为真实，可为工程共同体集体行动决策提供有益的参考。最后，对话的制度化机制与对话规则的建立，则是促成平等交往与商谈、达成共识的外部保障。哈贝马斯提出了三个层次的对话规则。③ 第一层次是基本的逻辑和语义规则，如无矛盾原则和连贯性原则。第二层次是主宰过程的规范，如真诚性原则、责任原则。第三层次是使对话过程免于受到胁迫、阻挠和不公正影响的规范。在当今道德分化和多元的背景下，必须调动全社会的力量和智慧针对道德冲突开展对话和协商，以达到"理性论证基础上的道德共识"④。

工程伦理委员会是保障工程共同体集体行动决策有效实施的组织形式。伦理委员会作为应用伦理学的实践平台，是人们通过民主对话和商谈的方式应对生活世界中出现的伦理悖论与道德冲突，以实现价值平衡、达

---

① ［德］伽达默尔. 真理与方法：哲学诠释学的基本特征（上卷）［M］. 洪汉鼎，译. 上海：上海译文出版社，2004：347.

② 甘绍平. 应用伦理学：冲突、商议、共识［J］. 中国人民大学学报，2003（1）：41-46.

③ ［英］Finlayson J G. 哈贝马斯［M］. 邵志军，译. 南京：译林出版社，2010：42-45.

④ 甘绍平. 应用伦理学前沿问题研究［M］. 南昌：江西人民出版社，2002：21.

成道德共识的组织。"就道德共识的决策程序而言，理性基础上的交谈与对话只能是在一个伦理委员会中实现的。只有在这样一种使专业知识与理智得到运用的微型机构中，才有可能进行直接的论据交流，通过主体间的互动和理解，达到理性论证基础上的共识。"① 伦理委员会的成员，不仅应具有不同的专业背景和经验知识，能够代表各自的价值立场和利益诉求，而且需要具备一定的道德素养。工程伦理委员会在成员构成方面，参照生命伦理委员会，除了工程师之外，还应有政府部门代表、法学家、社会学家、伦理学家、生态与环保专家、利益相关各方代表（受益方和受损方）、公众代表等，这些人员以一个适当的比例组成。由于不同领域的人看问题的立场和角度不同，通过沟通和磋商可达到一种良性互动、优势互补，以寻求一种经济上、技术上、伦理上都能被认可的方案。在工程共同体集体行动中，工程伦理委员会成员通过民主对话与协商以达成道德共识，为工程决策提供伦理依据，还可对之后的工程实施过程进行伦理监督和伦理评价。

面对多元、复杂的工程共同体集体行动利益相关的异质行动者，怎样才能做出科学合理的集体工程决策？美国学者贾莎诺夫（Shelia Jasanoff）在《自然的设计：欧美的科学与民主》一书中探讨了各国政治文化对科技决策的影响，提出的"公民认识论（civic epistemology）"对我们很有启发。"公民认识论"就是指特定文化和社会的社会成员利用一套制度化的做法（已形成的受到公认的知识方式、惯例等）来考量某些用作集体选择之基础的科学主张。人们通过这种方式来评估科学主张的合理性和可靠程度。在贾莎诺夫看来，以下六个方面可以解决利益相关行动者之间的集体科技决策问题：①占主导地位的公众认知的方式；②确保责任性的方法；③公众展示的方法；④首选的客观性的表示；⑤已经接受的专业知识的基础；⑥专家机构的知名度②。

----

① 甘绍平．论应用伦理学［J］．哲学研究，2001（12）：60－67．
② ［美］希拉·贾萨诺夫．自然的设计：欧美的科学与民主［M］．尚智丛，等译．上海：上海交通大学出版社，2011：394．

第三节　以工程伦理精神引领工程
共同体成员的集体行动动机

工程伦理精神对工程共同体集体行动动机的引领，主要表现为，启迪工程共同体成员的集体行动伦理认知、激励工程共同体成员的集体行动伦理情感、汇聚工程共同体的集体行动伦理意志。以启迪工程共同体成员的集体行动伦理认知为起点，经过工程共同体成员的集体行动伦理情感的激励、伦理意志的抉择，最终凝聚为一种伦理信念引领工程共同体集体行动的动机，从而促进工程共同体集体道德行动的发生。

一、启迪工程共同体成员的集体行动伦理认知

对工程伦理精神的认知是提升工程共同体成员工程伦理精神、端正集体行动动机的奠基石。具有正确的伦理认知，方能分辨是非善恶，从"见闻之知"提升到"德性所知"。

工程共同体伦理意识正是成员道德意识在共同体规范、结构和伦理氛围影响下相互作用的结果。工程共同体成员只有具备伦理意识，才能在行动之前和行动过程中贯穿伦理思维、伦理态度、伦理眼光，认识到自身身份和应承担的道德义务。在正确的工程伦理意识的引导和支配下，工程共同体集体行动才可能是有道德的。工程伦理意识能促进工程创新，是推动工程共同体集体行动发展的重要因素之一。

技术是工程的内在要素，工程离不开技术，技术自主论背后的技术放任主义态度不利于工程伦理意识的培育，不利于启迪工程共同体成员的集体行动伦理认知，应当规避。技术放任主义包含着技术万能论和技术悲观主义两种相反的观点，但都对技术的控制，尤其是技术的伦理控制构成一定的阻力。技术万能论认为技术无所不能，工程带来的负面影响都能随着技术的进步迎刃而解，对工程的伦理拷问似乎也变得可有可无。技术悲观主义则认为面对工程技术的进步，人们难以有所作为、只能听之任之，对

工程带来的各种问题也无能为力。

人"不仅是一个自然存在（物理存在、化学存在和生物存在），而且是一个创造性的存在，是一个精神性和文化性的存在"①，伦理责任意识是主体对自身伦理责任的认知和确信，对于主体完善自身、彰显其生命价值具有重要意义，它为人们提供了追寻生活意义的途径。伦理责任意识正是工程共同体成员道德意识在共同体规范、结构和伦理氛围影响下相互作用的结果。工程共同体只有具备伦理责任意识，才能在行动过程中贯穿伦理思维和伦理态度，认识和承担起相应的伦理责任。要求工程个体—共同体不仅以从事工程共同体集体行动为职业，更要将此视为事业，兢兢业业地对待。其一，对自然规律、科学原理、技术规律、工程范式普遍性的领悟，对其客观真理性的遵从。没有踏实求真的态度，工程共同体就无法达到对工程的认知、理解和实践，工程活动也就难以展开。同时，工程是对科学技术要素的集成与整合，这就要求工程共同体自觉能动地集成与整合科学技术要素，以实事求是的严谨态度对待工程。其二，合理的怀疑和批判。怀疑并非盲目地怀疑，而是不受权力、金钱和社会偏见的束缚，也不受习惯和常规的约束，而做出有根据的、合理的怀疑，不要让不良动机从源头上污染了工程共同体集体行动。

工程共同体是由具有差异性的个体组成的。一方面，工程共同体作为差异性个体的升华体和对工程活动个体的超越，它有责任来处理内部工程活动个体之间的关系和冲突。另一方面，只有组成工程共同体的工程活动个体得到较好的进步和成长，才能保证工程共同体的健康维系和发展。"任何人都生活在一定的共同体之中，孤立的原子式的自我是不可能存在的，而且也从来没有存在过。一个人的道德立场和价值观念只有放到他所在的共同体之中才成为可理解的和有根基的。"② 黑格尔认为，道德是由共同体来塑造的："一个人必须做些什么，尽些什么义务，才能成为有德的人，这在伦理性的共同体中是容易得出的：他只需做在他的环境中已指出

---

① 赵汀阳. 论可能生活［M］. 北京：中国人民大学出版社，2010：43.

② 王国银. 德性伦理研究［M］. 长春：吉林人民出版社，2006：导言第10页.

的、明确的和他所熟知的事就行了。"① 麦金太尔认为，共同善的实现不在于道德规范和契约的达成，而在于有德性的主体对道德共同体的认同和忠诚②。通过这种连贯的、复杂的、有着社会稳定性的人类协作活动方式，在力图达到卓越的过程中，工程共同体集体行动的内在利益就可获得。根据德性伦理理论，德性塑造行为主体，工程活动个体—共同体的德性涵养有助于形成集体责任伦理意识，有利于工程共同体做出明智的伦理判断和道德行动。因为德性是成就德性行为的前提条件。"德性不仅对行为包括德性行为具有重要的作用，而且能使行为成为德性的，成为德性行为"③，离开德性，就不会有德性行为。工程活动个体—共同体出于德性去行动才能使其行为成为伦理行为。因而，应增强集体归属感和伦理归属感，提升工程活动个体—共同体的德性素养和集体责任伦理意识。忠诚、求实、负责是对工程师、工程技术人员和工人的内在德性要求。管理者、领导者作为领衔者，在很大程度上决定着工程的成败，"领导是一种领导人与追随者基于共有的动机、价值和目的而达成的一致的道德过程"，伦理型管理者首先是具备诚信、正直、值得信赖等德性的人，同时又是伦理的管理者，关心组织利益和下属利益，眼光长远，善于决策和应对、勇于承担责任，协调被管理者之间的价值冲突，激励下属勇于战胜困难、应对各种变化，为组织成员创造一个和谐且值得信任的工作环境。伦理型领导将社会伦理要求内化，通过榜样和示范作用传递给被管理者，并在双方互动之中，感染被管理者，让整个组织的集体行动合乎伦理。对于被管理的工程共同体个体成员来说，应当具备的德性品质包括：尊重上级、诚信、正直、与同事和睦相处、有责任心。对上级的观点有异议时，通过恰当渠道向上级反映，表达自己的立场；与同事的观点有异议时，及时提出和协商，既不能简单粗暴处理，也不宜默默不语。如此，工程共同体内部人际关系就比较和谐，集体行动也具有伦理性。团结友善、诚信、信任等德性

---

① ［德］黑格尔. 法哲学原理［M］. 范扬，张企泰，译. 北京：商务印书馆，1961：168.

② 王国银. 德性伦理研究［M］. 长春：吉林人民出版社，2006：13.

③ 江畅. 德性论［M］. 北京：人民出版社，2011：515-516.

对于工程活动个体—共同体也是非常重要的。

　　人类原始社会的早期，一切都是"野"的，人只会采集、狩猎，食物的来源都是野生动植物。"养"的出现，是人类文明进步的标志。养成是后天培训、驯化而成的，而不是与生俱来的。一旦养成工程伦理意识，它便成为一种较稳定的、长久的习惯，成为工程共同体行为习惯的一部分。工程共同体伦理意识的养成过程，就是通过一定途径，使工程共同体获得工程伦理意识，并使这种意识上升为一种伦理情感，从而指导工程实践，以实现工程造福于人的目标。以人为本的科学发展观、生态环境意识、集体意识、高度的责任意识、和谐的理念都是工程伦理意识养成的内容。教育是养成的前提。在黑格尔看来，"对于单个的个人而言，作为他的教养而出现的东西，乃是实体本身的重要环节……；或者说，教养就是这个实体唯一的灵魂，通过它，自在的东西才成为被人承认的东西，才成为确定的具体存在。因此，一个个体教养自己的过程，事实上就是个体性之直接发展为普遍的客观的本质，即是说，发展为现实世界。"① 个体教养自己的过程就是道德主体的实现，也是工程伦理意识确立的前提。首先，要让工科大学生、研究生和工程工作者了解什么是工程伦理，在工程共同体集体行动中遵循工程伦理原则的必要性，掌握相关理论。其次，教育不能停留于简单的灌输，而是要身临其境，结合相关案例，将外在的伦理要求内化于心并身体力行。在师资队伍方面，需加强工科教师与人文社会学科教师之间的合作，在更新各自知识体系的基础上，掌握跨学科的基本知识、前沿动态，从而更好地教育引导学生。在职人士除了要接受企业的相关伦理培训，也要树立自我学习、终身学习的理念，不断提升自己的工程伦理意识。

二、激励工程共同体成员的集体行动伦理情感

　　伦理情感是人们根据一定的伦理原则感知、评价现实时所产生的一种

---

① 张世英．自我实现的历程——解读黑格尔《精神现象学》[M]．济南：山东人民出版社，2001：141

内心体验。伦理认知是伦理情感的基础，伦理认知以伦理情感为导向。对工程共同体成员来说，激励伦理情感有助于深化伦理认知、确立伦理信念、践行伦理行为，是提升工程伦理精神的催化剂。伦理情感依赖于一种道德直觉，具有直接性和非反思性，是帮助工程共同体成员从游离状态回归到工程共同体实体的重要中介。苏霍姆林斯基认为："道德情感——这是道德信念，原则性、精神力量的血肉和心脏。"① 对于工程共同体而言，只有当集体行动的伦理认知内化为伦理情感，才能切切实实地去践行集体伦理行动。"这种感情就可以称为对于道德律令的一种敬重感情……也可以称为道德感情。"② 这种对道德法则的"敬重情感"推动道德从理论的形态转换为实践的形态。"实践道德精神"的"情"的结构与伦理、道德相结合所生成的是伦理感与道德感。③

工程共同体集体行动的伦理情感是工程活动个体—共同体对工程创新和造福人类的态度的体验，表现为对工程职业的热爱情感，使命感和责任感，以及荣誉感和成就感。

一是对工程职业的热爱情感。工程属于专门职业。在德语中，"职业"一词为"Beruf"，具有"天职"之意，它意味着个人应当为之而奋斗终生的目标。因此，职业是一种高尚性的事业，它本身已包含了职业道德与职业精神的内容。美国前总统赫伯特·胡佛曾对工程师职业做了这样的形容："这是一门绝妙的职业。人们迷惑地注视着一个想象虚构的东西在科学的帮助下，变成跃然纸上的方案，然后用石头、金属和能源把它变成了现实，给人们带来了工作和住宅，提高了生活水准，使生活更加舒适，这就是工程师的至高荣誉。"④ 只有内心对工程职业充满敬重和热爱，才能形成较高的工作积极性，在遵循已有理论和规律的基础上，不断地去探索和

---

① B. A. 苏霍姆林斯基. 帕夫雷什中学 [M]. 赵玮，王义高，蔡兴文，译. 北京：教育科学出版社，1983：256. 这里引用的"道德"与本书中的"伦理"具有相通性。

② [德] 康德. 实践理性批判 [M]. 韩水法，译. 北京：商务印书馆，1999：81.

③ 樊浩. 伦理感、道德感与"实践道德精神"的培育 [J]. 教育研究，2006 (6)：3 – 10.

④ HOOVER H. The Memories of Herbert Hoover：Years of Adventure 1874 – 1920 [M]. New York：MacMillan，1951：132 –133.

创新，履行好自己的使命。除了工程师，工程共同体的其他成员也只有满怀对工程职业的热爱情感，才能和工程师密切配合，共同创造好的工程。

二是使命感和责任感。如果说对工程职业的热爱情感还较抽象，那么使命感的产生源于对工程职业伦理行为的伦理认知，因而更为具体。在热爱工程职业的基础上，发展出致力于该职业的使命感。使命感是工程共同体成员对自身所肩负的使命的自觉，是对工程共同体集体行动的伦理价值的领悟。认识到肩负着服务公众、造福人类的伟大使命并自觉投身于工程共同体集体行动之中，进而在工程共同体集体行动的各个环节、每个细节都以高度的责任感认真对待，将公众的安全、健康和福利置于首位。责任感的产生标志着工程活动个体—共同体已超越工程活动的领域，站在更高的工程—人—自然—社会的系统中审视自身。为此，决策者要以尊重、关爱的态度对待工程共同体其他成员和工程共同体外的他者。"尊重作为一种美德，是对自作主张（self‒assertion）和自卑（self‒abasement）冲动下的道德控制。"① 将从"我"出发的态度转变为多从他者出发，设身处地、身临其境地考察和评估"我"的动机可能产生的影响。如果工程共同体集体行动不能给工程使用者带来福祉，甚至会威胁使用者的身心健康，就应该及时叫停。如果工程完成后会对周围生态环境造成破坏、危害未出生的后代人的权益，决策就必须审慎地考虑。工程共同体集体行动的开展依赖工程设计者、实施者进行具体落实，如果工程实施和建设会危及工程共同体成员的安全和健康，就要慎重选择实施方案。

三是荣誉感和成就感。工程的完成和运营是对工程共同体集体行动成果的检验。优质工程集体行动带给工程共同体及其成员的是一种成就感、满足感和荣誉感。失败工程则发人深省，带给工程共同体及其成员的是耻辱感。应该将形成荣誉感和成就感提前到工程共同体集体行动之初，并以此引领工程共同体集体行动的全过程。

---

① WRIGHT W K. On Certain Aspects of the Religious Sentiment［J］. The Journal Of Religion，1924，4（5）：449‒463.

三、汇聚工程共同体的集体行动伦理意志

伦理意志是行为主体自觉地确定行为目的，遵循伦理要求产生的行动决心，并主动地以此支配自己行为的思想品质。伦理认知是伦理情感的基础，伦理情感激励伦理意志，伦理意志是在人的伦理认知和伦理情感基础上产生的，伦理行为是伦理意志的表现。朱熹认为："惟有志不立，直是无著力处。"

"有道德意志，一定有道德行为，一定有相应的品德。"[①]在工程繁荣发展的今天，道德意志和抉择显得更加重要，磨砺工程活动个体—共同体的伦理意志是提升工程伦理精神的助推器，也是将伦理意识、伦理情感、伦理信念转化为伦理行为的重要中介。

工程共同体集体行动除了受到工程合同条款、工期等的制约，还是工程共同体及其成员主动、自觉的行为，要时刻具有紧迫感、以高度的责任心来对待。工程共同体集体行动变革的对象本身不仅是简单的、线性的，而且呈现出非线性、混沌性、模糊性等复杂的特质，没有踏实求真的态度和意志，工程共同体就无法达到对工程的认知、理解和实践，工程活动也就难以展开。马克思曾将科学的入口处比喻为地狱的入口处，指出"这里必须根绝一切犹豫；这里任何怯懦都无济于事"。工程共同体集体行动中也充满着艰难险阻。比如，明智的工程共同体集体行动决策的做出需建立在前期分析调研的基础上，还离不开坚决果断的意志，避免优柔寡断和草率决定。工程共同体集体行动决策、工程共同体集体行动设计方案的选择、工程共同体集体行动实施模式的确定都依赖于意志的果断性。当今工程共同体集体行动复杂性和风险性并存，要求工程共同体及其成员具有自觉自制、锲而不舍、勇于拼搏、坚决果断的优秀意志品质，专注于各自负责的环节和每个细节，以顽强的毅力、高昂的斗志去战胜工程共同体集体行动中的各种困难，才能达到整个工程共同体集体行动的顺利和圆满。在各种困难和挫折面前，工程共同体是退缩了还是能迎难而上，是一时的热

---

① 王海明，孙英. 寻求新道德 [M]. 北京：华夏出版社，1994：404.

情还是长期的坚持，都是由道德意志决定的。中华人民共和国建立之初，参与"两弹一星"工程的工程共同体在当时国家经济、技术基础薄弱和工作条件十分艰苦的情况下，以顽强的意志自力更生、艰苦奋斗，大力协同、勇于登攀，克服了一个又一个难关，才能赢得"两弹一星"最终的研制成功，展现了"两弹一星"精神。青藏铁路工程共同体以坚强的意志攻克了"高寒缺氧、多年冻土、生态脆弱"三大世界性难题，克服了气候、技术等方面的重重困难，建成了让全体中国人自豪的"天路"，这一精神被提炼为挑战极限、勇创一流的青藏铁路精神。

由此可见，只有做好工程共同体成员的伦理信念教育、磨炼其伦理意志，才能使其矢志不渝地坚持工程伦理精神，进而汇聚成工程共同体集体行动的伦理意志，使工程共同体集体行动真正造福人类。

第六章

工程共同体集体行动伦理机制的重建

如上两章所述，价值观层面的工程伦理精神对制度层面的工程制度伦理和执行层面的工程伦理责任具有统摄作用；工程制度伦理可以强化和保障工程伦理精神的贯彻实施，进而推进工程伦理责任的落实；而执行层面的工程伦理责任则体现工程伦理精神对制度层面的工程制度伦理的建构及其影响力的深度与广度。因而，为了超越工程共同体集体行动面临的诸多伦理困境，不仅要重塑工程共同体集体行动的伦理精神，以此工程伦理精神统摄工程共同体集体行动的顶层设计和动机，而且亟须重建工程共同体集体行动的伦理机制，即以制度伦理机制规范工程共同体集体行动过程、以伦理责任机制追踪工程共同体集体行动，从而实现制度层面和执行层面的伦理提升。

事实表明，工程共同体集体行动要达到和谐、有序，仅仅依靠个体道德自律还远远不够。正如德国当代技术哲学家罗波尔所说，"工程伦理学需要制度的支持"，否则将会"导致伦理协调发生困难以致无效"[1]。工程共同体在集体行动的过程中，只有遵循相关的制度伦理机制，"每一个人的善就包含于一种多边利益结构之中，同时，对每一个人的努力在各种社会机构中的公开肯定，也支持着人们的自我尊严"[2]。如果说制度伦理机制有利于改善外部伦理领域，那么责任伦理机制则重在对工程共同体集体行动提出具体的要求。从外在制度深入内在行为，才可能产生合道德的工程共同体集体行动，进而实现工程与"人—社会—自然"系统的和谐。

---

① ［德］罗波尔. 工程伦理学需要制度的支持［M］//王国豫，刘则渊. 科学技术伦理的跨文化对话. 北京：科学出版社，2009：157－158.

② ［德］乔德兰·库卡塔斯，［澳］菲利普·佩迪特. 罗尔斯［M］. 姚建宗，高申春，译. 哈尔滨：黑龙江人民出版社，1999：52.

第一节　以制度伦理机制规范工程共同体集体行动过程

如前所述，工程共同体集体行动的伦理困境产生的重要原因之一是当前工程共同体集体行动的制度伦理匮乏。西季威克认为："在一个组织良好的社会中，最重要、最必要的社会行为规则通常是由法律强制实行的，那些在重要程度上稍轻的规则是由实证道德来维系的。法律仿佛构成社会秩序的骨架，道德则给了它血与肉。"① 没有外在于文化的制度，制度无不蕴含着道德维度和伦理基础，只有以伦理道德为基础的制度规则才具有现实的执行力和效力，并促进经济和社会发展。制度伦理机制规范工程共同体集体行动是指把伦理道德和一定的组织制度相结合，透过价值引导和制度安排使伦理成为工程共同体集体行动的强制性结构，并将伦理道德维度融入工程的相关制度中，最后在工程的决策、评价、运行、监督、问责等各个环节中发挥其应有的效能，协调好工程活动中的"德"与"得"的关系，引导善的工程目标也带来善的工程产品和工程影响，以保障工程伦理精神的实施，进而推进执行层面的工程伦理责任，从而最大限度地避免工程共同体集体行动伦理困境的发生。具体而言，我们应完善工程共同体集体行动实施过程的伦理规范、加强工程共同体集体行动实施过程的伦理监控。

一、完善工程共同体集体行动实施过程的伦理规范

以制度伦理机制规范工程共同体集体行动过程，我们首先必须完善工程共同体集体行动实施过程的伦理规范。

为了实现工程造福于人类的"高尚的目的"，必须制定工程伦理规范以规约工程共同体集体行动。在道德世界中，伦理普遍物表现为普遍意

---

① ［英］西季威克. 伦理学方法［M］. 廖申白，译. 中国社会科学出版社，1993：469.

志，普遍意志的自为形态便是道德规范。① 伦理规范的意义是使个体扬弃自身的个别性与特殊性，以达到伦理普遍性。近代以来，各工程职业社团纷纷制定伦理章程，从而提高人们的道德判断能力，并为工程职业人员（主要是工程师）的行为提供道德上的引导。P. Aarne Vesliind 和 Alasatir S. Gunn 给出了工程伦理规范存在的三条理由：第一，作为公共关系的文件；第二，作为专业人员之间的暂约；第三，作为鼓励专业人员以公共利益为决策基础的一种手段。② 他们还进一步指出了在工程职业中采用伦理规范的根本动机：①出于提高公众形象的目的，界定理想的行为；②出于管理自己成员的目的，建立行为规范；③鼓励在存在价值争议的决策过程中，从公众利益出发。③ 工程职业伦理原则和伦理规范的制度化呈现便是工程伦理章程。工程伦理章程是工程职业伦理规范的直观呈现和具体表述，也表达了工程职业社团对社会公众的集体承诺。伦理章程是由职业社团编制的一份公开的行为准则，它首先是一种伦理要旨，能够激励伦理行为；其次是一种指导方针，帮助工程师理解其职业工作的伦理内涵；最后，职业伦理章程"可以看作是对个体从业者责任的一种集体认识"④，是作为一种职业成员的共同承诺而存在的。因而，工程伦理规范和工程伦理章程能有效帮助工程职业人员更好地服务于工程职业社团和工程共同体，保障工程共同体集体行动伦理性的实现。然而，已有研究表明，工程职业伦理规范本身仍存在着不完备性⑤，能够被用于掩盖本质上可以称为"不道德的"或"不负责任的"行为，伦理对人之应然生活的追求和反思

① 樊浩. 道德之"民"的诞生［J］. 道德与文明，2014（2）：10–23.

② P. Aarne Vesilind, Alastair S Gunn. 工程、伦理与环境［M］. 吴晓东，翁端，译. 北京：清华大学出版社，2003：57.

③ P. Aarne Vesilind, Alastair S Gunn. 工程、伦理与环境［M］. 吴晓东，翁端，译. 北京：清华大学出版社，2003：62.

④ UNGER S. Codes of Engineering ethics. In D. G. JohnsonEthical Issues in Engineering［M］. New Jersey：Prentice–Hall，1991：105–129.

⑤ 美国软件工程伦理与职业行为准则［M］// ［美］迈克·W. 马丁，罗兰·辛津格. 工程伦理学. 李世新，译. 北京：首都师范大学出版社，2010：355.

被这样简单化为一个个静默的教条①②，因此亟须推进工程职业伦理规范和工程伦理章程建设。此外，目前的工程职业伦理规范和工程伦理章程主要针对工程师，针对工程共同体中其他成员的职业伦理规范还尚待制定。

推行工程质量终身责任制。2014 年 9 月 1 日，住房城乡建设部下发《关于印发〈工程质量治理两年行动方案〉的通知》，明确提出将质量终身责任制落实到人。这是我国首次明确建筑工程领域质量问题的具体责任人及如何追责，实现了对以往问责企业的重大突破。具体而言，建筑工程的五方责任主体（建设单位项目负责人、勘察单位项目负责人、设计单位项目负责人、施工单位项目经理、监理单位总监理工程师）需在工程设计使用年限内承担相应的质量终身责任。工程开工前，五方负责人必须签署质量终身责任承诺书；工程竣工后设置永久性标牌，载明参建单位和项目负责人姓名，并将相关材料归档和保存。这一制度，很好地吸收了我国古代建设工程中"物勒工名"的做法，对于提高建设工程质量大有裨益。

设立工程项目的伦理评价制度。工程项目评价制度是规范工程共同体集体行动的内在要求，让工程共同体关注工程可能带来的风险和伦理问题，积极采取措施应对，其目标是尽可能地减少工程共同体集体行动带来的负面影响，使工程结果与其规划目标相符合，促进可持续发展。根据工程项目生命周期各阶段的不同特点，评价可分为三部分内容：项目前评价、项目中评价、项目后评价。评价涉及工程目标的实现、工程实施情况、工程所产生的效益、影响等方面，分析得失成败，及时进行信息反馈，并对以后的工程项目决策提出意见。工程项目评价需成立专门机构，全面总结工程项目的质量、收益、对社会和环境的影响，以评价报告的形式提交有关部门，并把结果反馈给工程共同体以便在今后的工程实践中改进和提高。在工程立项、设计、实施、运营等每个环节都必须有正确的伦理评价程序，并且须严格遵守，以避免评价活动的随意性、不稳定性，保

---

① P. Aarne Vesilind, Alastair S Gunn. 工程、伦理与环境［M］. 吴晓东，翁端，译. 北京：清华大学出版社，2003：238.

② 何菁，董群. 工程伦理规范的传统理论框架及其脆弱性［J］. 自然辩证法研究，2012（6）：56－60.

证评价的客观、公正。胡比希的权宜道德思想对工程项目评价具有启发意义，其要义在于保留主体对自己行为的反思和判断能力，以中道实现行为的可持续性。例如，权宜的具体含义是指预测、预防和可修正性，并逐渐趋向更好的解决方案。对可预知的消极后果应竭力避免；对于不可预知的后果，与其不知如何规避风险而不知所措，不如采取更经济的方案：通过对工程共同体集体行动的消极后果进行评估，再向工程设计、研发环节反馈，对工程共同体集体行动全过程进行协调控制，如此循环往复，保证其良性发展。

许多工程共同体以企业的样态组织起来，对于工程共同体企业而言，要做好工程伦理机制建设，为员工们营造宽松的工作环境，使员工增强干劲，以促进工程共同体集体行动过程中良好的工程伦理氛围的形成。具体可以从以下几个方面着手：一是制定开放的政策，建立能和领导层直接沟通、对话的渠道。比如，设定员工开放日，让员工可以在某个时间能和领导层见面交流，或是领导在这个时间召集员工开展座谈，了解"民情"和"民心"，使上下层级之间增进信任、保持信息通畅，让企业在领导的带动下蒸蒸日上。在决策方面，建立健全民主决策机制，让员工的聪明才智得以发挥并获得采纳。二是要承认现场工程师的知识产权，改变低专利价格、有名无实的专利报酬等现象。三是形成科学的员工晋升机制，给践行伦理行为的员工予以奖励，让员工在为工程共同体企业服务的同时得到肯定和承认。四是公司设立专门的伦理评价委员会，当个体在集体行动中遇到困惑或是不公正对待等情况时，可以向伦理评价委员会反映和表达，听取伦理评价委员会的建议，以更好地指导工程共同体成员的工作。伦理评价委员会组织员工进行职业培训，让他们更好地适应工程伦理要求。

二、加强工程共同体集体行动实施过程的制度伦理监控

在完善工程共同体集体行动实施过程伦理规范的基础上，还须加强工程共同体集体行动实施过程的制度伦理监控。

监督机制是一个由若干构成要素之间通过合理配置、相互配合和互动调节，为实现既定监督目标而设计的工作系统和制度化体系。不仅法律和

专门的质量监督部门承担着监督的使命，运用法律、行政手段开展监督，伦理监督也是不可忽略的方面，并构成工程共同体集体行动的制度伦理化建设的一个重要方面。工程制度伦理监督是对工程共同体行为是否符合有关工程伦理道德原则与规范所进行的监察和督导。工程共同体集体道德行动的实施、优质工程的诞生，不仅需要相关制度的保障，而且离不开制度伦理监督机制的发挥。工程制度伦理监督的主体，除了政府相关部门（质量监督单位），还应包括工程共同体的全体成员、工程伦理委员会、工程行业协会、工程使用者、公众、媒体等。

工程制度伦理监督，不仅是在工程实施和运营阶段进行的，而且应该贯穿于工程共同体集体行动的全过程；不仅是工程完成之后的"事后监督"，而且应该全程跟踪和监督。全过程、全方位的立体式制度伦理监督体系的建设有利于从源头上规避和减弱工程风险，提高工程共同体集体行动的质量和效率。就建设工程共同体集体行动而言，制度伦理监督前置意味着这种伦理监督不仅在工程实施和运营阶段开展，而且要提前到工程决策、设计时进行。工程论证、决策时的伦理监督需发挥公众和媒体的作用，对于政府权力主导、长官意志主导的工程共同体集体行动决策要敢于发表不同意见、表达公众的心声，不让不利于民生和幸福的工程启动。在工程共同体集体行动设计环节审查工程设计图纸、方案，跟踪设计人员是否按照规范进行设计。在施工环节，审查施工单位和监理单位的资质与投标书是否一致，是否存在挂靠、转包、违法分包和其他非法取得相应资质的行为；严格检查材料、设备的合格证和出厂信息，建立材料取样送检和设备验收制度，严把质量关。对监理单位和施工单位是否开展了全方位质量检测进行监督，增强他们的质量意识。工程良心是实施工程制度伦理监督的助推器。一旦通过监督发现工程共同体集体行动不符合伦理规范和相关法律法规的规定，就必须及时叫停、整改，让相关工程共同体承担相应的责任。当伦理监督比上级刚性检查更早地发现问题时，伦理监督就显示了它的优越性——有更多的时间余地进行整改、免于留下不良记录，否则等到专门监督部门检查再发现问题，就直接被记录在案，直接影响相关工程企业的声誉和今后的发展。

对工程共同体企业进行伦理评价，建立相关企业道德档案。以往对工程企业的评价看重企业资质、业务能力等，忽视对于企业诚信等伦理方面的要求。对工程企业的伦理评价，有助于促进工程企业的道德建设，减少败德行为的发生。道德档案的内容应该包括工程企业的道德行为记录、道德失范记录、奖惩状况等。由专门的工程伦理监督机构定期采集本行业内部各个企业的监督记录，在一定范围内公开化，使业内人士、社会公众都能够方便地进行查询和评价，将工程企业道德档案作为选择工程承包人、合作伙伴等的重要依据。建立基于集体荣誉的正面激励评价和基于集体批评的负面鞭策机制，提升工程共同体的荣辱感，是增强伦理监督成效的有益途径。

针对当前工程共同体集体行动的制度伦理供给不足的情况，政府相关机构应科学地制定各项工程评估标准并且严格执行，并在制度监管的层面上提供强有力的保障。美国《统一建筑法规》规定，对大型公共工程的质量进行严格监控，由政府人员和临时聘请的专业检查人员组成检查小组。要求施工现场便于接近，便于接受监督检查。在施工中，如果发现建材或施工违反建设法规，建筑主管官员有权要求进行再次试验，并采取勒令停工、罚款、签订改进协议等方式进行处理。① 法国的《建筑和住宅总法典》和《城市规划法》对建筑行业的各个方面做出了较为详细的规定，包括建筑工程的业主、设计师、施工方的权利和义务，以及对施工合同及建筑材料进行"规范管理"。国外的制度规定值得我们学习借鉴，完善已有制度。在执行方面，审计部门应加强对工程款使用的审计，做好工程招投标、发包、工程决算等环节的审计。利用质量监督网等平台，对质量不过关的建设企业进行通报批评，适当地给予罚款、吊销营业执照等处罚，引导它们趋善避恶。认真执行招标投标法，规范工程建设招投标市场。对投标单位的资质进行严格审查，禁止挂靠投标；严格监督投标过程，杜绝串标行为，对中标单位进行跟踪监督。

除了政府相关部门做好监督，必须加强内部监督和管理，确保工程共

---

① 何伯森．工程项目管理的国际惯例［M］．北京：中国建筑工业出版社，2007：361.

同体集体行动实施的有序进行。行业自律主要是针对本行业的"潜规则"而言。潜规则是行业内部皆知并广泛运行的不当的规则，比如建设工程领域的非法分包、转包、资质挂靠、垫资承包等，尽管法律不允许，但在现实的工程实施中普遍存在，并破坏全行业形象、损坏全社会的利益。各类工程行业协会（例如建筑业协会、水利工程行业协会、电力工程行业协会）是行业内的企业和个人自愿结成的非营利性组织，是有特定的组织结构和自主治理的民间机构。我国《食品安全法》第九条规定：食品行业协会应当加强行业自律，按照章程建立健全行业规范和奖惩机制，提供食品安全信息、技术等服务，引导和督促食品生产经营者依法生产经营，推动行业诚信建设，宣传、普及食品安全知识。工程行业协会也具有类似的作用，配合政府监管部门完成对工程企业的监督和督促，同时加强本行业工程企业自律，提高企业责任意识；就建筑工程而言，还要发挥工程项目经理、监理公司、业主在工程质量监管方面的作用，建立业主代表常驻制度、联合验收检查制度、工程质量监管通报制度。业主方选派精通业务、负责任的代表常驻工程现场，及时跟踪工程进度、检验工程质量，一旦发现违规操作和质量漏洞，立即要求施工方进行整改，以免造成更大的损失。组建工程项目经理、监理公司、业主方联合检查小组，深入工程建设现场，发现问题当场进行沟通，以提高效率。另外，设置群众意见征集箱或网上投诉信箱，建立举报激励机制，让工程利益相关者也参与到监管工作中来。

第二节　以伦理责任机制追踪工程共同体集体行动

执行层面的工程伦理责任体现工程伦理精神对制度层面的工程制度伦理的建构及其影响力的深度与广度，因此，在以制度伦理机制规范工程共同体集体行动过程的基础上，还要以伦理责任机制追踪工程共同体集体行动，从而实现执行层面的伦理提升。中外历史上和当代成功的工程都蕴含着工程共同体集体行动责任伦理的要素，而当代工程共同体集体行动面临着伦理责任消解的问题。新型责任伦理学的前瞻性和整体性伦理特性对工程共同体集体行动伦理研究有着深刻的启示意义。责任伦理视域下的工程伦理问题不仅是当下的工程安全、公正等问题，还事关人类未来和大自然的命运。工程师也不再是唯一的责任主体，与工程共同体集体行动相关的责任主体还包括工程共同体，以及工程共同体外的多方力量，比如政府、媒体、广大公众等，它们共同构成了整体性责任主体框架。以伦理责任机制追踪工程共同体集体行动，才能走出工程共同体集体行动的伦理难题。首先要确立"共同而有区别的责任"原则；其次，强化工程共同体集体行动的伦理责任，将其落实于实践过程的每个环节中；最后，对工程共同体集体行动产生较大影响的政府、公众及媒体也应当承担起相应的伦理责任。

一、"共同而有区别的责任"原则

"共同而有区别的责任"原则是国际环境公约中公认的一项基本原则。该原则于 1992 年在联合国环境与发展大会上提出，并最终以国际组织决议或法律规范的形式被确定为国际环境保护的指导性原则①，即针对全球温室气体排放已严重威胁了地球环境的问题，要求各国都承担起责任。发达国家由于在历史上是碳排放、环境破坏的罪魁祸首，应相应地增加其所负担的义务份额，不仅自身要积极减少温室气体排放，而且要向发展中国家提供资金、技术援助以帮助这些国家减排。发展中国家也应当承担起与其履约能力、环境政策与经济发展相适应的责任，在发展过程中尽可能地减少对环境的损害，避免走发达国家"先污染后治理"的老路。共同而有区别的责任是有差别的责任，不同主体的地位、实力有差距、能力有大小，权利义务不同，但目的都是保护地球、保护环境。

把"共同而有区别的责任"原则借用到工程共同体集体行动的实践中，意味着相关主体要共同承担起责任，尽管不同主体的地位、实力有差

---

① 万霞."后京都时代"与"共同而有区别的责任"原则［J］.外交评论，2006
（2）：93－100.

距、能力有大小，担责的侧重点不同，责任有所区别，但都是致力于走出工程共同体集体行动的伦理困境、实现工程共同体集体行动的善，创造出优质的工程产品，因而各方的责任是休戚与共的。工程共同体义不容辞地肩负着伦理责任，共同体内部成员也因他们的地位、实力、能力分殊承担着有区别的责任。政府、公众、媒体也不可回避地肩负着伦理责任，各自的责任也是有所不同的。从而需要这些主体通力合作，形成联合承担责任的序列，最终才能达成工程共同体和工程消费者利益的共赢、工程—人—自然—社会的和谐。

针对上文提到的集体行动诸环节伦理责任链的断裂与悬置、"有组织的不负责任"、工程共同体伦理责任意识淡薄等现实情况，责任伦理①为当代工程共同体集体行动复归伦理性提供了理论支撑。

首先，市场经济的蓬勃发展、工程世界对人们生活世界的占据和入侵，使人成为依工具理性而行动的经济人，而伦理责任式微。在吉尔·利波维茨基看来，这是一个绝对的、严格的责任已隐没的"责任落寞"的时代。这种责任感伦理是"一种'理性的'伦理，它不再被要求放弃自己个人想法的命令所主宰，而是主张在价值观和利益之间实现一种平衡以及在个人权利原则与社会、经济和科学的制约之间达到一种和谐"②，以一种理性的算计、权衡的生存法则代替了责任的神圣性。置身于工程世界中，许多人的行为动机在于追求自身利益的最大化，而很少有出于"为义务而义务"的社会责任的绝对命令，个体的意志自由被压抑和悬置，丧失了自主选择的能力，难以发挥应有的作用。在失去确定性的风险社会中，伦理责任变得模糊和难以落实，也更加需要"为全球发展负责"，伦理责任是"现代社会风险管理的内驱力和内在保障力量"③。这要求工程共同体成员

---

① 责任伦理与伦理责任二者具有很大程度的相通性，但还是有着明显的差异。责任伦理重在伦理，是责任研究的伦理学理论和方法；伦理责任重在责任，强调的是责任的性质及类型。

② ［法］吉尔·利波维茨基. 责任的落寞［M］. 倪复生，方仁杰，译. 北京：中国人民大学出版社，2007：233.

③ 李谧. 伦理责任：社会风险管理的内在着力点［J］. 道德与文明，2013（1）：126－129.

从权宜式的责任回归自治的道德责任，即发自内心的道德命令，而不是以外在监督、惩罚或他者等作为承担责任的原因。

其次，工程的实现不是由单一个体所能完成的，工程是一项涉及个人、集体以及全社会的活动过程，从而工程伦理责任的主体应该是工程共同体及其全体成员。① 工程共同体集体行动的伦理责任既包括个体伦理责任，也有组织（整体）伦理责任。"责任承担者绝不局限于工程师单个群体，它还涉及法人、决策者乃至作为使用者或者消费者的广大公众。"②责

---

① 长期以来，人们都认为道德主体是有着自我意识和自由意志的个体，认为只有自然人才具有责任能力，才能承担道德责任。另一些学者则认为，团体（组织）应当且能够成为道德责任主体。从社会学的角度来看，作为法人的团体，由于具有法律上的责任因而也承担着道义上的责任，团体像个体一样亦是道义责任的载体。从哲学的角度来看，道德能力与行为能力是紧密关联的，那么判断团体是否具有道德能力，关键是要考察团体是否具有自然人那样的行为能力。著名的行为学研究专家施维默尔（O. Schwemmer）给出了究竟什么是人的行为的四项标准：A. 行为主体是一个行动的个人。B. 他具有某一意图。C. 他通过某种行动来实现或试图实现这一意图。D. 该行动能导致效果。甘绍平先生以此为参照，考察和论证了团体包含着上述四个要素在内的行为能力，这里所讨论的团体既可以是企业，也可以是其他的社会组织、联盟或国家（参见甘绍平. 伦理学的新视角——团体：道义责任的载体 [J]. 道德与文明，1998（6）：14－17.）。Klein（1988）认为，组织可能具备某种类似于人格的特征，能够被视为一个具有道德的自然人，从而可以接受善或恶、德性的或邪性的评价；Paine（1994）指出伦理既是一个个人议题，也是一个组织议题；Solomon（1992）认为，德性既可用于描述个人的基本道德品质，也可用于描述社会组织的美德，这即是说，德性概念在个人和组织两个层面都适用，因为德性可以在个人身上展现出来，也可以在集体或组织层面体现出来（Schudt，2000）。（参见刘云. 组织德性研究回顾与展望 [J]. 外国经济与管理，2012（2）：43－49.）一批现代西方学者对作为一个整体主体的组织的"集体意向性"问题进行了论证，代表人物有托米拉、密勒、吉尔伯特、布莱特曼、韦勒曼、塞尔。尽管这些学者对集体意向性的表现方式、性质等问题还存有异议，但他们都认为组织不仅在形式上是个人的集合体，而且具有类似于自然人的心灵——集体意向性。集体可能存在着多种意向性状态，并且这些意向性状态不能被还原或分解为个体意向性；当个体加入集体之后，一些以前所不具备的特征也会在该个体那里呈现。这样，人们有可能对某个集体或组织的行为作出合理的评价和预期，审视其对于道德规范的执行力，要求集体主体承担起道德责任。约纳斯将个人以及由个人构成的利维坦共同视为现时代伦理问题的责任主体，他既没有忽视集体中个人的责任，也承认集体是责任主体。

② 朱葆伟. 工程活动的伦理责任 [J]. 伦理学研究，2006（6）：36－41.

任公共性的缺位意味着公共利益、公共福祉与自我之外的他者都被排除于责任主体的视野。美国著名社会学家丹尼尔·贝尔曾对这种公共责任冷漠现象进行了深刻的概括："社会上的个人主义精神气质，其好的一面是要维护个人自由的观念，其坏的一面则是要逃避群体社会所规定的个人应负的社会责任和个人为社会应做出的牺牲。"① 工程共同体伦理责任的意义在于"消除贫困，改善人类健康幸福，增进和平"（2004 年《上海宣言》），并为人类社会持续稳定发展提供保障。工程共同体要切实地履行集体伦理责任，前提是共同体成员，即各责任主体通过商谈和对话以形成共识。

工程技术的发展具有匿名性和无主体性，现代工程技术不同于传统手工技术、机械技术，它们都是复杂系统，这些使得当代工程共同体集体行动的责任实现格外复杂。在人类力量空前强大的工程时代，诚如约那斯所说，"各种行为由于相互联系耦合而成为社会化的集体行为，其效果在空间上波及整个地球、在时间上可以影响到遥远的未来。行为者、行为以及行为后果已与以往近距离范围内的人类行为有了本质上的区别"②。这些都使得由谁以及怎样承担起这种责任，即工程共同体集体行动责任主体和责任实现的问题变得非常复杂。而这实际上也是现代性的一个基本特征："高度专业化的机构在系统上的相互依赖是与不存在可分离的单个原因和责任的情况相一致的。"③ 这即是说，在劳动分工高度精细化的社会背景下，责任的归属和实现变得复杂，责任的缺失成为一种总体的共谋。面对这样的现实，建立在个体基础之上的传统伦理学，已经难以应对，这就要求伦理学建立在新的基础上，即建立"一种为整个人类的生存和发展负责的集体责任"④ 的伦理学。于是，工程共同体理所应当地应成为伦理责任主体，工程共同体对工程活动全过程都负有伦理责任，这些责任相互交织

---

① ［美］丹尼尔·贝尔. 资本主义文化矛盾［M］. 赵一凡，等译. 北京：生活·读书·新知三联书店，1989：308.

② 李文潮. 技术伦理与形而上学——试论尤纳斯《责任原理》［J］. 自然辩证法研究，2003（2）：41-47.

③ ［德］乌尔里希·贝克. 风险社会［M］. 何博文，译. 南京：译林出版社，2004：33.

④ 朱葆伟. 工程活动的伦理责任［J］. 伦理学研究，2006（6）：36-41.

在一起，让该问题变得更加复杂。工程共同体依循从工程集体行动决策、设计到实施、运营的行动链也构成了一条完整的责任链，"在这个责任链中，没有哪个环节承担单独的责任，每个环节都是责任的一部分，而这部分的责任又不得不与这个环节对整个行为所承担的责任相联系"①。

二、强化工程共同体的集体行动伦理责任

基于"共同而有区别的责任"原则，强化工程共同体的集体行动伦理责任，主要落实于工程共同体集体行动的伦理责任实践。具体而言，包括工程共同体集体行动的技术伦理责任、社会伦理责任和环境伦理责任三个方面。

（一）技术伦理责任

为了最大限度地避免工程共同体集体行动带来的工程风险和工程事故，工程技术人员要在技术集成过程中留出足够的安全系数。尽管工程共同体集体行动涉及的每个技术环节都允许一定范围的误差，但"蝴蝶效应"值得警惕：技术误差的累积和叠加效应很可能导致整个工程共同体集体行动的失败。工程师和技术人员作为工程的设计者、技术监督者和把关人，必须将每个环节的技术误差控制在最小范围，以避免工程事故的发生。

作为专业技术人员的工程师，他们掌握着工程专业的知识和技能，并直接参与工程活动，因而对工程安全、质量及可能产生的负效应等最有发言权。技术过关是工程的第一宗旨，在工程上马之前，工程师必须对技术可行性进行反复评估和论证，向决策者提供相关报告。在工程实施过程中，需经常下基层指导和监督技术人员的工人的具体操作，查阅具体操作人员的工作日志和有关记录文档，对存在问题、隐患及时批评和纠正。在工程运营阶段，跟踪评估，推动技术的完善。

对于工程投资者和管理者而言，必须高度重视对具体操作人员的培

---

① ［德］赫费. 作为现代化之代价的道德——应用伦理学前沿问题研究［M］. 邓安庆，等译. 上海：上海世纪出版集团，2005：12–13.

训，提升他们的技术素质和岗位责任感。建设工程施工过程中，为在短时期内完成工程任务，施工单位很可能大量招募素质不高的技术人员和工人进行现场操作，这为工程安全埋下了隐患。"7·23"温州动车追尾事故调查组技术专家组副组长王梦恕披露，此次事故的原因完全是管理问题和责任问题。"机器设备和人工是相辅相成的。现在许多事故的原因都是培训不及时造成的。造成这个问题，领导责任很大，我们不能责备具体操作人员，因为他没有经过系统培训，事故面前慌乱了，不知道该给谁打电话。"①

提高直接实施工程的技术人员和工人的伦理责任意识。正如阿诺德·盖伦所分析的那样，机械自动化和流水线的生产模式使得工人的工作只是拧一个螺丝或者按一下电钮，他成为并只是生产过程的一个节点，无须去关心生产流程和最终结果，也不需要对产品质量是否合格负责。专业分工使操作端的工程技术人员角色可以被替代，对岗位和集体的归属感不强，再加上行为环节远离工程技术后果，导致他们对操作行动的消极后果缺乏伦理意义上的感同身受，责任感淡化。实际情况却是，操作者在技术系统中所处的地位越重要，失误操作所导致的危害就越大。对于操作极为繁杂的复杂技术系统来说，人为操作失误几乎是很难避免的。就如墨菲法则所概括的："凡事可能出岔子，就一定会出岔子。"笔者认为，一是严格遵循操作规程。按照标准操作程序和现行规章进行操作，以免操作失误而引发灾难。正如有学者指出的，"作为技术体系的创建者，他的构思与设计既要受客观规律与技术认识的约束，也要受当下技术发展水平的制约；作为技术体系的构成单元，他必须按照技术运行模式与节奏行事，受外在技术力量的调制；作为技术体系的操纵者，他必须遵守技术规程，误操作、失当操作、监控不到位或维护不及时，都会引发技术事故"②。此外，对于设计中未能完全考虑的技术环节，还应提出建议和主动实施。二是全过程跟踪，及时反映工程中的隐患。由于此类人员处于工程活动的第一线，是直

---

① 张璐晶. 中国工程院院士、中国中铁隧道集团副总工程师王梦恕回应中国高铁建设八大质疑 [J]. 中国经济周刊，2012 (13)：47-51.
② 王伯鲁. 技术困境及其超越问题探析 [J]. 自然辩证法研究，2010 (2)：35-40.

接"在场"实施工程活动的具体操作者，当发现工程中潜在和显在的安全问题时，他们应当及时汇报给上级工程师与管理者，防患于未然。

需要强调的是，工程共同体中每个技术人员（包括工程师、工人）不仅要履行好自己本职岗位上的角色责任，而且也要竭尽所能地使整个工程技术系统的行为合乎伦理要求。如果觉察到整个技术系统可能带给同事、工程共同体、公众和社会负面的影响，就应把主动防范和制止当作"我的责任"，而当仁不让，解决主要矛盾，而不要顾虑这样做是否超出了我的责任范围。

（二）社会伦理责任

历史地看，工程活动主体的伦理责任是随着科技发展和社会进步而动态变化的。职业者无法以自我职业任务的完成作为最终目标，他们必须考虑社会的反应。① 有学者对工程师伦理责任的发展历程进行了梳理，认为工程师伦理责任经历了三个转变，即由最初的忠诚责任扩展到"普遍责任"，由乌托邦式的"无限责任"回归到现实的社会责任，又由社会的责任延伸到对自然的责任。② 就工程师伦理责任的演变而言，从早期军事工程阶段强调服从，到后来民用工程的发展要求工程师忠诚于公司或雇主，进入 20 世纪，尤其是第二次世界大战爆发以来，纳粹德国和日本军方的科学家和工程师制造毒气室、高尖端杀人武器和人种实验工程，美国为对抗日德法西斯集结千余名科学家实施的研发原子弹的曼哈顿工程，美国使用原子弹轰炸日本等事件，使工程的社会责任问题凸显出来。源于对曼哈顿工程的反思，1955 年，"科学家要求废止战争"的"爱因斯坦—罗素"宣言发表，为科学家、工程师等工程主体应该承担社会责任提供了依据。第二次世界大战的创伤还未抚平，核军备竞赛又拉开序幕。20 世纪五六十年代的反核和平运动，将公众的安全、健康和福祉放到至高无上的地位，这就不仅要求工程师对自己的技术行为负责，更强调了其社会伦理责任。

为了避免工程共同体因"集体的糊涂"而酿成悲剧，工程共同体集体

---

① SPECTOR T. The Ethical Architect: the Dilemma of Contemporary Practice ［M］. New York: Princeton Architectural Press, 2001: 8.

② 龙翔. 工程师伦理责任的历史演进 ［J］. 自然辩证法研究, 2006 (12): 64 - 68.

行动的社会伦理责任应主要包括三个方面：一是要精通某一方面的工程知识、技术，并努力将其应用在具体的工程过程中，使工程为人类造福。二是在工程有可能带来负面效应的情况下，工程共同体应该具有高尚的职业品质和社会责任感，对工程可能造成的危害和副作用及时向公众和有关部门通告，并尽其所能地控制或规避这些危害和副作用。三是工程共同体有责任让公众理解他们所从事的事业，对公众做好工程知识、技术原理的普及工作，而不是单纯完成客户和上级交给的任务。这既是保证技术被充分理解与合理运用的必要条件，也是尊重工程使用者和公众知情权、减少工程事故的必然要求。近年来一些生物工程研究中存在着公众的知情同意问题，其中包括临床药物实验、人类遗传代码的采样收集等。这就要求我们在工程活动中必须重视和落实知情同意的原则和程序，以打消公众的疑虑，赢得广大公众的信任，工程活动才能更顺利地开展。

当前，工程共同体集体行动社会伦理责任的承担必须坚持以人为本的原则。工程本来是"人为"的和"为人"的，但在现代社会中却可能成为压制人的异己力量。工程活动虽然是物质领域创造人工物的活动，但它绝不能"以物为本"而必须"以人为本"。从目的论视角看，工程活动的目的是使人生活得更舒心和幸福，促进社会的福祉，"以人为本"就是要关心人的价值、尊严、平等、自由和发展，其最根本的要求是确保工程质量、保障人民群众的生命安全。倘若工程共同体在集体行动的过程中偏离了"以人为本"这个基本原则，就会走上歧途，必然会给社会带来灾难。

政府常作为投资者和决策者而属于工程共同体的一部分而肩负着沉甸甸的社会伦理责任，笔者认为有必要单独地讨论。在由政府主导的工程活动中，受行政化体制的影响，工程决策很容易行政化，甚至以行政决策代替工程决策。我国高铁工程就是一个例子，不仅存在违反科学规律施工、盲目赶工期的现象，而且采用的技术也存在重大缺陷，比如中国高铁全部采用当时德国只有一个试验路段的无砟道床，还让一个没有生产制造和研发经验的企业独揽中国高铁的轮对供应，中国动车车轮的轮背距与国际标准相比有 7 毫米的误差①，致使工程存在诸多安全隐患，直至酿成惨痛的事故。此类悲剧的上演，提醒政府在工程决策时避免"拍脑袋"式的主观决定，甚至以集体的名义上演既有违工程技术规律又劳民伤财的闹剧，而必须经过科学论证和合理权衡。

（三）环境伦理责任

自然是人类的母亲，又是"人的无机的身体"，自然环境状况直接关系到人类文明的延续。而工程活动对自然环境的改造和影响要比人类其他活动大得多。因为"工程是应用科学技术使自然资源最佳的为公众服务的活动，工程活动远不只是一项项服务于具体的现实目标和可计算经济效益的技术操作，我们是在对地球的前途和人类的命运做出一次次选择。然而在国内，工程的环境伦理问题远未得到应有的重视；相反，还有那么多人毫无知觉，甚至毫无愧疚地打着发展经济的旗号进行着破坏生态环境、危害人类长远利益的所谓的'工程'"②。人类在自然和生物演化序列中处于最高层次，自然的全部属性和特征都在人这里获得全息地呈现，人也因而可以作为自然的调控者，通过工程实践向着对人类有利的方向来变革自然。大自然不仅是我们人类的衣食之源，而且优美的自然环境也给我们的心灵以陶冶和净化，使人的精神世界得以安顿和提升，因此我们要爱戴她、保护她。当人执着于为工程而工程的片面生存状态，只是用计算式的工具理性观沉醉于征服自然的工程行动中时，就陷入了一种远离自然的无根生存态度。人都是自然生态系统的一部分：人工世界是镶嵌在自然大系统中的一个子系统，人工世界没有自然便不是人工自然，没有了自然也就没有了人工，工程实践也只能融入自然而不能隔断自然③。因此，工程共同体对自然肩负着重大的伦理责任。

首先，要具备"遵循自然"的伦理觉悟。工程发展—环境恶化问题已

---

① 林小骥，王子．高铁：超级工程中的"魔鬼"［J］．中国企业家，2011（16）：63 - 67．

② ［美］P. Aarne Vesilind, Alastair S Gunn．工程、伦理与环境［M］．吴晓东，翁端，译．北京：清华大学出版社，2003：330．

③ 张秀华．工程与现代性［J］．自然辩证法研究，2012（7）：56 - 61．

对人—自然—社会系统构成负面影响，并严重威胁着人类自身的生存与发展，具备伦理觉悟人们才能走出这一泥潭。在现代工业社会"控制自然"观念的支配下，人为了满足自己不断增长的物质需求，对自然的"控制""征服"与索取无所节制，自然则沦为客体、对象、工具而任人蹂躏，并认为其理所当然，这也成为自然资源日趋衰竭、生态日益恶化、环境污染日渐严重的根本原因。威廉·莱斯曾呼吁："控制自然的观念必须以这样一种方式重新解释，即它的主旨在于伦理的或道德的发展，而不是科学和技术的革新。从这个角度看，控制自然中的进步将同时是解放自然中的进步。……从控制到解放的翻转或转化关涉到对人性的逐步自我理解和自我训导。"① 可见，莱斯试图纠正人们惯常认为的"自然之控制"的观念，将其理解为"把人的欲望的非理性和破坏性的方面置于合理的控制之下"，在"自我训导"或"自我规范"的过程中变"控制"为"解放"，将人的崇高与自然的伟大二者统一起来，并使遵循自然的伦理觉悟具有从工业文明向生态文明转变进程中的道德哲学革命之意义。

工程共同体集体行动必须以对自然规律（包括生态规律）的正确认识和遵循为前提。"遵循自然"的伦理觉悟要求在工程共同体集体行动全过程的各个阶段，不仅不能违背物理、化学、生物学的规律，更要遵循"亲近自然""聆听自然"的生态学、环境学规律。我们应效仿生态系统的智慧，以自然为示范和导师，依托绿色技术建造"生态工程"，改变工程与环境不兼容、环境不堪重负的现状。近年来倡导的生态建筑就是一种典型的"生态工程"，它以人、建筑和环境的有机相融、和谐共在为理念，实现了尽人之性与尽物之性的有机统一。

其次，走向工程与自然的和谐。中国传统哲学思想中的生态智慧给我们以有益的启迪和指引。老子将"道"视为万物之宗，具有本体论意义。"道生一，一生二，二生三，三生万物。"人和自然万物都是由道创生的，它们处于平等的地位，人并不比自然高贵。庄子《齐物论》中也说，"天地与我并生，而万物与我为一"。可见，道家不认为人、自然有贵贱之别，

---

① ［加］威廉·莱斯. 自然的控制［M］. 岳长龄，李建华，译. 重庆：重庆出版社，1993：168.

"人居其一"，从而人有维护自然的责任，如此，人与自然才能和谐共存、协同进化。儒家"仁者，以天地万物为一体""乾坤父母、民胞物与"等思想也表达了人与自然的紧密联系、相互依存、不可分割，人类的生存和发展以自然万物为前提。美国学者费雷说："生态意识的基本价值观允许人类和非人类的各种正当的利益在一个动态平衡的系统中相互作用。世界的形象既不是一个有待挖掘的资源库，也不是一个避之不及的荒原，而是一个有待照料、关心、收获和爱护的大花园。"①以人与自然的共生共荣为出发点和归宿，生态价值观在肯定自然对人的工具价值的同时突出自然的内在价值，要求人们从对自然的征服和摧残转变为对自然的关爱和呵护，将生态环境从工程的外在因素提升为工程的内在因素，主动承担起对自然的伦理责任，以实现工程与自然的和谐。

环境伦理责任作为一种"近距离和远距离相结合的伦理责任"，本质上体现为对人的伦理责任。近距离的伦理责任，是工程共同体集体行动对当代人的生态环境责任，主要表现为国际之间、区际之间的伦理责任；"远距离的伦理责任"，则是对未来人类的尊重、责任和义务。从而，不仅要求在工程对自然环境和人类健康构成直接的或者明显的威胁时要重视和采取措施，而且要求当自然环境和人类健康还没有受到直接影响的时候，工程共同体也应该表示充分关注。环境伦理责任还是工程活动全过程的责任，以确保工程与生态环境的协调发展。工程共同体对自然应承担的伦理责任包括以下方面：①肯定环境具有内在价值，评估工程决策对生态环境近期和长期的影响，对生态环境风险做出伦理审视，并采取措施减缓或消除可能带来的负面影响。②减少工程实施和使用过程中对环境和社会的负面影响。③让公众了解工程全过程对生态环境的影响和风险，尊重、维护公众的知情权、决策权。④做到生态公正，在代内的空间尺度、代际的时间尺度上促进工程、人与环境的和谐共赢。

三、加强政府、公众及媒体的伦理责任

根据"共同而有区别的责任原则"，对工程共同体集体行动产生较大

---

① ［美］霍尔姆斯·罗尔斯顿. 遵循大自然［J］. 哲学译丛，1998（4）：36-42.

影响的政府、公众及媒体也应当承担起相应的伦理责任。

政府是公共权力的代表者和执行者，政府以维护和促进公共利益为己任，按公民意志办事。许多公共工程共同体集体行动的项目由政府投资和决策，并直接服务于公众，政府对这类工程项目更是肩负着巨大的责任。必须突破传统的官本位思想，真正树立起责任政府、服务型政府的意识，以长远眼光处理工程领域的问题。"如果服务行政没有责任与之相伴，不仅服务会异化，而且，也有可能产生任性和张狂。"① 它不仅要促进工程市场在制度和体制上的完善，而且还应该通过立法等手段规范工程共同体、相关企业等市场行为。政府主要应该承担政策支持的责任、监管责任和引导责任。

近年来，我国重大工程事故接连发生，不仅工程共同体付出了惨痛的代价，更让工程产品的使用者胆战心惊，其中许多事故都源于政府监管不力。在市场经济的条件下，工程共同体常常为经济利益所驱动，违背工程造福于社会的宗旨，也与政府的目标相背离，而工程使用者大都是普通公民，他们直面工程共同体集体行动的产物——汇集了高科技的工程产品，在对工程产品质量的鉴别上缺乏专业的知识、技能和条件，还因为分布分散而无法形成强大的监督和制约力量。为保障工程使用者（消费者）的合法权益，服务型政府需从工程消费者的立场出发，发挥好监管作用以督促工程共同体提供安全、优质的工程产品。尽管工程共同体和工程消费者在根本利益上是互惠互利的，都是工程市场的重要力量和主体，但二者之间的共赢依赖市场机制的自发调节难以实现，这就需要政府这只"有形的手"监督工程共同体、做好协调，保护工程消费者的合法权益。做工程有利于增加地方的财政收入，这是直观可见的政绩。为了地方 GDP 和政绩，当地政府可能"容忍"工程共同体的违规行为，担心对问题企业的查处会影响行业生存和发展，不利于地方发展，甚至在工程事故发生后，地方政府还试图为之遮掩。因此，我们呼吁政府承担好监管责任，对于有问题的工程共同体集体行动，要追究伦理责任；监督工程共同体履约情况，让工

---

① 沈荣华. 论服务行政的法治架构［J］. 中国行政管理，2004（1）：25－28.

程投招标活动回归正常的状态，让参与主体公平竞争，并力争杜绝有法不依、执法不严的可悲局面。在事关公民切身利益的问题上，政府应积极介入工程共同体集体行动，全程监督工程共同体，严格按照相关标准进行操作，避免社会资源的无效率使用，降低社会成本，消除消费者对工程使用的担心和疑虑。应完善工程相关的法律法规体系，对工程产品实行严格的市场准入制度，以便更好地发挥监管的作用。比如制定建设工程造价及其管理的专门法律、行政法规，对建设工程造价及其管理做出有针对性的规定。我国只有很少的工程产品（如汽车）建立了市场准入制度，实行工程产品市场准入制度，就是要在开放的市场环境下，在工程产品进入市场环节实施许可标准，在市场交易环节实施动态监管，对不合格产品或违法经营者实施市场退出。

对于政府参与投资和决策的工程共同体集体行动的项目，除了做好以上方面，政府还需处理好与其他工程共同体的关系，既不能干预过多，又不能推卸责任或不作为。政府在这类工程中，既是运动员，又是裁判员的身份会遇到责任冲突和难题，困境的实质是"利益与职责之间、私人生活秉性与公共角色义务之间的不可避免的紧张关系"①。在我国目前的政治体制下，地方政府建标志性的工程是彰显政绩的捷径，我国这样的"政绩工程"比比皆是。搞工程，既有了城市新标志吸引上级的眼球，又能带动地方经济，对于地方政府来说名利双收，但有问题的"政绩工程"也有不少。政府应审思和权衡，率先垂范，以更为根本的公共利益为重。作为公共利益代言人的政府投资、决策建设的工程若是劣质工程、黑心工程，政府的形象就被粉碎了，政府也因此失去了人心，和责任政府的方向完全背道而驰。

此外，要完善行政问责制，对政府和官员在重大工程事故中的不当行为做出严厉的追究和处罚，使其正确使用权力，工程集体行动及其产品真正造福于民。"同问责程度低的政治体制相比，比较透明、问责程

---

① TUSSMAN J. Obligation and the Body Politic［M］. New York：Oxford University Press，1960：18.

度较高的体制能够赋予官员更大的自主决定权，却不会导致腐败的增加。"①

　　政府的职能部门（如质量监督局）是监管方，政府对工程集体行动及其产品的监督效果进行评价，实际是政府对自己监管的工作做出评价，既是运动员又是裁判员的双重身份让其难以有足够的动力去实施监管。政府监管部门为了"赢得"民心、取得公众的信任，倾向于"报喜不报忧"，试图掩盖一些在监督中发现的问题，监督结果可能存在一些偏差，加上政府监管部门带有官僚组织的低效率的特征，造成政府的质量监督部门对工程活动的监督乏力、效果不佳。尤其是地方保护主义影响了政府对于工程集体行动及其产品监管的客观性、公正性，让一些不符合规范的做法滋生和得以维持。政府监管部门的部分工作人员存在着政治利益至上的倾向，也使监督的公正性、监督结果的真实性受到挑战。

　　公众相对于政府监管部门具有独立性，公众的态度更加中立、客观。公众监督的实施有赖于广泛的公民意识觉醒。公民意识意味着公众能积极地认识和理解工程，认识到自己作为该项工程的使用者，有责任参与到工程集体行动及其产品的监督中，并勇于和善于表达自己的意见。群众的来访、举报是工程伦理监督的重要途径。除了传统的面对面交流、写信等监督途径，电话、网络等媒体为公众监督提供了更便捷的平台。近年来发生的多起食品安全、建设工程事故，大都是先被工程使用者（公众）举报，然后媒体跟踪报道和披露，之后政府力量才开始介入。

　　媒体是信息时代最为迅捷的传播途径之一，它的开放性和即时性使其成为监督工程共同体集体行动的有效方式之一。媒体通过对优质工程的宣传、对劣质工程的曝光，发挥着监督工程企业的功能，促进工程企业争先争优，以制造劣质工程为耻。媒体在报道工程事件时应实事求是地展现事件的全貌，向公众还原工程事件的全过程。报道劣质工程，是对涉事工程共同体的批评和曝光，也是对同行其他工程共同体的警示。公信是广大公众对媒体声誉的一种肯定性评价，媒体以"受众即上帝"

---

　　①　［美］艾克曼．腐败与政府［M］．王江，等译．北京：新华出版社，2000：79.

为原则，反映公众的呼声，需坚守自身的立场，警惕因政治力量、商业利益的介入而丧失独立性、客观性的倾向。在揭露劣质工程时，媒体也要站在消费者的角度，对消费者和公众的疑虑、恐慌心理进行疏导和安抚。

结语

走向"善"的工程共同体集体行动

当代工程共同体集体行动是推进经济、社会跨越式发展的核心力量。但当代工程共同体集体行动也存在着许多深刻的伦理问题。苏格拉底告诉我们，未经反思的生活是不值得过的。只有认真反思和检视当下的生活，我们才会变得更有智慧，更有信心去迎接和应对未来。2011年温州动车事故后转发量最大的一条微博是，"中国，请停下你飞奔的脚步！不要让列车脱轨，不要让桥梁坍塌，不要让道路成陷阱，不要让房屋成危楼。慢点走，让每一个生命都有自由和尊严，每一个人都不被时代抛下，每一个人都顺利平安得抵达终点。"这条微博实际折射了当代工程造就的"恶"，表达了公众对工程与幸福悖论的认知。

美国学者丹尼尔·贝尔曾经对文化做了如下诠释："文化本身就是为人类生命提供解释系统，以帮助他们对付生存困境的一种努力。"[①] 作为文化系统的重要因素，与文化的其他解释系统相比，伦理是一种具有强烈的"意义品性"的解释系统，它创造的是一个善的意义世界；它又是具有实践意义的解释系统，不仅"解释"生命，更重要的是创造和实现生命。[②] 伦理学以善的价值对个体与其生活于其中的世界进行同一性关系的建构，对"人应当如何生活""我们如何在一起"等个体生命秩序和社会生活秩序的重大问题进行探讨。英国哲人罗素曾揭示："在人类历史上，我们第一次到了这样一个时期：人类种族的绵亘已经开始取决于人类能够学到的

---

① ［美］丹尼尔·贝尔. 资本主义文化矛盾［M］. 赵一凡，等译. 北京：生活·读书·新知三联书店，1992：24.

② 樊浩. 道德形而上学体系的精神哲学基础［M］. 北京：中国社会科学出版社，2006：645 – 646.

为伦理思考所支配的程度。"① 为了走出当代工程共同体集体行动的伦理困境，必须通过伦理反思和伦理践行努力应对。

如上所述，本文所探讨的工程，不是单个人在工程工序的链条上前后相继完成的简单、小型的工程，而是大型的、需要工程人集合起来（形成工程共同体）通过集体行动才能完成的工程；是应用科学技术创造出与人们的生产生活密切相关、有物质形态产品的工程。工程共同体集体行动创造了工程，工程是工程共同体"集体行动的智慧的结晶"。工程共同体作为工程活动中的"行动者"，通过"集体行动"的方式实现工程目标和各自的利益诉求，并形成了行动者之间复杂的网络性互动关系，这就是工程共同体集体行动。

"工程共同体集体行动"作为人类的一种存在方式和行为方式，有着悠久的历史。历史上许多成功的典范工程形成了良好的工程伦理秩序，彰显了工程伦理精神，其中蕴含了集体行动的制度伦理、责任伦理等要素。当代工程共同体集体行动伦理问题并非突然发生与凸显的，而是经由历史发展、演化而成。由于古代人类改造自然的能力较小，工程共同体集体行动产生的伦理效应较微弱：主要是产生中观和微观尺度的影响，只是改变小气候、影响有限的时空维度。但是，近代以来，经济发展、科技革命不断深化推动了工程的突飞猛进，尽管学者们从不同角度提出了优化工程管理、提升生产效率的途径，但由于资本逐利的本性、资本主义制度的先天缺陷，近代西方工程共同体集体行动使人与自然、人与人、人与社会、人与自身的伦理关系都发生了变异，工程共同体集体行动产生的伦理负效应较显著，不再局限于很小的时空范围。

与古代、近代的工程实践相比，现代工程共同体集体行动组织链条和复杂度不断升级，不同于传统社会个人和所在共同体（如家庭、民族）之间稳固、紧密的伦理关系，在现代性背景下，个人与其所在组织之间的联结纽带弱化。现代性将人们置于一种高速流动的状态中，紧密关系的削弱影响着当代共同体的团结和凝聚，普遍性和客观性的道德权威也不复存

---

① ［英］罗素．伦理学和政治学中的人类社会［M］．肖巍，译．北京：中国社会科学出版社，1992：159.

在。当代工程共同体集体行动存在其动机的义利冲突境遇、其过程的多重伦理失范、其后果的多重伦理关系失调等伦理困境。这些伦理困境的症结可归纳为：工程共同体集体行动的伦理精神式微、工程共同体集体行动的制度伦理匮乏和工程共同体集体行动伦理责任的消解等。

而超越这些困境的关键在于进行工程伦理精神重塑和工程伦理机制重建。明确工程共同体集体行动工程伦理精神的内涵：以造福人类为根本宗旨，以珍爱生命为伦理底线，以追求卓越为崇高旨趣，并以此工程伦理精神统摄工程共同体集体行动的顶层设计和动机。工程伦理精神的重塑和提升须建立在工程共同体形成价值共识和伦理认同的基础之上。一方面，工程共同体中的每个成员要形成强烈的共同体伦理意识和价值归属，从而超越外在强迫，发自内心地与工程共同体风雨同行；另一方面，工程共同体也要充分考虑各类成员的价值诉求和长远发展，善于倾听成员的意见，成为每个工程活动个体的温馨港湾和有力后盾，并让其中的工程活动个体尽其所长、各展其才，获得尊重和重视，平等坦诚地交流，并自觉承担伦理责任和为工程共同体做出贡献。作为伦理实体的工程共同体要求其中个体的价值认同性，同心同德，"自己意识到他的心的规律是一切心的共同规律，他的自我意识是公认的普遍秩序"①，去除那些不利于工程共同体长远发展的价值观，使工程共同体集体行动达到义和利的统一，在经济冲动力和伦理冲动力之间形成"合理的冲动体系"。而后，重建工程共同体集体行动的伦理机制，即以制度伦理机制规范工程共同体集体行动过程和以伦理责任机制追踪工程共同体集体行动，从而强化和保障工程伦理精神的有效贯彻实施。

善是评价工程实践中伦理问题的基本价值尺度。笔者认为工程共同体集体行动的善是动机善、过程善和后果善的有机统一，不仅出于理性自觉、内在自愿，而且是出乎自然的，是行为境界和工程共同体人格境界的有机统一。首先，动机善。"人的每种实践与选择，都以某种善为目的"，

---

① ［德］黑格尔. 精神现象学（上卷）［M］. 贺麟，王玖兴，译. 北京：商务印书馆，1979：265.

并且"所有事物都以善为目的"①。工程共同体集体行动的复杂性与风险性，及其面临的种种伦理困境要求我们认真思考动机善的问题。工程共同体集体行动的动机善的伦理标准，应该是工程与人—自然—社会系统的和谐，在工程服务公众、造福人类的基础上，追求卓越。其次，过程善。工程共同体集体行动的阶段性和动态性要求其具有过程善。作为由多个环节相互作用的伦理关系链集合而成的工程共同体成员和不同工程共同体之间环环相扣的行动链，工程共同体集体行动不仅要以动机善为前提，而且要在集体行动的链条和全过程中贯穿和践行善。最后，后果善。任何行为都指向后果，走向善的工程共同体集体行动还意味着后果善，无论是作为工程共同体集体行动产物的工程产品，还是工程的长远影响都应以后果善为旨归。

要重视工程伦理教育。教育的人文使命，在于完成人的伦理解放：把人从自然的质朴性中解放出来、把人从自然欲望中解放出来。从伦理精神培育、生长的过程来看，教育应当是伦理精神之源。② 工程伦理教育的对象应是工程共同体成员和工科学生。工程伦理教育能够弥补单纯的工程知识和技能教育之不足，强化工程人员的社会责任意识，把外在的工程伦理准则和规范内化成工程共同体成员内在的"德"和"工程良心"，帮助他们做出正确的道德选择，以促进工程善的实现。

善是人类本性意义上的目的，幸福是最高的善，即至善。"幸福是万物中最好、最高尚（高贵）而最令人愉悦的。"③然而，今天最大的危机是人类命运的危机和人的幸福危机，真正迈向幸福生活需要人们去努力创造。后现代思想家小约翰·柯布曾指出，我们是同一共同体的成员，我们个人的幸福和共同体中他者的幸福是密切联系在一起的。一个有机共同体应该全体成员都生活得健康、幸福，同时，每个成员也尽其所能地促进整

---

① ［古希腊］亚里士多德. 尼各马可伦理学［M］. 廖申白，译注. 北京：商务印书馆，2010：3-4.

② 樊浩. 教育的伦理本性与伦理精神前提［J］. 教育研究，2001（1）：20-25.

③ ［古希腊］亚里士多德. 尼各马可伦理学［M］. 廖申白，译注. 北京：商务印书馆，2010：24.

个共同体的繁荣。幸福作为一个主观—客观相复合的概念，工程可带给人们物质与生理层面的幸福，而人文可带来精神与心理层面的幸福。我们相信，工程与人文的融合、工程与伦理的契合会使工程共同体集体行动成为给人类带来幸福结果的"善举"，实现成己和成物、个体至善与社会至善的有机统一，引领我们迈向更加幸福美好的明天！

参考文献

（一）马克思主义经典著作

1. 马克思. 1844 年经济学哲学手稿 [M] . 北京：人民出版社，2000.

2. 马克思. 资本论（第 1 卷）[M] . 北京：人民出版社，1972.

3. 马克思恩格斯全集（第 3 卷）[M] . 北京：人民出版社，2002.

4. 马克思恩格斯全集（第 12 卷）[M] . 北京：人民出版社，1980.

5. 马克思恩格斯全集（第 20 卷）[M] . 北京：人民出版社，1971.

6. 马克思恩格斯全集（第 23 卷）[M] . 北京：人民出版社，1972.

7. 马克思恩格斯全集（第 42 卷）[M] . 北京：人民出版社，1979.

8. 马克思恩格斯全集（第 46 卷下）[M] . 北京：人民出版社，1980.

9. 马克思恩格斯文集（第 7 卷）[M] . 北京：人民出版社，2009.

10. 马克思恩格斯选集（第 1 卷）[M] . 北京：人民出版社，1995.

11. 马克思恩格斯选集（第 2 卷）[M] . 北京：人民出版社，1995.

12. 马克思恩格斯选集（第 3 卷）[M] . 北京：人民出版社，1972.

13. 马克思恩格斯选集（第 4 卷）[M] . 北京：人民出版社，1995.

（二）学术译著

1. ［英］A. 哈耶克. 个人主义与经济秩序 [M] . 贾湛，等译. 北京：北京经济学院出版社，1989.

2. ［美］Braden R. Allenby. 工业生态学：政策框架与实施 [M] . 翁端，译. 北京：清华大学出版社，2005.

3. ［英］E. 舒尔曼. 科技时代与人类未来 [M] . 李小兵，译. 北京：东方出版社，1995.

4. ［英］Finlayson J G. 哈贝马斯［M］. 邵志军，译. 南京：译林出版社，2010.

5. ［美］F. J. 戴森. 宇宙波澜——科技与人类前途的自省［M］. 邱显正，译. 北京：生活・读书・新知三联书店，1998.

6. ［美］H. A. 西蒙. 管理决策新科学［M］. 李柱流，等译. 北京：中国社会科学出版社，1982.

7. ［英］H. D. F. 基托. 希腊人［M］. 徐卫翔，黄韬，译. 上海：上海人民出版社，1998.

8. ［美］H. W. 刘易斯. 技术与风险［M］. 杨健，缪建兴，译. 北京：中国对外翻译出版社，1997.

9. ［美］P. Aarne Vesilind, Alastair S. Gunn. 工程、伦理与环境［M］. 吴晓东，翁端，译. 北京：清华大学出版社，2003.

10. ［法］R. 舍普，等. 技术帝国［M］. 刘莉，译. 北京：生活・读书・新知三联书店，1999.

11. ［美］W. 理查德・斯科特，杰拉尔德・F. 戴维斯. 组织理论：理性、自然和开放系统［M］. 高俊山，译. 北京：中国人民大学出版社，2011.

12. ［德］阿多诺. 否定的辩证法［M］. 张峰，译. 重庆：重庆出版社，1993.

13. ［荷］沃特・阿赫特贝格. 民主、正义与风险社会［M］//薛晓源，周战超. 全球化与风险社会. 北京：社会科学文献出版社，2005.

14. ［英］阿克顿. 自由与权力［M］. 侯健，范亚峰，译. 北京：商务印书馆，2001.

15. ［法］阿兰・图海纳. 我们能否共同生存？［M］. 狄玉明，李平沤，译. 北京：商务印书馆，2003.

16. ［美］艾伦・杜宁. 多少算够：消费社会与地球的未来［M］. 毕聿，译. 长春：吉林人民出版社，1997.

17. ［美］艾克曼. 腐败与政府［M］. 王江，等译. 北京：新华出版社，2000.

221

18．［法］埃米尔·涂尔干．社会分工论［M］．渠东，译．北京：生活·读书·新知三联书店，2000．

19．［法］爱弥尔·涂尔干．实用主义与社会学［M］．渠东，译．上海：上海人民出版社，2000．

20．［法］爱弥尔·涂尔干．职业伦理与公民道德［M］．渠东，付德根，译．上海：上海人民出版社，2006．

21．［美］爱因斯坦文集（第3卷）［M］．许良英，等译．北京：商务印书馆，1979．

22．［英］安东尼·吉登斯．现代性的后果［M］．田禾，译．南京：译林出版社，2000．

23．［英］安东尼·吉登斯．现代性与自我认同［M］．赵东旭，方文，译．北京：生活·读书·新知三联书店，1998．

24．［英］安东尼·吉登斯．失控的世界［M］．周红云，译．南昌：江西人民出版社，2001．

25．［美］安德鲁·芬伯格．可选择的现代性［M］．陆俊，译．北京：中国社会科学出版社，2003．

26．［美］巴里·康芒纳．封闭的循环［M］．侯文蕙，译．长春：吉林人民出版社，1997．

27．［德］包尔生．伦理学体系［M］．何怀宏，等译．北京：中国社会科学出版社，1988．

28．［美］比尔·麦克基本．自然的终结［M］．孙晓春，马树林，译．长春：吉林人民出版社，2000．

29．［美］彼得·德鲁克．后资本主义社会［M］．张星岩，译．上海：上海译文出版社，1998．

30．［英］彼得·柯林斯．现代建筑设计思想的演变［M］．英若聪，译．北京：中国建筑工业出版社，1987．

31．［德］彼得·科斯洛夫斯基．伦理经济学原理［M］．孙瑜，译．北京：中国社会科学出版社，1997．

32．［古希腊］柏拉图．理想国［M］．郭斌和，张竹明，译．北京：

商务印书馆，1986．

33．［美］查尔斯·E.哈里斯，等．工程伦理：概念和案例［M］．丛杭青，等译．北京：北京理工大学出版社，2006.

34．［英］查尔斯·辛格，等．技术史（第Ⅰ卷）［M］．王前，孙希忠，等译．上海：上海科技教育出版社，2004.

35．［美］大卫·格里芬．后现代科学——科学魅力的再现［M］．马季方，译．北京：中央编译出版社，2004.

36．［美］戴维·J.弗里切．商业伦理学［M］．杨斌，等译．北京：机械工业出版社，1999.

37．［美］丹尼尔·A.雷恩，等．西方管理思想史［M］．6版．孙健敏，黄小勇，等译．北京：中国人民大学出版社，2013.

38．［美］丹尼尔·贝尔．资本主义文化矛盾［M］．赵一凡，等译．北京：生活·读书·新知三联书店，1989.

39．［捷］弗·布罗日克．价值与评价［M］．李志林，盛宗范，译．北京：知识出版社，1988．

40．［美］弗莱德·R.多尔迈．主体性的黄昏［M］．万俊人，等译．上海：上海人民出版社，1992.

41．［美］弗朗西斯·福山．大分裂：人类本性与社会秩序的重建［M］．刘榜离，等译．北京：中国社会科学出版社，2002.

42．［美］弗朗西斯·福山．信任：社会美德与创造经济繁荣［M］．彭志华，译．海口：海南出版社，2001.

43．［美］弗里德曼．文化认同与全球性过程［M］．郭建如，译．北京：商务印书馆，2003.

44．［德］弗罗姆．占有还是生存［M］．关山，译．北京：生活·读书·新知三联书店，1988．

45．［德］弗洛姆．为自己的人［M］．孙依依，译．北京：生活·读书·新知三联书店，1988.

46．［德］冈特·绍伊博尔德．海德格尔分析新时代的技术［M］．宋祖良，译．北京：中国社会科学出版社，1993.

223

47.［德］赫费.作为现代化之代价的道德——应用伦理学前沿问题研究［M］.邓安庆，等译.上海：上海世纪出版集团，2005.

48.［法］吉尔·利波维茨基.责任的落寞［M］.倪复生，方仁杰，译.北京：中国人民大学出版社，2007.

49.［德］伽达默尔.科学时代的理性［M］.薛华，等译.北京：国际文化出版公司，1988.

50.［德］加达默尔.真理与方法：哲学诠释学的基本特征（上卷）［M］.洪汉鼎，译.上海：上海译文出版社，2004.

51.［德］哈贝马斯.交往行为理论（第1卷）［M］.曹卫东，译.上海：上海人民出版社，2004.

52.［美］哈代.科学、技术和环境［M］.唐建文，译.北京：科学普及出版社，1984.

53.［德］卡尔·雅斯贝斯.时代的精神状况［M］.王德峰，译.上海：上海译文出版社，1997.

54.［德］海德格尔.存在与时间［M］.陈嘉映，王庆节，译.北京：生活·读书·新知三联书店，2006.

55.［德］海德格尔.海德格尔选集（下卷）［M］.孙周兴选编.上海：生活·读书·新知三联书店，1996.

56.［德］汉斯·约纳斯.技术、医学与伦理学——责任原理的实践［M］.张荣，译.上海：上海译文出版社，2008.

57.［德］黑格尔.精神现象学（上、下卷）［M］.贺麟，王玖兴，译.北京：商务印书馆，1979.

58.［德］黑格尔.法哲学原理［M］.范扬，张企泰，译.北京：商务印书馆，1961.

59.［德］黑格尔.历史哲学［M］.王造时，译.上海：上海书店出版社，2006.

60.［德］黑格尔.美学（第1卷）［M］.朱光潜，译.北京：商务印书馆，1979.

61.［德］黑格尔.哲学史讲演录（第4卷）［M］.贺麟，王太庆，译.

北京：商务印书馆，1978.

62. ［德］黑格尔. 自然哲学［M］. 梁志学，等译. 北京：商务印书馆，1980.

63. ［法］亨利·法约尔. 工业管理与一般管理［M］. 迟力耕，张璇，译. 北京：机械工业出版社，2007.

64. ［德］胡塞尔. 胡塞尔选集［M］. 倪梁康选编. 上海：上海三联书店，1997.

65. ［德］霍克海默，阿多诺. 启蒙辩证法［M］. 洪佩郁，译. 重庆：重庆出版社，1990.

66. ［美］卡尔·米切姆. 工程与哲学——历史的、哲学的和批判的视角［M］. 王前，等译. 北京：人民出版社，2013.

67. ［美］卡尔·米切姆. 技术哲学概论［M］. 殷登祥，等译. 天津：天津科学技术出版社，1999.

68. ［美］康芒斯. 集体行动的经济学［M］. 朱飞，等译. 北京：中国劳动社会保障出版社，2010.

69. ［德］康德. 道德形而上学原理［M］. 苗力田，译. 上海：上海世纪出版集团，上海人民出版社，2005.

70. ［德］康德. 康德著作全集（第6卷）［M］. 李秋零，译. 北京：中国人民大学出版社，2006.

71. ［德］康德. 判断力批判（上卷）［M］. 韦卓民，译. 北京：商务印书馆，1964.

72. ［德］康德. 实践理性批判［M］. 韩水法，译. 北京：商务印书馆，1999.

73. ［德］克劳斯·迈因策尔. 复杂性中的思维［M］. 曾国屏，译. 北京：中央编译出版社，2000.

74. ［德］库尔特·拜尔茨. 基因伦理学［M］. 马怀琪，译. 北京：华夏出版社，2001.

75. ［意］莱昂·巴蒂斯塔·阿尔伯蒂. 建筑论［M］. 王贵祥，译. 北京：中国建筑工业出版社，2010.

76. ［美］莱茵霍尔德·尼布尔. 道德的人与不道德的社会［M］. 蒋庆，等译. 贵阳：贵州人民出版社，1998.

77. ［美］理查德·L. 达夫特. 组织理论与设计［M］. 王凤彬，张秀萍，译. 北京：清华大学出版社，2003.

78. ［法］路易·迪蒙. 论个体主义［M］. 谷方，译. 上海：上海人民出版社，2003.

79. ［荷］路易斯·L. 布希亚瑞利. 工程哲学［M］. 安维复，等译. 沈阳：辽宁人民出版社，2008.

80. ［美］罗尔斯顿. 环境伦理学［M］. 杨通进，译. 北京：中国社会科学出版社，2000.

81. ［美］罗德里克·M. 克雷默，汤姆·R. 泰勒. 组织中的信任［M］. 管兵，刘穗琴，等译. 北京：中国城市出版社，2003.

82. ［美］罗蒂. 真理与进步［M］. 杨玉成，译. 北京：华夏出版社，2003.

83. ［英］罗素. 伦理学和政治学中的人类社会［M］. 肖巍，译. 北京：中国社会科学出版社，1992.

84. ［英］罗素. 西方的智慧［M］. 崔权醴，等译. 北京：文化艺术出版社，1997.

85. ［德］马丁·布伯. 我与你［M］. 陈维刚，译. 北京：生活·读书·新知三联书店，1986.

86. ［美］马尔库塞. 现代文明与人的困境［M］. 李小兵，等译. 上海：上海三联书店，1989.

87. ［美］马克·E. 沃伦编. 民主与信任［M］. 吴辉，译. 北京：华夏出版社，2004.

88. ［德］马克斯·舍勒. 价值的颠覆［M］. 刘晓枫，罗悌伦，等译. 北京：生活·读书·新知三联书店，1997.

89. ［德］马克斯·韦伯. 经济与社会（上）［M］. 林荣远，译. 北京：商务印书馆，1997.

90. ［德］马克斯·韦伯. 学术与政治［M］. 冯克利，译. 北京：生活·读书·新知三联书店，1998.

91. ［美］迈克·W. 马丁，罗兰·辛津格. 工程伦理学［M］. 李世新，译. 北京：首都师范大学出版社，2010.

92. ［美］麦金太尔. 德性之后［M］. 龚群，等译. 北京：中国社会科学出版社，1995.

93. ［美］曼瑟尔·奥尔森. 集体行动的逻辑［M］. 陈郁，等译. 上海：上海三联书店，上海人民出版社，1995.

94. ［德］米歇尔·鲍曼. 道德的市场［M］. 肖君，黄承业，译. 北京：中国社会科学出版社，2003.

95. ［法］米歇尔·克罗齐耶，埃哈尔·费埃德伯格. 行动者与系统——集体行动的政治学［M］. 张月，等译. 上海：上海人民出版社，2007.

96. ［德］诺贝特·埃利亚斯. 个体的社会［M］. 翟三江，陆兴华，译. 南京：译林出版社，2003.

97. ［美］欧阳莹之. 工程学：无尽的前沿［M］. 李啸虎，吴新忠，闫宏秀，译. 上海：上海科技教育出版社，2008.

98. ［法］皮埃尔·布迪厄. 实践与反思：反思社会学导引［M］. 李猛，李康，译. 北京：中央编译出版社，1998.

99. ［英］齐格蒙特·鲍曼. 共同体［M］. 欧阳景根，译. 南京：江苏人民出版社，2003.

100. ［英］齐格蒙特·鲍曼. 后现代伦理学［M］. 张成岗，译. 南京：江苏人民出版社，2003.

101. ［英］齐格蒙特·鲍曼. 流动的现代性［M］. 欧阳景根，译. 上海：上海三联书店，2002.

102. ［英］齐格蒙特·鲍曼. 生活在碎片之中：论后现代道德［M］. 郁建兴，等译. 上海：学林出版社，2002.

103. ［英］齐格蒙特·鲍曼. 现代性与大屠杀［M］. 杨渝东，等译. 南京：译林出版社，2002.

104. ［英］齐格蒙特·鲍曼. 现代性与矛盾性［M］. 邵迎生，译.

北京：商务印书馆，2003.

105. ［德］乔德兰·库卡塔斯，［澳］菲利普·佩迪特. 罗尔斯［M］. 姚建宗，高申春，译. 哈尔滨：黑龙江人民出版社，1999.

106. ［美］乔治·赫伯特·米德. 心灵、自我和社会［M］. 霍桂桓，译. 南京：译林出版社，2012.

107. ［法］热罗姆·巴莱，弗朗索瓦丝·德布里. 企业与道德伦理［M］. 丽泉，侣程，译. 天津：天津人民出版社，2006.

108. ［瑞士］萨拜因·马森，［德］彼德·魏因加. 专业知识的民主化：探求科学咨询的新模式［M］. 姜江，等译. 上海：上海交通大学出版社，2010.

109. ［德］舍勒. 资本主义的未来［M］. 罗悌伦，译. 上海：上海三联书店，1997.

110. ［荷］斯宾诺莎. 伦理学［M］. 贺麟，译. 北京：商务印书馆，1983.

111. ［英］史蒂文·卢克斯. 个人主义［M］. 阎克文，译. 南京：江苏人民出版社，2001.

112. ［美］塔尔科特·帕森斯. 社会行动的结构［M］. 张明德，等译. 南京：译林出版社，2003.

113. ［德］滕尼斯. 共同体与社会［M］. 林荣远，译. 北京：北京大学出版社，1999.

114. ［日］田中一光. 设计的觉醒［M］. 朱锷，译. 桂林：广西师范大学出版社，2009.

115. ［加］威廉·莱斯. 自然的控制［M］. 岳长龄，李建华，译. 重庆：重庆出版社，1993.

116. ［美］托马斯·唐纳森，托马斯·W. 邓菲. 有约束力的关系——对企业伦理学的一种社会契约论的研究［M］. 赵月瑟，译. 上海：上海社会科学院出版社，2001.

117. ［德］韦伯. 学术与政治［M］. 冯克利，译. 北京：生活·读书·新知三联书店，1998.

118. ［俄］维·彼·沃尔金. 十八世纪法国社会思想的发展［M］. 杨穆，金颖，译. 北京：商务印书馆，1983.

119. ［古罗马］维特鲁威. 建筑十书［M］. 陈平，译. 北京：北京大学出版社，2012.

120. ［德］乌尔里希·贝克. 风险社会［M］. 何闻博，译. 南京：译林出版社，2004.

121. ［德］乌尔里希·贝克. 世界风险社会［M］. 吴英姿，孙淑敏，译. 南京：南京大学出版社，2004.

122. ［德］乌尔里希·贝克，等. 自反性现代化［M］. 赵文书，译. 北京：商务印书馆，2001.

123. ［德］乌尔里希·贝克，约翰内斯·威尔姆斯. 自由与资本主义［M］. 路国林，译. 杭州：浙江人民出版社，2001.

124. ［美］小约翰·科布，大卫·格里芬. 过程哲学［M］. 曲跃厚，译. 北京：中央编译出版社，1999.

125. ［英］西季威克. 伦理学方法［M］. 廖申白，译注. 中国社会科学出版社，1993.

126. ［美］希拉·贾萨诺夫. 自然的设计：欧美的科学与民主［M］. 尚智丛，等译. 上海：上海交通大学出版社，2011.

127. ［古希腊］亚里士多德. 尼各马可伦理学［M］. 廖申白，译. 北京：商务印书馆，2010.

128. ［古希腊］亚里士多德. 政治学［M］. 颜一，秦典华，译. 北京：中国人民大学出版社，2003.

129. ［日］岩佐茂. 环境的思想［M］. 韩立新，等译. 北京：中央编译出版社，1997.

130. ［美］约翰·马丁·费舍，等. 责任与控制——一种道德责任理论［M］. 杨韶刚，译. 北京：华夏出版社，2002.

131. ［美］约翰·罗尔斯. 正义论［M］. 何宏怀，等译. 北京：中国社会科学出版社，1988.

132. ［美］约翰·罗尔斯. 作为公平的正义：正义新论［M］. 姚大

志，译．上海：上海三联书店，2002.

133. ［美］詹姆斯·奥康纳．自然的理由［M］．唐正东，等译．南京：南京大学出版社，2003.

134. ［意］朱塞佩·马志尼．论人的责任［M］．吕志士，译．北京：商务印书馆，1995.

（三）学术著作

1. 陈爱华．法兰克福学派科学伦理思想的历史逻辑［M］．北京：中国社会科学出版社，2007.

2. 陈爱华．科学与人文的契合［M］．长春：吉林人民出版社，2003.

3. 陈爱华．现代科学伦理精神的生长［M］．南京：东南大学出版社，1995.

4. 陈昌曙．技术哲学引论［M］．北京：科学出版社，1999.

5. 陈芬．科技理性的价值审视［M］．北京：中国社会科学出版社，2004.

6. 陈万求．工程技术伦理研究［M］．北京：社会科学文献出版社，2012.

7. 程现昆．科技伦理研究论纲［M］．北京：北京师范大学出版社，2011.

8. 戴木才．管理的伦理法则［M］．南昌：江西人民出版社，2001.

9. 杜澄，李伯聪．跨学科视野中的工程［M］．北京：北京理工大学出版社，2004.

10. 樊浩．道德形而上学体系的精神哲学基础［M］．北京：中国社会科学出版社，2006.

11. 樊浩．伦理精神的价值生态［M］．北京：中国社会科学出版社，2001.

12. 樊浩．中国伦理精神的历史建构［M］．南京：江苏人民出版社，1992.

13. 傅熹年．中国古代建筑工程管理和建筑等级制度研究［M］．北京：中国建筑工业出版社，2012.

14. 甘绍平. 伦理智慧 [M]. 北京：中国发展出版社，2000.

15. 甘绍平. 应用伦理学前沿问题研究 [M]. 南昌：江西人民出版社，2002.

16. 高清海. "人"的觉悟悟觉 [M]. 哈尔滨：黑龙江教育出版社，2004.

17. 高晓红. 政府伦理研究 [M]. 北京：中国社会科学出版社，2008.

18. 高兆明. 管理伦理导论 [M]. 上海：复旦大学出版社，1989.

19. 高兆明. 伦理学理论与方法 [M]. 北京：人民出版社，2005.

20. 郭湛. 主体性哲学——人的存在及其意义 [M]. 北京：中国人民大学出版社，2011.

21. 何伯森. 工程项目管理的国际惯例 [M]. 北京：中国建筑工业出版社，2007.

22. 何放勋. 工程师伦理责任教育研究 [M]. 北京：中国社会科学出版社，2010.

23. 何怀宏. 良心与正义的探求 [M]. 哈尔滨：黑龙江人民出版社，2004.

24. 何建华. 分配正义论 [M]. 北京：人民出版社，2007.

25. 江畅. 德性论 [M]. 北京：人民出版社，2011.

26. 经盛鸿. 詹天佑评传 [M]. 南京：南京大学出版社，2001.

27. 李伯聪. 工程哲学引论——我造物故我在 [M]. 郑州：大象出版社，2002.

28. 李伯聪，等. 工程社会学导论：工程共同体研究 [M]. 杭州：浙江大学出版社，2010.

29. 李宏伟. 现代技术的陷阱：人文价值冲突及其整合 [M]. 北京：科学出版社，2008.

30. 李世新. 工程伦理学概论 [M]. 北京：中国社会科学出版社，2008.

31. 李向峰. 寻求建筑的伦理话语：当代西方建筑伦理理论及其反思

［M］．南京：东南大学出版社，2013.

32. 李友梅．组织社会学及其决策分析［M］．上海：上海大学出版社，2009.

33. 李振纲，等．和合之境：中国哲学与21世纪［M］．上海：华东师范大学出版社，2001.

34. 李志平．地方政府责任伦理［M］．长沙：湖南大学出版社，2010.

35. 刘大椿，等．在真与善之间：科技时代的伦理问题与道德抉择［M］．北京：中国社会科学出版社，2000.

36. 刘小枫．现代性社会理论绪论［M］．上海：上海三联书店，1998.

37. 刘云柏．管理伦理学——管理精神的价值分析［M］．上海：上海人民出版社，2006.

38. 刘则渊，等．工程·技术·哲学：中国技术哲学研究年鉴（2006/2007年卷）［M］．大连：大连理工大学出版社，2008.

39. 刘则渊，等．工程·技术·哲学：中国技术哲学研究年鉴（2008/2009年卷）［M］．大连：大连理工大学出版社，2010.

40. 鲁鹏．制度与发展关系研究［M］．北京：人民出版社，2002.

41. 陆彦．工程项目组织理论［M］．南京：东南大学出版社，2013.

42. 秦红岭．建筑的伦理意蕴［M］．北京：中国建筑工业出版社，2005.

43. 秦红岭．城市规划：一种伦理学批判［M］．北京：中国建筑工业出版社，2010.

44. 仇保兴．追求繁荣与舒适：转型期间城市规划、建设与管理的若干策略［M］．北京：中国建筑工业出版社，2002.

45. 施慧玲．制度伦理研究论纲［M］．北京：北京师范大学出版社，2003.

46. 舒红跃．技术与生活世界［M］．北京：中国社会科学出版社，2006.

47. 宋希仁．西方伦理思想史［M］．北京：中国人民大学出版社，2004.

48. 谭伟东. 经济伦理学——超现代视角 [M]. 北京：北京大学出版社，2009.

49. 腾新才，荣挺进. 管子白话今译 [M]. 北京：中国书店，1994.

50. 田秀云，白臣. 当代社会责任伦理 [M]. 北京：人民出版社，2008.

51. 万俊人. 现代性的伦理话语 [M]. 哈尔滨：黑龙江人民出版社，2002.

52. 王海明. 新伦理学 [M]. 北京：商务印书馆，2001.

53. 王国银. 德性伦理研究 [M]. 长春：吉林人民大学出版社，2006.

54. 王海明，孙英. 寻求新道德 [M]. 北京：华夏出版社，1994.

55. 王国豫，刘则渊. 科学技术伦理的跨文化对话 [M]. 北京：科学出版社，2009.

56. 王健. 现代技术伦理规约 [M]. 沈阳：东北大学出版社，2007.

57. 王珏. 组织伦理：现代性文明的道德哲学悖论及其转向 [M]. 北京：中国社会科学出版社，2008.

58. 王前. "道""技"之间：中国文化背景的技术哲学 [M]. 北京：人民出版社，2009.

59. 王前，等. 中国科技伦理史纲 [M]. 北京：人民出版社，2006.

60. 王前. 中西文化比较概论 [M]. 北京：中国人民大学出版社，2005.

61. 王森. 荀子白话今译 [M]. 北京：中国书店，1992.

62. 汪应洛. 工程管理概论 [M]. 西安：西安交通大学出版社，2013.

63. 殷瑞钰，汪应洛，李伯聪，等. 工程哲学 [M]. 2版. 北京：高等教育出版社，2013.

64. 韦森. 经济学与伦理学：探寻市场经济的伦理维度与道德基础 [M]. 上海：上海人民出版社，2002.

65. 韦森. 文化与秩序 [M]. 上海：上海人民出版社，2003.

66. 魏英敏. 新伦理学教程 [M]. 2版. 北京：北京大学出版社，2003.

67. 文成伟. 欧洲技术哲学前史研究 [M]. 沈阳：东北大学出版社，2004.

68. 闻人军. 考工记译注 [M]. 上海：上海古籍出版社，2008.

69. 吴国盛. 技术哲学经典读本 [M]. 上海：上海交通大学出版社，2008.

70. 吴毓江. 墨子校注 [M]. 2版. 北京：中华书局，2006.

71. 萧焜焘. 自然哲学 [M]. 南京：江苏人民出版社，2004.

72. 肖峰. 哲学视域中的技术 [M]. 北京：人民出版社，2007.

73. 解恒谦，康锦江，徐明. 中国古代管理百例 [M]. 沈阳：辽宁人民出版社，1985.

74. 许维遹. 吕氏春秋集释 [M]. 梁运华，整理. 北京：中华书局，2009.

75. 许南荣，仲伟俊. 现代决策理论与方法 [M]. 南京：东南大学出版社，2001.

76. 徐向东. 实践理性 [M]. 杭州：浙江大学出版社，2011.

77. 薛晓源，周战超. 全球化与风险社会 [M]. 北京：社会科学文献出版社，2005.

78. 杨国荣. 成己与成物：意义世界的生成 [M]. 北京：人民出版社，2010.

79. 杨国荣. 伦理与存在——道德哲学研究 [M]. 上海：华东师范大学出版社，2009.

80. 杨国荣. 人类行动与实践智慧 [M]. 北京：生活·读书·新知三联书店，2013.

81. 杨雪冬. 风险社会与秩序重建 [M]. 北京：社会科学文献出版社，2006.

82. 殷瑞钰，汪应洛，李伯聪. 工程哲学 [M]. 北京：高等教育出版社，2007..

83. 殷瑞钰. 工程与哲学（第 1 卷）［M］. 北京：北京理工大学出版社，2007.

84. 余同元. 传统工匠现代转型研究：以江南早期工业化中工匠技术转型与角色转换为中心［M］. 天津：天津古籍出版社，2012.

85. 张岱年. 中国伦理思想研究［M］. 南京：江苏教育出版社，2005.

86. 张国庆. 行政管理学概论［M］. 北京：北京大学出版社版，1999.

87. 张恒力. 工程师伦理问题研究［M］. 北京：中国社会科学出版社，2013.

88. 张慧敏. 当代西方民主的技术思想研究［M］. 沈阳：东北大学出版社，2006.

89. 张康之. 寻找公共行政的伦理视角［M］. 北京：中国人民大学出版社，2002.

90. 张康之，张乾友. 共同体的进化［M］. 北京：中国社会科学出版社，2012.

91. 张世英. 自我实现的历程：解读黑格尔《精神现象学》［M］. 济南：山东人民出版社，2001.

92. 张秀华. 历史与实践——工程生存论引论［M］. 北京：北京出版集团公司，北京出版社，2011.

93. 张玉堂. 利益论——关于利益冲突与协调问题的研究［M］. 武汉：武汉大学出版社，2001.

94. 赵汀阳. 论可能生活［M］. 北京：中国人民大学出版社，2010.

95. 赵迎欢. 高技术伦理学［M］. 沈阳：东北大学出版社，2005.

96. 郑慧子. 走向自然的伦理［M］. 北京：人民出版社，2006.

97. 周博. 现代设计伦理思想史［M］. 北京：北京大学出版社，2014.

98. 周魁一. 中国科学技术史（水利卷）［M］. 北京：科学出版社，2002.

（四）学术论文

1. 安维复. 工程决策：一个值得关注的哲学问题［J］. 自然辩证法

研究，2007（8）.

2. 蔡贤浩. 浅谈现代科学共同体的伦理规范［J］. 广西社会科学，2004（5）.

3. 曹刚. 程序伦理的三重语境［J］. 中国人民大学学报，2008（4）.

4. 曹玉涛. 从主体性到主体间性——工程的伦理之维［J］. 自然辩证法研究，2009（9）.

5. 陈爱华. 高技术的伦理风险及其应对［J］. 伦理学研究，2006（4）.

6. 陈爱华. 工程的伦理本质解读［J］. 武汉科技大学学报（社会科学版），2011（10）.

7. 陈爱华. 论人与自然和谐的伦理向度［J］. 学海，2006（4）.

8. 陈爱华. 现代科技三重逻辑的道德哲学解读［J］. 东南大学学报（哲学社会科学版），2014（1）.

9. 陈万求. 试论工程良心［J］. 科学技术与辩证法，2005（6）.

10. 陈万求，刘春晖. 重大工程决策的伦理审视［J］. 伦理学研究，2014（5）.

11. 陈泽环. 基本价值观还是程序方法论——论应用伦理学的基本特性［J］. 中国人民大学学报，2003（5）.

12. 程新宇. 工程决策中的伦理问题及其对策［J］. 道德与文明，2007（5）.

13. 邓波，贺凯，罗丽. 工程行动的结构与过程［J］. 工程研究——跨学科视野中的工程，2007（00）.

14. 段伟文. 工程的社会运行［J］. 工程研究——跨学科视野中的工程，2007（00）.

15. 樊春良，佟明. 关于建立我国公众参与科学技术决策制度的探讨［J］. 科学学研究，2008（5）.

16. 樊浩. 当前中国诸社会群体伦理道德的价值共识与文化冲突［J］. 哲学研究，2010（1）.

17. 樊浩．道德之"民"的诞生［J］．道德与文明，2014（2）．

18. 樊浩．基因技术的"自然"伦理意义［J］．学术月刊，2007（3）．

19. 樊浩．"伦理"—"道德"的历史哲学形态［J］．学习与探索，2011（1）．

20. 樊浩．当前中国伦理道德状况及其精神哲学分析［J］．中国社会科学，2009（4）．

21. 樊浩．伦理—经济生态：一种道德哲学范式的转换［J］．江苏社会科学，2005（4）．

22. 樊浩．"伦理形态"论［J］．哲学动态，2011（11）．

23. 樊浩．伦理之"公"及其存在形态［J］．伦理学研究，2013（5）．

24. 冯建华，周林刚．西方集体行动理论的四种取向［J］．国外社会科学，2008（4）．

25. 冯婷．通向"恶的平庸性"之路［J］．社会，2012（1）．

26. 甘绍平．伦理学的新视角——团体：道义责任的载体［J］．道德与文明，1998（6）．

27. 甘绍平．论应用伦理学［J］．哲学研究，2001（12）．

28. 高月兰．道德责任的伦理精神基础［D］．北京：东南大学，2008.

29. 高兆明．生活世界视域中的现代技术——一个本体论的理解［J］．哲学研究，2007（11）．

30. 高兆明．现代性视域中的伦理秩序［J］．南京师大学报（社会科学版），2003（6）．

31. 龚群．回归共同体主义与拯救德性——现代德性伦理学评介［J］．哲学动态，1998（6）．

32. 龚天平．论制度伦理的内涵及其意义［J］．宁夏大学学报（哲学社会科学版），1999（3）．

33. 龚天平．资本的伦理效应［J］．北京大学学报（哲学社会科学版)，2014（1）.

34. 郭芝叶，文成伟. 论技术设计的伦理意向性［J］. 自然辩证法研究，2013（9）.

35. 何继善. 中国古代工程建筑特色与管理思想［J］. 中国工程科学，2013（10）.

36. 何菁，董群. 工程伦理规范的传统理论框架及其脆弱性［J］. 自然辩证法研究，2012（6）.

37. 何菁. 工程伦理的道德哲学研究［D］. 南京：东南大学，2014.

38. 贺来. "道德共识"与现代社会的命运［J］. 哲学研究，2001（5）.

39. 贺来. 价值个体主义与道德合理性基础的重构［J］. 吉林大学社会科学学报，2005（2）.

40. 洪德裕. 团体伦理学发凡［J］. 浙江社会科学，1999（1）.

41. 洪汉鼎. 论实践智慧［J］. 北京社会科学，1997（3）.

42. 胡世祥. 我国载人航天工程质量建设的总体思考和实践［J］. 中国航天，2003（7）.

43. 胡思远. 大飞机工程的战略意义、实施瓶颈及改革建议［J］. 工程研究——跨学科视野中的工程，2010（1）.

44. 黄健荣，徐西光. 政府决策能力论析：国家重点建设工程决策之视界——以长江三峡工程决策为例［J］. 江苏行政学院学报，2012（1）.

45. 黄文杰. 中国古代质量管理体制的演变［J］. 宏观质量研究，2013（3）.

46. 黄时进. 论系统论在工程伦理研究中的运用［J］. 系统科学学报，2007（3）.

47. 孔明安. 现代工程、责任伦理与实践智慧的向度［J］. 工程研究——跨学科视野中的工程，2005（00）.

48. 雷毅. 高技术的生态价值［J］. 哲学动态，1998（9）.

49. 李伯聪. 工程共同体研究和工程社会学的开拓——"工程共同体"

研究之三［J］. 自然辩证法通讯，2008（1）.

50. 李伯聪. 工程伦理学的若干理论问题——兼论为"实践伦理学"的正名［J］. 哲学研究，2006（4）.

51. 李伯聪. 工程与伦理的互渗与对话［J］. 华中科技大学学报（社会科学版），2006（4）.

52. 李伯聪. 关于工程伦理学的对象和范围的几个问题——三谈关于工程伦理学的若干问题［J］. 伦理学研究，2006（6）.

53. 李伯聪. 绝对命令伦理学和协调伦理学——四谈工程伦理学［J］. 伦理学研究，2008（9）.

54. 李伯聪. 微观、中观和宏观工程伦理问题——五谈工程伦理学［J］. 伦理学研究，2010（7）.

55. 李茂国，张彦通，张志英. 工程教育专业认证：注册工程师认证制度的基础［J］. 高等工程教育研究，2005（4）.

56. 李谧. 伦理责任：社会风险管理的内在着力点［J］. 道德与文明，2013（1）.

57. 李胜俊. 从汶川5·12特大地震学校建筑倒塌看我国工程伦理问题［D］. 昆明：昆明理工大学，2009.

58. 李三虎. 职业责任还是共同价值？——工程伦理问题的整体论辨释［J］. 探求，2005（5）.

59. 李世新. 工程伦理学研究的两个进路［J］. 伦理学研究，2006（6）.

60. 李世新. 试论工程师职业共同体［J］. 工程研究——跨学科视野中的工程，2008（00）.

61. 李文潮. 技术伦理与形而上学——试论尤纳斯《责任原理》［J］. 自然辩证法研究，2003（2）.

62. 李义天. 理由、原因、动机或意图——对道德心理学基本分析框架的梳理与建构［J］. 哲学研究，2015（12）.

63. 李永奎，乐云，等. 权力和行为特征对工程腐败严重程度的影响［J］. 管理评论，2013（8）.

64. 梁军."祛魅"与"赋魅"：工程的伦理之思［J］. 自然辩证法研究, 2008 (7).

65. 梁军. 刍议工程运行伦理［J］. 自然辩证法研究, 2007 (10).

66. 刘大椿, 段伟文. 科技时代伦理问题的新向度［J］. 新视野, 2000 (1).

67. 刘宝杰. 技术－伦理并行研究的合法性［J］. 自然辩证法研究, 2013 (10).

68. 刘松涛, 李建会. 断裂、不确定性与风险——浅析科技风险及其伦理规避［J］. 自然辩证法研究, 2008 (2).

69. 刘晓君, 郭涛. 基于博弈论的工程监理行业问题研究［J］. 科技进步与对策, 2012 (18).

70. 刘云. 组织德性研究回顾与展望［J］. 外国经济与管理, 2012 (2).

71. 柳海涛, 万小龙. 关于集体意向性问题［J］. 哲学动态, 2008 (8).

72. 柳海涛. 解析集体意向［J］. 自然辩证法研究, 2012 (8).

73. 龙翔. 工程师伦理责任的历史演进［J］. 自然辩证法研究, 2006 (12).

74. 卢坤. 从个体伦理到"集体与个体"二维伦理——论当代集体主义道德建构路径［J］. 哲学研究, 2005 (3).

75. 鲁鹏. 制度的伦理效应［J］. 哲学研究, 1998 (9).

76. 罗朝明. 友谊的可能性　一种自我认同与社会团结的机制［J］. 社会, 2012 (5).

77. 牛俊美. 走向"生态思维"的科学伦理［D］. 南京：东南大学, 2010.

78. 牛庆燕. 生态困境的道德哲学研究［D］. 南京：东南大学, 2008.

79. 欧阳聪权, 高筱梅. 试论工程组织主体的伦理责任 ——以"7·23"甬温线事故为例［J］. 昆明理工大学学报（社会科学版）, 2012

(5).

80. 潘磊, 王伟勤. 展望中国工程伦理的未来 [J]. 哲学动态, 2007 (8).

81. 齐艳霞, 等. 试论工程决策的伦理维度 [J]. 自然辩证法研究, 2009 (9).

82. 沈荣华. 论服务行政的法治架构 [J]. 中国行政管理, 2004 (1).

83. 孙君恒, 许玲. 责任的伦理意蕴 [J]. 哲学动态, 2004 (9).

84. 孙萍, 杜宝贵. 技术责任问题研究述评 [J]. 科技管理, 2003 (8).

85. 谭徐明, 于冰, 王英华, 等. 京杭大运河遗产的特性与核心构成 [J]. 水利学报, 2009 (10).

86. 汤剑波, 杨通进. 崛起与建构——国内工程伦理学研究现状述评 [J]. 道德与文明, 2007 (5).

87. 田海平. 从"控制自然"到"遵循自然"——人类通往生态文明必须具备的一种伦理觉悟 [J]. 天津社会科学, 2008 (5).

88. 田海平. 何谓道德——从"异乡人"的视角看 [J]. 道德与文明, 2013 (12).

89. 田海平. 教育域中机遇平等主义的伦理难题 [J]. 社会科学战线, 2014 (12).

90. 铁怀江, 肖平. 工程职业自治与工程伦理文化建设 [J]. 道德与文明, 2013 (2).

91. 万俊人. 制度伦理与当代伦理学范式转移 [J]. 浙江学刊, 2002 (4).

92. 万舒全. 整体主义工程伦理研究 [D]. 大连: 大连理工大学, 2019.

93. 万霞. "后京都时代"与"共同而有区别的责任"原则 [J]. 外交评论, 2006 (2).

94. 王斌. 工程伦理的身体向度与现代科技的权力经纬 [J]. 自然辩

证法研究，2010（6）．

95．王伯鲁．技术困境及其超越问题探析［J］．自然辩证法研究，2010（2）．

96．王国豫．德国工程技术伦理的建制［J］．工程研究——跨学科视野中的工程，2010（2）．

97．汪建丰．试论早期铁路与美国企业的管理革命［J］．世界历史，2005（3）．

98．王珏．"后单位时代"组织伦理的实证调查与对策研究［J］．道德与文明，2010（4）．

99．王珏．和谐伦理的现代需求与组织伦理［J］．道德与文明，2007（6）．

100．王珏．科学共同体的集体化模式及其伦理难题［J］．学海，2004（5）．

101．王楠．从传统行动学到现代行动学［J］．自然辩证法研究，2010（12）．

102．王楠．行动学视野中的设计［J］．工程研究——跨学科视野中的工程，2009（1）．

103．韦慧民，潘清泉．组织内非道德行为探析［J］．人民论坛，2011（36）．

104．邬农．技术评价与技术问题上的人类责任［J］．云南师范大学学报，2005（3）．

105．吴之明．英吉利海峡隧道工程的经验教训与21世纪工程——台湾海峡隧道构想［J］．科学导报，1997（2）．

106．向鹏成，任宏．基于信息不对称的工程项目主体行为三方博弈分析［J］．中国工程科学，2010（9）．

107．肖峰．从元伦理看技术的责任与代价［J］．哲学动态，2006（9）．

108．肖显静．论工程共同体的环境伦理责任［J］．伦理学研究，2009（6）．

109．邢怀滨，陈凡．技术评估：从预警到建构的模式演变［J］．自然辩证法通讯，2002（1）.

110. 熊琴琴，李善波. 共同体监督与控制：EVM 基于工程社会学的理论构建与解释 [J]. 自然辩证法研究，2013（1）.

111. 许凯. 工程设计的伦理审视 [D]. 成都：西南交通大学，2007.

112. 许淑萍，裴桂清. 试论决策的伦理评估 [J]. 学习与探索，2004（4）.

113. 徐少锦. 中国传统工匠伦理初探 [J]. 审计与经济研究，2001（4）.

114. 徐冬梅，王大明. 旧金山金门大桥建设的技术与管理创新 [J]. 工程研究——跨学科视野中的工程，2015（1）.

115. 薛桂波. 科学共同体的伦理精神 [D]. 南京：东南大学，2007.

116. 闫宏秀. 人：技术与价值选择——人之为人的两个基质 [J]. 科学技术与辩证法，2007（3）.

117. 闫顺利. 哲学过程论 [J]. 北方论丛，1996（3）.

118. 杨富斌. 怀特海过程哲学思想述评 [J]. 国外社会科学，2003（4）.

119. 杨家骥. 组织行为面临的挑战及组织行为研究趋势 [J]. 上海大学学报（社会科学版），2010（7）.

120. 杨师群. 两周秦汉与古希腊罗马的工商业比较 [J]. 江西社会科学，2009（4）.

121. 杨清荣. 略论制度伦理与德性伦理的关系 [J]. 道德与文明，2001（6）.

122. 杨通进. 转基因技术的伦理争论：困境与出路 [J]. 中国人民大学学报，2006（5）.

123. 易小明，王波. 共同体不能承载德性之重——对当代共同体主义德性生成论的一种分析 [J]. 天津社会科学，2014（3）.

124. 詹天佑. 敬告交通界青年工学家 [J]. 交通类编，1918 年 2 月.

125. 张成岗. 后现代伦理学中的"责任" [J]. 哲学动态，2011（4）.

126. 张恒力，胡新和．当代西方工程伦理研究的态势与特征 [J]．哲学动态，2009（3）．

127. 张康之．论合作治理中的制度设计和制度安排 [J]．齐鲁学刊，2004（1）．

128. 张康之．论集体行动中的规则及其作用 [J]．党政研究，2014（2）．

129. 张巍．集体意向与合作行动 [D]．武汉：武汉大学，2010.

130. 张秀华．工程价值及其评价 [J]．哲学动态，2006（12）．

131. 张秀华．工程与现代性 [J]．自然辩证法研究，2012（7）．

132. 张艳，张玥．企业非道德行为原因分析 [J]．生产力研究，2008（14）．

133. 周东泉，吕艳辉．我国工程质量监督管理制度的体制性缺失与对策性思考 [J]．工程质量，2005（4）．

134. 朱葆伟．工程活动的伦理问题 [J]．哲学动态，2006（9）．

135. 朱葆伟．工程活动的伦理责任 [J]．伦理学研究，2006（6）．

136. 朱葆伟．科学技术伦理：公正和责任 [J]．哲学动态，2000（10）．

137. 朱春艳，朱葆伟．试论工程共同体中的权威与民主 [J]．工程研究——跨学科视野中的工程，2008（00）．

138. 朱勤．实践有效性视角下的工程伦理学探析 [D]．大连：大连理工大学，2011.

（五）中文报纸

1. 任雪，杜晓．游乐场事故拷问人群密集场所安全监管 [N]．法制日报，2010 - 07 - 06.

2. 孙善臣．谁是电梯事故的"元凶" [N]．中国政府采购报，2013 - 05 - 31.

3. 王卉．京杭大运河的科技追问与历史启示 [N]．中国科学报，2014 - 11 - 28.

4. 南京主城道路5年平均每年被挖1500次 [N]．新华日报，2013 -

04 – 18.

5. 电梯"吃人"事件调查：电梯设计不合理是事故主因 [N]. 现代快报, 2015 – 07 – 30.

6. 吴杭民. 有层层转包，必有"豆腐渣"工程 [N]. 工人日报, 2011 – 11 – 10.

7. 朱树英. 关于近年来国内接连发生的工程重大质量安全事故的调研和立法建议 [N]. 建筑时报, 2013 – 04 – 22.

8. 邹婷玉, 翁晔. 开发商主导房屋质量验收难免"走过场" [N]. 经济参考报, 2012 – 12 – 07.

9. 赵申. "政绩工程"之痛 [N]. 中华建筑报, 2014 – 10 – 21.

（六）英文文献

1. URE A. The Philosophy of Manufactures：Or an Exposition of the Scientific, Moral and Commercial Economy of Factory System of Great Britain [M]. London：Charles Knight, 1835.

2. BEDER S. The New Engineer [M]. South Yarra：Macmillan Education Australia PTY Ltd, 1998.

3. MITHCHAM C. Philosophy and Technology [M]. New York：The Free Press, 1983.

4. COHEN P, MORGAN J, POLLACK M E. Intentions in Communication [M]. Cambridge, MA：Bradford Books, MIT Press, 1990.

5. COLLINGRIDGE D. Social control of technology [M]. London：Frances Pinter, 1980.

6. CUTTER S L. Living with risk：The Geography of Technological Hazards [M]. London：Edward Arnold, 1993.

7. JOHNSON D G. Ethical Issues in Engineering [M]. New Jersey：Prentice – Hall, 1991.

8. IHDE D. Instrumental Realism：The Interface between philosophy of Science and Philosophy of Teehnology [M]. Bloomington：Indiana University Press, 1991.

9. LEVINAS E. Ethics and Infinity [M]. RICHARD A, trans. Pittsburgh: Dequesne University Press, 1985.

10. FROMM E. The Revolution of Hope: Toward a Humanized Technology [M]. New York: Harper & Row, 1968.

11. LAYTON E T Jr. The Revolt of the Engineers [M]. Baltimore: The Johns Hopkins University Press, 1986.

12. PETRIE F. Social Life in Ancient Egypt [M]. London: Constable, 1923.

13. FREDERICK B, BIRDAND J. Good Management: Business Ethics in Action [M]. Scarborough, Ontario: Prentice Han Canada Inc, 1991.

14. FREEMAN E R, GILBERT D R Jr. Corporate strategy and the search for ethics [M]. NT: Prentice – Hall, 1988.

15. FRENCH P A. Collective and Corporate Responsibility [M]. New York: Columbia University Press, 1992.

16. FRIEDMAN B, KAHN P H Jr, BORNING A. Value Sensitive Design: Theory and Methods [M]. Washington D. C. : University of Washington, 2002.

17. Kenneth Einar Himma, Herman T. Tavani. The Handbook of Information and Computer Ethics [M]. Hoboken: Wiley, 2008.

18. ARENDT H. Lecture on Kant's Political Philosophy. edited by Ronald Beiner [M]. Chicago: The University of Chicago Press, 1982.

19. HOOVER H. The Memories of Herbert Hoover: Years of Adventure, 1874 – 1920 [M]. MacMillan, New York, 1951.

20. VAN DE POEL I, ROYAKKER L. Ethics, Technology, and Engineering: An Introduction [M]. West Sussex: Wiley – Blackwell, 2011.

21. International Nuclear Safety Advisory Group. Safety Culture (IAEA Safety Series 75 – INSAG – 4) [M]. Vienna : International Atomic Energy Agency, 1991.

22. PARKIN J. Management Decisions for Engineers [M]. Thomas Tel-

ford, 1996.

23. FEINBERG J. in Doing and Deserving: Essays in the Theory of Responsibility [M]. Princeton, NJ: Princeton University Press, 1970.

24. SEARLE J R. Consciousness and Language [M]. New York: Cambridge University Press, 2002.

25. HANS J. The Imperative of Responsibility: In search of an Ethics for The Technological Age [M]. Chicago: University of Chicago Press, 1984.

26. HERKERT J R. Social, ethical and policy implications of engineering [M]. New York: the Institute of Electrical and Electronics Engineers Press, 2000.

27. MAY L. Sharing Responsibility [M]. Chicago: Chicago University Press, 1982.

28. BUCCIARELLI L. Engineering Philosophy [M]. Delft: Delft University Press, 2003.

29. MARTIN M W, SCHINZINGER R. Ethics in Engineering [M]. New York: McGraw – Hill, 2005.

30. SLOTE M. From Moraility to Virtue [M]. New Oxford: Oxford University Press, 1992.

31. SLOTE M. Morals from motives [M]. Oxford: Oxford University Press, 2001.

32. DAVIS M. Engineering ethics (The international library of essays in public and professional ethics) [M]. Burlington, Vermont: Ashgate Publishing Limited Gower House, 2005.

33. MITCHAM C. Thinking Ethics in Technology: Hennebach Lectures and Papers (1995 – 1996) [M]. Golden: Colorado School of Mines Press, 1997.

34. ROBINSON O F. Ancient Rome: City Planning and Administration [M]. London and New York: Routledge, Inc, 1992.

35. POLANYI M. The Logic of Liberty [M]. Chicago: The University of Chicago Press, 1951.

36. SEN P, YANG J B. Multiple Criteria Decision Support in Engineering Design [M]. Springer London Ltd, 1998.

37. SCHINZINGER R, MARTIN M W. Introduction to Engineering Ethics [M]. New York: McGraw - Hill Higher Education, 2000.

38. PLINY. Natural History. [M]. London: Harvard University Press, 1971.

39. Project Management Institute. A guide to the project management body of knowledge [M]. Newton Square: Management Institute Inc, 2008.

40. DURBINN P T. Broad and Narrow Interpretation of Philosophy of Technology [M]. Dordrecht: Kluwer Academic Publishers, 1990.

41. JACKALL R, MAZES M. The world of Corporate Managers [M]. New York: Oxford University Press, 1988.

42. SHAW G B. The doctor's dilemma [M]. New York: Dodd Mead, 1941.

43. JOHNSTON S F, GOSTELOW J P, KING W J. Engineering and Society. Pearson Higher Education [M]. Upper Saddle River, New Jersey: Prentice Hall, 2000.

44. SPECTOR T. The Ethical Architect: the Dilemma of Contemporary Practice [M]. New York: Princeton Architectural Press, 2001.

45. MITCHAM C. Co - responsibility for Research Integrity [J]. Science and Engineering Ethics, 2003 (9).

46. MITCHAM C. Professional Idealism among Scientists and Engineers: a Neglected Tradition in STS Studies [J]. Technology in Society, 2003 (25).

47. HARRIS C E. The Good Engineer: Giving Virtue its Due in Engineering Ethics [J]. Science and Engineering Ethics, 2008, 14 (2).

48. CORLETT J A. Collective Moral Responsibility [J]. Journal of Social Philosophy, 2001 (32).

49. CHAN E H W, Y A T W. Contract strategy for design management in the Design and build system [J]. International Journal of Project Management,

2005, 23 (8).

50. ARAMS E M, Abrams BOLLAND T W. Architectural Energetics, Ancient Monuments, and Operations Management [J]. Journal of Archaeological Method and Theory, 1999, 6 (4).

51. RAPP F. Analytical Philosophy of Technology [J]. BSPS, 1981, 63 (2).

52. FREEMAN R E, EVAN W M. Corporate Governance: A Stakeholder Interpretation [J]. Journal of Behavior Economics, 1990, 19 (4).

53. LEWIS H D. Collective Responsibility [J]. Philosophy, 1948 (23).

54. LEWIS H D. Collective Responsibility [J]. Philosophy, 1968 (43).

55. LEWIS H D. Collective Responsibility – Again [J]. Philosophy, 1969 (44).

56. VAN DE P. Investigating ethical issues in engineering design [J]. Science and Engineering Ethics, 2001 (7).

57. MYERSON J. Designing for Public Good [J]. Design Week, 1990 (27).

58. LEACH C W, ELLEMERS N, BARRETO M. Group Virtue: The Importance of Morality (Vs. Competence And Sociability) in the Positive Evaluation of In – Groups [J]. Journal of Personality and Social Psychology, 1993 (2).

59. SMIRICH L. Concepts of Culture and Organizational Analysis [J]. Administrative Science Quarterly, 1983 (28).

60. HERSH M A. Environmental ethics for engineers [J]. Engineering Science and Education Journal, 2000, 9 (1).

61. DEVON R. Towards a social ethics of technology: a research prospect [J]. Techne, 2004, 8 (1).

62. JOSS S. Public participation in science and technology policy – and – decision – making – ephemeral phenomenon or lasting change [J]. Science and Public Policy, 1999, 26 (5).

63. WULF W A. Engineering Ethics and Society [J]. Technology in socie-

ty，2004（26）.

64. WALSH W H. Pride，Shame，and Responsibility ［J］. The Philosophical Quarterly，1970（20）.

65. WRIGHT W K. On Certain Aspects of the Religious Sentiment ［J］. The Journal of Religion，1924，4（5）.

（七）其他

1. MOONEY G. The History of Quality Assurance ［EB/OL］. http：//blog. smartbear. com/quality – assurance/the – history – of – quality – assurance/，2013 – 03 – 26.

2. SAFTY S E. The Great Pyramid and its quality secrets ［EB/OL］. http：//www. processexcellencenetwork. com/lean – six – sigma – business – transformation/articles/the – great – pyramid – and – the – quality – secrets – of – phara/，2014 – 09 – 02.

3. 牟溥. 埃及阿斯旺大坝对环境的影响日益严重 ［EB/OL］. 新浪博客，2011 – 03 – 10.

4. 谭邦治. "两弹一星" 事业中航天型号工程的组织管理经验与思考 ［EB/OL］. 两弹一星历史研究会网站，2013 – 09 – 12.

5. 王茜. 住建部：中国建筑平均寿命仅30年 年产数亿垃圾 ［EB/OL］. 凤凰网房产，2010 – 04 – 06.